U0314915

选矿知识 600 问

牛福生　刘瑞芹
郑卫民　闫满志　编

北　京
冶金工业出版社
2024

内 容 提 要

本书以问答的形式介绍了选矿技术的基本知识，全书共分为十二章，主要内容包括矿石学基础、选矿基本概念、破碎筛分和磨矿、重力选矿、磁电选矿、浮游选矿、化学选矿、生物选矿、产品处理、选矿过程检测、选煤基础知识、选厂环境保护与治理。

本书可供选矿工程技术人员使用，也可供大、中专院校矿物加工工程专业教师、学生和从事矿业开发利用的人员参考。

图书在版编目（CIP）数据

选矿知识 600 问/牛福生等编. —北京：冶金工业出版社，2008.9
（2024.1 重印）

ISBN 978-7-5024-4702-1

Ⅰ. 选⋯　Ⅱ. 牛⋯　Ⅲ. 选矿-问答　Ⅳ. TD9－44

中国版本图书馆 CIP 数据核字（2008）第 140111 号

选矿知识 600 问

出版发行	冶金工业出版社	电　话	(010)64027926
地　址	北京市东城区嵩祝院北巷 39 号	邮　编	100009
网　址	www. mip1953. com	电子信箱	service@ mip1953. com

责任编辑　王梦梦　美术编辑　彭子赫　版式设计　葛新霞
责任校对　栾雅谦　责任印制　窦　唯
北京富资园科技发展有限公司印刷
2008 年 9 月第 1 版，2024 年 1 月第 8 次印刷
787mm×1092mm　1/16；18.25 印张；435 千字；264 页
定价 58. 00 元

投稿电话　(010)64027932　投稿信箱　tougao@cnmip. com. cn
营销中心电话　(010)64044283
冶金工业出版社天猫旗舰店　yjgycbs. tmall. com
（本书如有印装质量问题，本社营销中心负责退换）

前　言

　　矿产资源是国民经济发展的重要支撑，也是人类社会生存、发展不可缺失的要素之一。一般而言，矿产资源从其最初的地质岩矿到最终应用于社会的各个领域，需要经过开采、选矿和制品加工三个环节。随着富矿资源日趋枯竭，矿石矿物贫细杂的特点日益凸显，使得选矿工艺技术在矿产资源的开发利用过程中显得尤为重要。矿产资源中多数矿石的有用组分含量低、矿物组成复杂，必须经过选矿处理才能将其分离，提高有用矿物成分含量，以达到下一步冶炼及加工技术的要求。近几年来，随着选矿新工艺、新技术的不断出现，选矿作为一种实践性很强的技术，在实际使用操作过程中容易出现各种各样的问题，因此，选矿厂工人、技术人员及工程管理人员，大、中专院校矿物加工工程专业的学生和从事矿业开发利用的人员，有必要掌握和了解选矿工艺、技术和实际操作过程等系统知识。

　　选矿作为一门成熟的工业技术，有着近百年的历史。由于选矿技术本身的复杂性和系统性，特别是诸如破碎、筛分和磨矿等矿石预处理技术，重选、磁选、浮选、生物分选、化学分选等分选行为以及选矿产品处理等，人们对选矿技术及其在实际操作过程中的认识、开发和应用更显不足。特别是随着新建选矿厂数量和规模不断地增加、扩大，选矿从业人员技术水平出现参差不齐的状况。为了普及选矿基础知识，增强选矿从业人员实际操作能力和提高选矿厂生产力水平，同时也为了读者更容易理解和使用，编者根据我国选矿工艺和选矿技术的发展情况，以问答的形式编写了本书，旨在为读者提供选矿工艺和选矿技术知识。全书共分为十二章，主要内容包括矿石学基础、选矿基本概念、破碎筛分和磨矿、重力选矿、磁电选矿、浮游选矿、化学选矿、生物选矿、产品处理、选矿过程检测、选煤基础知识和选厂环境保护与治理。

　　河北理工大学张锦瑞教授对全书进行了审阅。本书由河北理工大学牛福生、开滦（集团）有限责任公司刘瑞芹、唐山滦县司家营铁矿有限责任公司郑卫民和宣钢龙烟矿山公司闫满志编写，参加编写的还有河北理工大学张晋霞、聂轶苗、白丽梅、高志明、于洋、梁银英、王福生和承德远通矿业公司王志刚、承德承钢天宝矿业有限公司李宏伟、承德承钢黑山铁矿王钊军等（编写人员排名不分先后）。

　　由于作者水平所限，书中有不妥之处，敬请广大读者批评指正。

编　者

2008 年 4 月

目　　录

第一章　矿石学基础

第一节　岩石矿石基本概念

1. 什么是成岩作用和成矿作用？

成岩作用就是在一定的自然条件下，形成岩石的地质作用。如果形成岩石的过程中，伴随有矿产的形成，则称为成矿作用。成岩作用和成矿作用是统一地质作用中的两个方面，即岩石和矿石是统一地质作用的两种产物。成岩作用是非常普遍的地质现象，而成矿作用是比较特殊的地质现象。在地球的演化过程中，只有当分散在地壳和上地幔中的元素在迁移过程中发生富集，才有可能形成矿石。

2. 什么是岩石？

岩石是在各种不同的地质作用下，由造岩矿物形成的固体矿物集合体。例如花岗岩就是由长石、石英和云母等矿物组成的岩石。根据其形成作用分为沉积岩、岩浆岩和变质岩三大类。

3. 什么是沉积岩？

沉积岩是在地表形成的一种地质体，是在常温常压下由风化作用、生物作用和火山作用形成的物质经过沉积与风化等作用而成的岩石。最常见的沉积岩有：砾岩、角砾岩、砂岩、粉砂岩、页岩、泥岩、石灰岩、白云岩。

4. 什么是岩浆岩？

岩浆岩是由岩浆冷凝结晶而形成的岩石，又称为火成岩。最常见的岩浆岩有：花岗岩、流纹岩、闪长岩、安山岩、辉长岩、玄武岩、橄榄岩。

5. 什么是变质岩？

变质岩是在地壳发展过程中，原先已存在的各种岩石在特定的地质和物理化学条件下所形成的具有新的矿物组合和结构构造的岩石。最常见的变质岩有：碎裂岩、构造角砾岩、板岩、千枚岩、片岩、片麻岩、石英岩、大理岩。

6. 什么是矿石、有用矿物和脉石矿物？

所谓矿石就是在现在的技术、经济条件下，能从中提取有用组分或有用矿物的自然矿物集合体。例如磁铁石英岩当含铁量超过 20% 时，目前就可作为铁矿石。矿石是由有用矿物和脉石矿物所组成，有用矿物是人们要利用的矿物，也就是选矿的目的矿物。脉石矿物就是目前尚不能利用的矿物，也就是选矿过程中成为尾矿的矿物。

7. 矿石的性质主要包括哪些方面？

矿石的性质主要包括矿石的化学成分、矿物组成、结构和构造、有用及有害元素的赋存状态、矿石物理性质和化学性质等。

矿石的化学成分，除选矿的目的成分（如铁矿石中的铁）外，往往还伴生一些其他的有益或有害成分（如铜矿石伴生有益成分金、银，金矿石中伴生有害成分砷），因此查清矿石的化学成分及其含量，对确定哪些成分应该回收、哪些成分应该去除是十分必要的。

矿石的矿物组成是指矿石中具体的矿物种类和名称，如铁矿石中常见的矿物有磁铁矿、赤铁矿、褐铁矿、石英、云母、长石等。查清所含矿石及其含量，就可初步确定选矿原则流程。

有用及有害元素的赋存状态，指的是有用和有害成分以何种形式存在于矿石中，以独立矿物形式出现时，可用物理选矿方法处理；以类质同象形式存在时，则不能用物理方法处理。

矿石的物理性质和化学性质包括矿石的颜色、密度、硬度、磁性、电性、氧化程度、酸碱度等。这些性质往往是选矿方法的依据，也是非常重要的性质。

8. 什么是矿石的结构和构造？

矿石的结构指的是矿物颗粒的形状、大小和相互关系（如某铁矿石、磁铁矿与脉石条带相间，呈条状结构；磁铁矿呈粒状结构，颗粒大小在 $0.2 \sim 0.04\text{mm}$），常见的矿石构造有：浸染状构造、块状构造、条带状构造、脉状构造、角砾状构造、胶状构造。

矿石的构造指的是矿石中各种矿物集合体的形状、大小和空间分布关系，常见的矿石结构有：粒状结构、交代结构、固溶体分离结构、动力压力结构等。

矿石的结构和构造决定了矿石选别的难易程度。

9. 什么是矿床、矿体、围岩？

矿床是指有地壳中由地质作用形成的、由有用矿产资源和相关地质要素构成的地质体，其中有用矿产资源必须在一定的经济技术条件下，在质和量两方面都具有开采利用价值。

矿体是由矿石组成的具有一定形状、规模和产状的地质体。矿体是采矿的对象，是矿床的主要组成部分。一个矿床通常包括数个甚至上百个矿体。

围岩是矿体周围包围矿体的各种岩石，它与矿体之间的界限有时明显，有时过渡不清，一般用品位来确定矿体。

第二节 矿物基本概念

10. 什么是矿物？

矿物是在地壳中由于自然的物理化学作用与生物作用，所形成的具有固定化学组成和物理化学性质的自然元素或天然化合物。如金、石墨、硫磺为自然元素矿物，而磁铁矿、黄铜矿和石英为天然化合物，也都是矿物。

11. 矿物是如何分类的？

矿物的分类方法有很多种，目前常用的分类法有工业分类、成因分类和晶体化学分类三种。根据矿物的不同性质和用途，对矿物进行工业分类，分为金属矿物类和非金属矿物类。根据矿物的成因，将矿物分为内生成因矿物、外生成因矿物和变质成因矿物三类。根据矿物的化学成分和晶体结构，将矿物分为五大类，即自然元素大类、硫化物及其类似物大类、氧化物和氢氧化物大类、含氧盐大类、卤化物大类。

12. 矿物是如何命名的？

矿物的命名有各种不同的依据，但归纳起来主要有：（1）以化学成分命名的，如自然金；（2）以物理性质命名的，如孔雀石；（3）以晶体形态命名的，如石榴石；（4）以成分及物理性质命名的，如铜矿；（5）以晶体形态及物理性质命名的，如绿柱石；（6）以地名命名的，如高岭石；（7）以人名命名的，如章氏硼镁石。

13. 什么是矿物的磁性？

矿物的磁性是指矿物能被永久磁铁或电磁铁吸引，或矿物本身能吸引铁质物件的性质。根据矿物的磁性，将矿物分为磁性矿物、电磁性矿物和逆磁性矿物三种。

14. 什么是矿物的硬度？

矿物的硬度是指矿物抵抗外来刻划、压入或研磨等机械作用的能力。硬度是鉴定矿物的重要特征之一。矿物硬度用 H 表示。

15. 什么是矿物的光学性质？

矿物的光学性质主要是指矿物对光线的吸收、反射和折射时所表现的各种性质以及由矿物引起的光线干涉和散射等现象，包括矿物的颜色、条痕、光泽和透明度等。

16. 什么是矿物的条痕？

矿物的条痕是指矿物粉末的颜色。条痕是鉴定矿物常用的手段之一。

17. 什么是矿物的光泽？

矿物的光泽是指矿物表面对光的反射能力。光泽的强弱用反射率来表示。根据反射率的大小，光泽分为四级：金属光泽、半金属光泽、金刚光泽和玻璃光泽。

18. 常见的自然元素矿物有哪些？

常见的自然元素矿物有：自然铜、自然金、自然铂、自然铋、自然硫、金刚石、石墨等，其鉴定特征见表1-1。

表 1-1　常见的自然元素矿物及鉴定特征

自然元素矿物	鉴定特征
自然铜	铜红色，表面常有黑色氧化膜，相对密度 8.4 ~ 8.94，延展性强。溶于稀 HNO_3，加氨水后溶液呈天蓝色
自然金	金黄色，强金属光泽，相对密度 15.6 ~ 18.3，硬度 2 ~ 3，富延展性，只溶于王水
自然铂	锡白色，相对密度 21.5，在空气中不氧化，普通酸中不溶解
自然铋	银白色，一组完全解理，硬度 2 ~ 2.5，相对密度 9.7 ~ 9.83
自然硫	硫黄色，金刚光泽，硬度 1 ~ 2，性脆，易燃，易溶，有硫臭味
金刚石	金刚光泽，硬度 10，晶形浑圆，显磷光
石墨	铁黑色至钢灰色，亮黑色条痕，一组极完全解理，硬度 1 ~ 2，污手

19. 常见的硫化物及其类似化合物矿物有哪些？

常见的硫化物及其类似化合物矿物及它们的鉴定特征见表 1-2。

表 1-2　常见的硫化物及其类似化合物矿物及鉴定特征

常见的硫化物及其类似化合物矿物	鉴定特征
辉铜矿	新鲜面铅灰色，硬度 2.5 ~ 3，弱延展性，小刀刻划可留下光亮划痕，常与其他铜矿物共生或伴生。溶于 HNO_3 呈绿色
方铅矿	铅灰色，金属光泽，立方体完全解理，硬度 2 ~ 3，相对密度 7.4 ~ 7.6。溶于 HNO_3，并有 $PbSO_4$ 白色沉淀
闪锌矿	松脂光泽至半金属光泽，解理平行 {110} 完全，硬度 3.5 ~ 4，经常与方铅矿共生
辰砂	鲜红色，条痕红色，硬度 2 ~ 2.5，相对密度 8 ~ 8.2
黄铜矿	黄铜黄色，硬度 3 ~ 4，性脆
斑铜矿	新鲜面暗铜红色，风化面呈锖色，硬度 3
黝锡矿	微带橄榄绿色调的钢灰色
磁黄铁矿	暗青铜黄色，硬度 3.5 ~ 4.5，具弱磁性至强磁性
辉锑矿	铅灰色，柱面上为纵纹，解理面上有横纹
辉铋矿	锡白色，较强的金属光泽，解理面上无横纹
铜蓝	靛蓝色，硬度 1.5 ~ 2
雌黄	柠檬黄色，鲜黄色条痕，一组完全解理
雄黄	橘红色，条痕色为浅橘红色
辉钼矿	铅灰色，条痕为带绿的灰黑色，一组极完全解理
黄铁矿	浅黄铜色，硬度 6 ~ 6.5
毒砂	锡白色至钢灰色，硬度 5.5 ~ 6。捶击之有蒜臭味
黝铜矿	钢灰色至铁黑色，条痕钢灰至铁黑色，具有明显的脆性

20. 常见的氧化物和氢氧化物矿物有哪些?

常见的氧化物和氢氧化物矿物及它们的鉴定特征见表1-3。

表1-3　常见的氧化物和氢氧化物矿物及鉴定特征

常见的氧化物和氢氧化物矿物		鉴定特征
刚玉		具晶面条纹,硬度9
赤铁矿		樱红色条痕,无磁性
钛铁矿		条痕钢灰或黑色,弱磁性
尖晶石		八面体晶形,尖晶石律双晶,硬度8
磁铁矿		黑色条痕,具强磁性
铬铁矿		铁黑色,条痕褐色,硬度5.5,弱磁性
金红石		常具完好的四方柱状晶形,具双晶,颜色为暗红、褐红色
锐钛矿		双锥状晶形,两组完全解理
板钛矿		板状晶形,不完全解理
锡石		肘状双晶,硬度高 (6~7),密度大
软锰矿		黑色颜色和条痕,显晶质硬度6,隐晶质硬度1~2
晶质铀矿		黑色,沥青光泽,相对密度大 (一般为10),强放射性
石英族	α - 石英	柱状晶形,柱面上有横纹,油脂光泽,无解理,贝壳状断口,硬度7
	β - 石英	六方双锥晶形,玻璃光泽,硬度7
蛋白石		具变彩,蛋白光泽
铌钽铁矿		黑色至褐黑色,相对密度5.15~8.20
黑稀金矿		风化表面有黄色薄膜,具放射性
烧绿石		常见八面体晶形,有时可见平行 {111} 中等解理,具放射性
水锰矿		红褐色条痕,柱状晶形
硬锰矿		胶体形态,黑色,硬度4~6

21. 什么是硅氧四面体?

在硅酸盐结构中,每个Si被4个O所包围,构成 $[SiO_4]^{4-}$ 四面体。硅氧四面体是硅酸盐的基本构造单位。最主要的硅氧骨干形式有岛状硅氧骨干、环状硅氧骨干、链状硅氧骨干、层状硅氧骨干、架状硅氧骨干。

22. 岛状结构硅酸盐矿物有哪些,如何鉴定?

岛状结构硅酸盐矿物及鉴定特征见表1-4。

23. 链状结构硅酸盐矿物有哪些,如何鉴定?

链状结构硅酸盐矿物及鉴定特征见表1-5。

表 1-4　岛状结构硅酸盐矿物及鉴定特征

岛状结构硅酸盐矿物	鉴 定 特 征
锆　石	晶体多呈双锥状，柱状，硬度 7.5～8
橄榄石	橄榄绿色，粒状集合体，常具贝壳状断口
石榴石	硬度 5.6～7.5，断口呈油脂光泽
红柱石	灰色、玫瑰色、肉红色等多种颜色，具独特的碳质包裹物
蓝晶石	浅蓝色、蓝白色，硬度具异向性
黄　玉	柱状晶形，柱面有纵纹，硬度 8
绿帘石	黄绿色或各种色调的绿色，柱状晶形，柱面上具纵纹
绿柱石	六方柱状，常呈淡绿色，硬度 7.5～8
堇青石	无色，玻璃光泽，断口油脂光泽
电气石	柱状晶形，柱面上有纵纹，横断面呈球面三角形

表 1-5　链状结构硅酸盐矿物及鉴定特征

链状结构硅酸盐矿物	鉴 定 特 征
透辉石	短柱状晶形，白色或灰绿色，完全解理平行 ｛110｝，夹角 87°
普通辉石	绿黑色，短柱状晶形，解理平行 ｛110｝ 完全，夹角 87°
硬　玉	致密块状集合体，纯净硬玉为无色或白色，硬度 6.5～7，坚韧性，毡状结构
锂辉石	灰白色，柱状晶形
硅灰石	板状晶形，白色或灰白色
透闪石	白色或灰色，解理平行 ｛110｝ 中等，解理夹角 56°
阳起石	呈深浅不同的绿色，隐晶质或纤维状集合体
普通角闪石	深绿色至黑绿色，柱状晶形，完全解理平行 ｛110｝，解理夹角 56°

24. 层状结构硅酸盐矿物有哪些，如何鉴定？

层状结构硅酸盐矿物及鉴定特征见表 1-6。

表 1-6　层状结构硅酸盐矿物及鉴定特征

层状结构硅酸盐矿物	鉴 定 特 征
滑　石	硬度 1，有滑感，片状形态
叶蜡石	白色、浅黄或浅绿，硬度 1～2
白云母	假六方片状、板状或片状，薄片无色透明，一组极完全解理，薄片具弹性
黑云母	黑色或深褐色，一组极完全解理，薄片具弹性
蛭　石	土状集合体，灼烧时体积膨胀
高岭石	土状集合体，具可塑性、粘舌、灼烧后与硝酸钴作用呈蓝色
多水高岭石	土状集合体，折射率、硬度、密度低于高岭石
蛇纹石	黄绿色等，油脂或蜡状光泽，致密块状
蒙脱石	加热膨胀，其余需结合 X 射线等测试分析
坡缕石	吹管下焰烧易熔成淡黄色的有泡沫玻璃，成为硬块
海泡石	吹管焰下加热，表明变黑而后变白，难熔

25. 架状结构硅酸盐矿物有哪些，如何鉴定？

架状结构硅酸盐矿物及其鉴定特征见表1-7。

表1-7　架状结构硅酸盐矿物及鉴定特征

架状结构硅酸盐矿物		鉴 定 特 征
斜长石		板状或板柱状，无色、白色或略带其他色调，一组完全解理，一组中等解理，两者相交约94°或86°，硬度6~6.5
正长石		短柱状或厚板状，常见卡斯巴律双晶或接触双晶，肉红色、褐色或浅黄色，两组完全解理，夹角90°
霞　石		断口油脂光泽，两组不完全解理，易风化，遇HCl可溶成胶状体
沸石族	片沸石	三向等长状或板状，常成片状集合体或分泌体状，解理平行 {010} 完全
	方沸石	晶体常呈四角三八面体或立方体与四角三八面体的聚形，集合体多呈粒状，硬度5~5.5

26. 常见的碳酸盐矿物有哪些，如何鉴定？

常见的碳酸盐矿物及鉴定特征见表1-8。

表1-8　常见的碳酸盐矿物及鉴定特征

常见的碳酸盐矿物	鉴 定 特 征
方解石	晶体多呈柱状、板状、菱面体及复三方偏三角面体等，常见聚片双晶和接触双晶，三组完全解理，硬度3，加稀冷盐酸急剧起泡
菱镁矿	致密粒状集合体，解理平行 {101} 完全，粉末遇热稀盐酸起泡，放出 CO_2 气体
菱铁矿	晶体呈菱面体状、短柱状或偏三角面体状，解理平行 {101} 完全，在冷 HCl 中作用缓慢，加热后作用加剧，冷 HCl 长时间作用变成黄绿色
菱锌矿	多呈钟乳状、皮壳状、肾状和土状集合体，相对密度4~4.5，硬度4.5~5，粉末遇冷稀盐酸有气泡产生
白铅矿	晶体多呈柱状、板柱状和假六方双锥状，集合体呈致密块状、粒状、钟乳状或土状。玻璃至金刚光泽，断面呈油脂光泽，粉末遇冷盐酸起泡
白云石	晶面多呈弯曲的马鞍形，解理平行 {101} 完全，硬度3.5~4
孔雀石	特征的孔雀绿色，形态常呈肾状、葡萄状，内部具放射纤维状及同心层状结构，加冷稀盐酸起泡
蓝铜矿	蓝色，常与孔雀石等铜的氧化物共生。遇冷稀盐酸起泡

27. 其他含氧盐矿物有哪些，如何鉴定？

其他含氧盐矿物包括：硼酸盐、磷酸盐、钨酸盐、硫酸盐矿物。它们的鉴定特征见表1-9。

28. 常见的卤化物矿物有哪些，如何鉴定？

常见的卤化物及鉴定特征见表1-10。

表 1-9　其他含氧盐矿物及鉴定特征

其他含氧盐矿物	鉴 定 特 征
硼镁铁矿	暗绿色至黑色，条痕浅黑绿色至黑色，相对密度 3.6 ~ 4.8，硬度 5.5 ~ 6，在空气中烧之变成红色
独居石	晶体多呈短柱状或板状，砂矿中常呈粒状，黄色、褐红色、黄绿色，油脂光泽，在紫外线中呈鲜绿色荧光
磷灰石	晶体多呈柱状、短柱状、厚板状或板状晶形，集合体呈粒状、致密块状。无杂质时无色透明，常含杂质而呈不同颜色，玻璃光泽，断口油脂光泽，硬度 5
绿松石	以蓝色为基本色调，硬度 5 ~ 6，蜡状光泽
白钨矿	灰色、黄白色或浅色、浅褐色，油脂光泽，相对密度 5.8 ~ 6.2
黑钨矿	板状晶形，褐黑至黑色，条痕色较浅些其颜色与条痕均随铁、锰含量的变化而变化，解理平行 {010} 完全，相对密度 7.18 ~ 7.51
硬石膏	解理平行 {101} 完全，平行 {100}、{001} 中等，硬度 3 ~ 3.5，相对密度 2.8 ~ 3.0
石　膏	晶体多呈板状，晶面具纵纹，硬度 1.5 ~ 2，解理平行 {101} 极完全，平行 {100}、{011} 中等
重晶石	晶体多呈板状，解理平行 {001} 完全，平行 {210} 中等，相对密度 4.3 ~ 4.5
明矾石	加硝酸钴溶液灼烧时呈蓝色，加盐酸不起泡
芒　硝	富含结晶水，是所有易溶含水硫酸盐和氯化物中相对密度最小（1.49），折射率最低的矿物

表 1-10　常见的卤化物矿物及鉴定特征

常见的卤化物	鉴 定 特 征
萤　石	多呈立方体、八面体和菱形十二面体晶形，纯者无色透明，但常呈绿色和紫色，解理平行 {111} 完全，硬度 4
石　盐	立方体晶形，硬度 2 ~ 2.5，解理平行 {100} 完全，易溶于水，味咸
钾　盐	立方体晶形，硬度 1.5 ~ 2，解理平行 {100} 完全，易溶于水，味苦咸且涩，烧之火焰呈紫色
光卤石	常与石盐和钾盐共生，在空气中极易潮解，味辛辣、苦咸，无解理，强荧光

第二章　选矿基本概念

第一节　选矿方法及过程

29. 什么是选矿?

选矿是将有用矿物与脉石矿物最大限度的分开，从而获得高品位精矿的过程；把共生的有用矿物尽可能的分别回收成为单独的精矿，除去有害杂质，综合回收、利用各种有用成分的过程。选矿的主要对象是天然矿石，也包括二次资源，如尾矿、围岩和工业、生活废弃物。

30. 选矿的英文如何表示?

最初选矿的英文表达为 "ore dressing" 或 "ore processing"，随着选矿范围的不断扩展，其现在通用的英文表达为 "mineral processing"。

31. 选矿的目的和意义是什么?

选矿的目的是除去矿石中所含的大量脉石及有害元素，使有用矿物得到富集，或使共生的各种有用矿物彼此分离，得到一种或几种有用矿物的精矿产品。一般而言，原生矿石不能直接作为金属或产品进行应用，必须经过选矿处理才能进行获得应用，因此选矿对于矿产资源的充分、合理利用以及国民经济的发展具有重要的意义。

32. 常用的选矿方法有哪些?

选矿方法主要分为两大类，即物理选矿与化学选矿。物理选矿包括磁选法、重选法、静电选矿法、摩擦选矿法、粒度选矿法、形状选矿法、手选法等。化学选矿包括浮选法、焙烧法、浸出法等。

33. 选矿过程通常由哪些基本作业组成?

选矿过程通常是由选矿前的矿石准备作业、选别作业和选后的脱水作业所组成的。

（1）选前的准备作业，包括矿石的破碎与筛分、磨矿与分级，这些作业通称为粉碎作业。其目的是使矿石中的有用矿物和脉石矿物（或不同的有用矿物）实现单体解离，或者使物料的粒度满足选别作业的要求。

（2）选别作业，包括一种或多种选矿方法，是使已解离的有用矿物与脉石矿物（或不同的有用矿物）实现分离的作业。

（3）选后的脱水作业，包括精矿的浓缩、过滤和干燥，目的是脱除精矿中的水分，以便于储存、运输和出售。

选矿过程如图 2-1 所示。

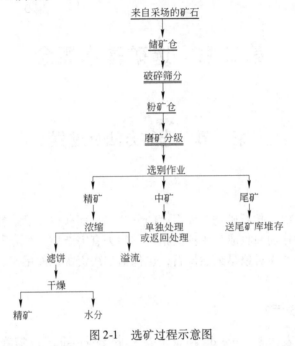

图 2-1 选矿过程示意图

34. 选矿常用的工艺流程图有哪几种?

选矿常用线和图表示矿石连续加工的工艺过程，这种图称为工艺流程图。常用的工艺流程图有：原则流程图、线流程图、数质量流程图、矿浆流程图和设备流程图等。

（1）原则流程图。只表示出流程中各类作业，而不表示各作业的细节，称为原则流程图，如图 2-2 所示。此种图表示的是工艺流程的梗概，便于粗略了解和记忆。

（2）线流程图。用两道横线（上一条为粗实线，下一条为细实线）表示各种作业（碎矿、破碎与磨矿也可用圆圈表示），用细线表示物料流向，绘出的流程图成为线流程图。它表示了流程各作业的细节，即矿石加工的全过程，如图 2-3 所示。

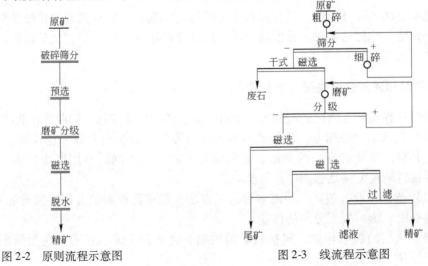

图 2-2 原则流程示意图　　　　图 2-3 线流程示意图

（3）数质量流程图。如果在线流程图上把包括原矿和中间产物在内的各产物的产率、矿量品位和回收率等数量和质量指标均标出来，则称为数质量流程图，如图2-4所示。数质量流程图必须通过流程考查才能得到，它是评价和指导生产不可缺少的重要依据。

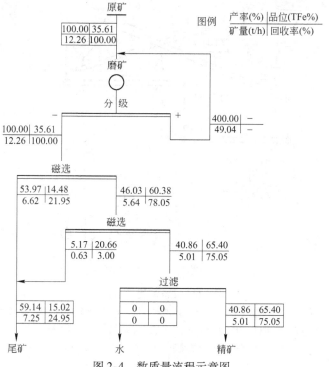

图2-4 数质量流程示意图

（4）矿浆流程图。如果在线流程图上把各产物（包括原矿和中间产物）的矿量、质量分数、水量和各作业的加水量均标出来，则称为矿浆流程图，如图2-5所示。

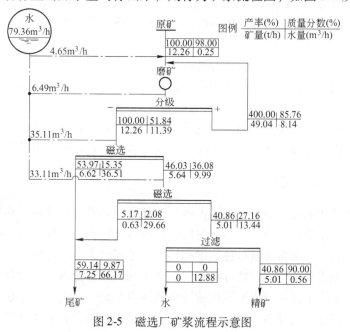

图2-5 磁选厂矿浆流程示意图

（5）设备流程图。该图用粗实线画出设备或设施的形象，用带箭头的细实线表示物料流向，如图2-6所示。它直观的显示出了各设备之间的联系和物料的走向。

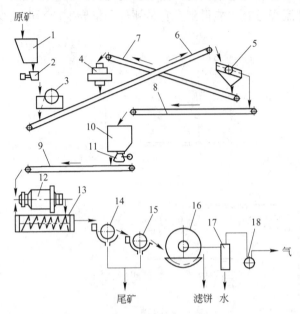

图 2-6　设备流程示意图

1—原矿仓；2—槽式给矿机；3—颚式破碎机；4—圆锥破碎机；5—振动筛；

6，7，8，9—胶带输送机；10—粉矿仓；11—摆式给矿机；12—球磨机；13—螺旋分级机；

14，15—磁选机；16—过滤机；17—气水分离机；18—真空泵

35. 什么是粗选、精选和扫选？

矿物经初次选别（如浮选、重选或磁选）后，将其中所含的部分脉石矿物选出，而得到了高于原矿品位的产物，称为粗精矿，一般还达不到精矿质量的要求，这一工序称为粗选作业。

将粗选精矿进行再选以得到合格的精矿，这一工序称为精选作业。有时需要将粗精矿经过几次精选才能得到合格精矿，其作业依次称为一次精选、二次精选、三次精选，以此类推。

一般粗选尾矿还不能作为最终尾矿废弃，往往还需要进入下一步作业处理，这一作业称为扫选。为了提高金属的回收率，有时需要经过多次扫选才能得出最终尾矿。

36. 什么是精矿、中矿和尾矿？

矿石经过选别作业处理后，除去了大部分的脉石与杂质，使有用矿物得到富集的产品称为精矿。精矿是选矿厂的最终产品，有时也称为最终精矿，一般作为冶炼的原料。最终精矿要使其主要成分及杂质含量都达到国家标准，才能称为合格精矿。

在选别过程中得到的中间产物称为中矿。中矿的有用组分含量一般介于精矿和尾矿之间。在选别过程中，中矿一般需要返回适当作业地点处理，或者进行单独处理。

原矿经过选别作业处理后，其主要成分已在精矿中富集，有的经过综合处理后，矿石

的次要成分或其他伴生金属也得到回收。所以剩余的部分产物则含有用成分很低，这部分产物称为尾矿（或称为最终尾矿）。应当指出，在尾矿中仍然含有受目前技术水平限制而难以提取的有用组分，但将来有可能成为再利用的原料。因此，一般都将尾矿堆放在尾矿库保存起来。

37. 矿石品位的含义是什么？

矿石品位是指矿石中所含某种金属或有用组分的多少，一般用百分数表示。如铜精矿品位为15%，即100t干精矿中含有15t金属铜。对于贵重金属（如金、银或宝石）的品位，则用 g/t 或 g/m³ 表示，矿石的品位应以取样化验的结果来求得。

根据矿石属性不同，分为原矿品位、精矿品位和尾矿品位。原矿品位就是指进入选矿厂处理的原矿中所含金属量占原矿数量的百分比。它是反映原矿质量的指标之一，也是选矿厂金属平衡的基本数据之一，用 α 表示。精矿品位是指精矿中所含金属量占精矿数量的百分比。它是反映精矿质量的指标之一，用 β 表示。尾矿品位是指尾矿中所含金属量占原矿数量的百分比。它反映了选矿过程中金属的损失情况，用 θ 表示。

38. 如何计算平均品位、累计品位？

选矿厂通常每班化验一次精矿品位，各班的精矿产量和将精矿品位各不相同，设三个班的精矿产量分别为 Q_1、Q_2 和 Q_3，品位分别为 β_1、β_2、β_3，则三个班的平均品位为：

$$\bar{\beta} = \frac{Q_1\beta_1 + Q_2\beta_2 + Q_3\beta_3}{Q_1 + Q_2 + Q_3} \times 100\%$$

在选矿厂的统计报表中有累计品位一栏，计算累计品位 $\bar{\beta_i}$ 与上述计算平均品位的方法相同，但它是个累计的过程。

$$\bar{\beta_i} = \frac{上一日的累计产量 \times 上一日的累计品位 + 该日的产量 \times 该日的品位}{该日的累计产量}$$

第二节　选矿主要工艺指标

39. 什么是产率？

在选矿过程中，得到的某一产品的质量与原矿质量的百分比，称为该产品的产率。

各产品的产率计算式如下

精矿产率　$\gamma_1 = Q_1/Q \times 100\%$

中矿产率　$\gamma_2 = Q_2/Q \times 100\%$

尾矿产率　$\gamma_3 = Q_3/Q \times 100\%$

式中　Q，Q_1，Q_2，Q_3——分别为原矿质量、粗矿质量、中矿质量、尾矿质量，t。

例如，某选矿厂每昼夜处理原矿石质量为500t，获得精矿质量为30t，则精矿产率为 $\gamma_1 = 30/500 \times 100\% = 6\%$。尾矿产率为 $\gamma_3 = (500 - 30) /500 \times 100\% = 94\%$。

在选矿生产中，除入选原矿可通过皮带秤或其他计量器具知道原矿质量外，精矿直接计量比较困难。选矿厂一般是经取样化验得到原矿品位 α、精矿品位 β 和尾矿品位 θ，按

下式计算精矿产率 γ。

$$\gamma = \frac{\alpha - \beta}{\beta - \theta} \times 100\%$$

40. 什么是回收率?

选矿回收率是指精矿中的金属（有用组分）的数量与原矿中金属（有用组分）的数量的百分比。这是一项重要的选矿指标，它反映了选矿过程中金属的回收程度，选矿技术水平以及选矿工作质量。选矿过程要在保证精矿品位的前提下，尽量地提高选矿回收率。其计算方法如下:

$$实际回收率 = \frac{实际的精矿数量 \times 精矿品位}{原矿处理量 \times 原矿品位} \times 100\%$$

如某硫化铜矿，原矿中铜品位为 0.9%，精矿中铜品位为 18.0%，如果每昼夜处理原矿石质量为 400t，获得精矿质量为 15t，则实际回收率为 $\frac{15 \times 18\%}{400 \times 0.9\%} \times 100\% = 75\%$。

$$理论回收率 = \frac{\beta(\alpha - \theta)}{\alpha(\beta - \theta)} \times 100\%$$

在生产过程中，每个生产班都需要取样化验原矿品位 α、精矿品位 β 和尾矿品位 θ。这时理论回收率可由上式计算得出结果。

选矿技术监督部门一般通过实际回收率的计算，编制实际金属平衡表。通过理论回收率的计算，编制理论金属平衡表。两者进行对比分析，能够反映出选矿过程机械损失，查明选矿工作中的不正常情况及在取样、计量、分析与测量中的误差。通常理论回收率都高于实际回收率，但两者不能相差太大，在单一金属浮选厂一般流失不允许相差 1%。如果超过了该数字，说明选矿过程中金属流失严重。

41. 什么是选矿比?

选矿比是指每选出 1t 精矿所需要的原矿的吨数，通常以倍数表示，计算公式如下:

$$选矿比 = \frac{原矿处理量}{精矿数量}$$

如某选矿厂每昼夜处理原矿石质量为 500t，获得精矿质量为 30t，则选矿比为 500/30 = 16.7。

42. 什么是富矿比?

富矿比是精矿中有用矿物的品位与原矿中有用矿物的品位之比，即精矿品位是原矿品位的几倍。富矿比有时也称为富集比，常用 i 来表示。富矿比和回收率越高，说明选矿效率越高。富矿比的计算公式如下

$$富矿比 = \frac{精矿品位}{原矿品位}$$

如某选矿厂的原矿中铜的品位为 1.0%，精矿中铜的品位为 15.0%，则其富矿比为 $i = 15.0\%/1.0\% = 15$。

43. 什么是原矿处理量?

原矿处理量是指进入选厂处理的原矿石数量,选矿厂对原矿处理量的计量,常用机械有皮带秤、电子皮带秤。有的选厂用刮板在皮带秤上定时刮取一定的矿量,再进行称量计算。有的选矿厂在选别前有预选、洗选、脱泥等工序,所以在计算原矿处理量时,应包括经预选的废石量、合格矿石量以及脱泥的溢流量。

44. 什么是选矿日处理量?

平均每个选矿工作日所处理的原矿量,称为选矿日处理量 (t/d),它是反映选厂处理能力的指标。其计算公式为:

$$选矿日处理量 = \frac{原矿处理量}{选厂处理昼夜数}$$

45. 什么是选厂全员实物劳动生产率?

选厂全员实物劳动生产率 (t/人·月(季,年)),是指选矿厂全体职工在报表期内平均每人处理的原矿量。它是反映选矿机械装备程度和劳动效率的综合指标。其计算方法如下:

$$选厂全员实物劳动生产率 = \frac{原矿处理量}{选厂全体职工人数}$$

46. 什么是选矿工人实物劳动生产率?

选矿工人实物劳动生产率 (t/人·月(季,年)),是指选厂平均每个生产工人在报表期内所处理的原矿量。它是反映选矿厂装备水平及选矿工人劳动生产率的综合指标。其计算方法如下:

$$选厂工人实物劳动生产率 = \frac{原矿处理量}{选矿生产工人人数}$$

47. 选矿厂规模是如何划分的?

选矿厂规模大小,一般按原矿处理量来划分,有色金属与黑色金属选矿厂规模大小稍有不同。选矿厂规模划分及类型见表 2-1。

表 2-1 选矿厂规模划分及类型

规模 类型	黑色金属选矿厂		有色金属选矿厂	
	万 t/a	t/d	万 t/a	t/d
大型	100 以上	3000 以上	100 以上	3000 以上
中型	100~30	3000~900	100~20	3000~600
小型	30 以下	900 以下	20 以下	600 以下

第三章 破碎筛分和磨矿

第一节 破碎基础知识

48. 破碎在选矿过程中的作用是什么？

矿石的破碎，就是大块的矿石或者待处理的矿石，借助于外力的作用，克服其内部分子间的力而破碎，使矿石粒度逐渐缩小的过程。在选矿工艺过程中，矿石破碎通常分为碎矿（粗粒阶段）和磨矿（细粒阶段）两大阶段。

在选矿厂，矿石的粉碎是选别作业之前必不可少的物料准备阶段。首先，选矿厂处理的矿石绝大多数都是有用矿物和脉石矿物紧密连生在一起，且常常成细粒乃至为细粒嵌布。只有将它们粉碎，充分解离出来，才能用现有的物理选矿方法将它们富集。其次，一切物理选矿方法都受到粒度的限制，粒度过粗（有用矿物与脉石未实现解离）或粒度过细（即过粉碎的为细粒）都不能进行有效分选。在选矿厂各环节中，矿石粉碎又是费用最高的过程，是构成选矿厂投资和生产成本的重要部分。因此，矿石粉碎作业的基本任务是为选别作业提供适宜入选物料，破碎过程工作好坏，直接影响选矿的技术和经济指标。

49. 破碎作业一般分几个阶段？

在破碎过程中，为了避免过粉碎和降低成本，应该符合"多破少磨"原则。对于很大粒度矿石的破碎必须逐段进行。在选矿厂中，一般采用二段或三段破碎。根据破碎产品粒度的不同，大致可以分成粗碎、中碎、细碎三个阶段。

粗碎：给矿粒度为 1500~500mm，破碎到 400~125mm；

中碎：给矿粒度为 400~125mm，破碎到 100~50mm；

细碎：给矿粒度为 100~50mm，破碎到 25~5mm。

50. 矿石的破碎作业采用何种破碎机合适？

在金属选矿厂中最常见的破碎流程是粗、中、细碎加筛分作业的三段闭路破碎流程，但也有两段开路或闭路破碎流程。

三段破碎流程中的第一段即粗碎，一般采用颚式破碎机或者旋回破碎机；第二段即中碎，多采用标准型圆锥破碎机；第三段即细碎，常用短头型圆锥破碎机。对于处理量小的选矿厂，第三阶段可采用对辊破碎机。在二段一闭路破碎流程中，最后一段多采用中型圆锥破碎机，在小型选厂或破碎脆性物料时，可采用反击式破碎机或锤碎机。

51. 常见的破碎方法有几种？

目前对于矿石的破碎，主要借助机械的作用，最常见的有五种破碎形式。

（1）压碎法。利用两破碎工作面逼进物料时加压，使物料破碎。这种方法的特点是作用力逐渐加大、作用范围较大。

（2）劈碎法。利用尖齿楔入物料的劈力，使物料破碎，其特点是力的作用范围较为集中，发生局部破裂。

（3）折断法。物料在破碎时，由于受到相对方向力量集中的弯曲力，使物料折断而破碎；这种方法的特点是除了外力作用点处受劈力外，还受到弯曲力的作用，因而易于使矿石破碎。

（4）磨剥法。破碎工作面在物料上相对移动，从而产生对物料的剪切力。这种力是作用在矿石表面上的，适于对细小物料磨碎。

（5）冲击法。击碎力是瞬间作用在物料上，所以又称为动力破碎。

目前使用的破碎机械，对于矿石的破碎往往是几种破碎方法联合使用的。

52. 什么是矿石的单体解离度？

矿石的粉碎过程是矿石粒度由大变小的过程，各种有用矿物粒子正是在粒度变小的过程中解离出来的。在粉碎了的矿石中，原来连生在一起的各种矿物，有些沿着矿物在其界面上裂开，变成只含一种矿物的小粒子，称为单体解离粒子（如闪锌矿单体）；但有一些小矿粒，还是由几种矿物连生在一起，称为连生粒子（如闪锌矿 - 方铅矿连生体）。所谓某矿物解离度，就是该矿物单体解离粒子的颗粒数与含该矿物的连生粒子颗粒数与该矿物的单体解离粒子数之和的比值，用百分数表示，即

$$某矿物的解离度 = \frac{含有该矿物单体解离的颗数}{含有该矿物单体解离的颗粒 + 与含有该矿物连生颗粒的颗数} \times 100\%$$

表 3-1　某磁铁矿的磨矿产物各类粒级颗粒中的含量

筛析粒级 /mm	单体的磁铁矿 A/%	连生体的磁铁矿 B/%	粒级的含量分布 A + B/%	粒级的解离度 A/（A + B）/%
- 0. 589 + 0. 295	14. 6	15. 7	30. 3	48. 2
- 0. 295 + 0. 147	19. 8	8. 5	28. 3	70. 0
- 0. 147 + 0. 074	21. 7	1. 3	23. 0	94. 3
- 0. 074 + 0. 037	18. 3	0. 1	18. 4	99. 5
全样	74. 4	25. 6	100. 0	74. 4

磁铁矿在该磨矿条件下的解离度为 74.4%，即矿石中 74.4% 的磁铁矿解离为单矿物颗粒，而其余 25.6% 的磁铁矿仍与其他矿物结成连生体颗粒。

一个样品中的各个粒级的解离程度并不一致，粗粒级的单体解离程度较低，细粒级的单体解离度较高，因此，某一粒级的解离程度不能代表该产物的单体解离度。

53. 过粉碎对矿物分选危害有哪些？

如果磨矿产物过粗，则解离不够充分，选出的精矿品位和回收率都低。但磨矿产物过

细，虽然有用矿物解离充分，但也会产生较多的难以选别的微细粒子，即出现过粉碎现象。过粉碎不但危害选别过程，降低了精矿品位和回收率，而且由于做了"不必要的粉碎"，增加了粉碎过程和选别过程的消耗，使选矿成本增加。因此，适宜的磨矿细度是实现有用矿物和脉石矿物良好分选的必要条件。选矿工作者应当重视粉碎流程和设备的选择，严格掌握操作条件，把磨矿细度严格控制在选矿试验确定的最佳范围。

54. 什么是矿石的破碎比？

矿石被破碎后，粒度变小，矿石破碎前的粒度与破碎后的粒度的比值称为破碎比。它表示矿石破碎后，粒度缩小的倍数。破碎比有如下几种计算方法：

（1）用矿石破碎前的最大粒度与破碎后的最大粒度来计算——最大粒度法。

$$S = D_{max}/d_{max}$$

式中　S——破碎比；

D_{max}——矿石破碎前的最大粒度，mm；

d_{max}——矿石破碎后的最大粒度，mm。

（2）用破碎机给矿口有效宽度与排矿口宽度之比计算（又称表面破碎比）。

$$S = \frac{0.85B}{e}$$

式中　B——破碎机给矿口宽度，mm；

e——破碎机排矿口宽度，mm（对于粗碎机 e 取最大宽度，对于中细碎机则取最小宽度）。

（3）用矿石破碎前后的平均粒度计算（又称平均破碎比）。

$$S = \overline{D}/\overline{d}$$

式中　$\overline{D}$——矿石破碎前的平均最大粒度，mm；

$\overline{d}$——矿石破碎后的平均最大粒度，mm。

55. 如何测定和表示矿石的可磨度？

矿石可磨度是衡量某一种矿石在常规磨矿条件下，抵抗外力作用而被磨碎的难易程度。它主要用来计算不同规格磨矿机磨碎不同矿石时的处理能力。选矿厂磨矿机的计算方法和矿石可磨度的评价，由于实验计算方法不同，世界各国不尽相同，概括起来可分为两大类：绝对可磨度——功指数法，试验测出的是单位电耗的绝对值；相对可磨度——容积法或新生计算级别法，测出的是待磨矿石和标准矿石的单位容积产生能力或单位电耗量的比值。

56. 什么是矿浆浓度？

在选别过程中，矿浆浓度是一个很重要的操作因素，各环节对矿浆浓度都有一定的要求。矿浆浓度是指矿浆中固体（如矿石）物料占整个矿浆质量的百分数，称为固体质量分数。也可以用矿浆中液体质量与固体质量之比来表示，称为固液比。测定选矿各作业中矿浆浓度的方法有多种，如直接测定法、间接测定法、自动测定法等。

57. 怎样描述矿粒大小和分布规律？

选矿过程所处理的矿石是大小不同形状各异的各种矿粒的混合物料。为了描述它们的大小和分布规律，引入了粒度、粒级和粒度组成的概念。

粒度就是指矿块或矿石的颗粒大小，通常用不同方向测得的矿块尺寸的平均值表示，也可以用该矿粒的最大长度表示，单位用 mm 或 μm 表示。如果我们用某种方法（通常用筛分法）把某种矿粒的混合物料按粒度大小分成若干个小的粒度范围，这些粒度范围称为粒级。粒级通常用"上下限"表示，如 4.0 ~ 1.0mm 粒级，即表示这一级别物料最大粒度为 4.0mm，最小粒度为 1.0mm。为了表示物料的粒度分布情况，可以把混合物料的各个小的粒级，用称量法确定其质量，并算出在整个混合物料所占的质量分数（相对含量），混合物料中各粒级相对含量称为粒度组成。

58. 什么是网目？

筛分法测量粒度常用标准筛。网目是标准筛筛孔尺寸的一种表示方法，也代表了各号筛子的名称。在泰勒标准筛制中，网目是指 25.4mm（1 英寸）长度筛网中所共有的筛孔数目，也简称目。比如 200 目筛子是指每 25.4mm 长度筛网上，具有 200 个筛孔，其筛孔尺寸为 0.074mm（网目越多，筛孔尺寸越小）。需要指出我国现行标准筛中，同样是 200 目筛子其筛孔却相差较大，因为编织筛网时所用筛丝直径不同，所以在使用中应指出所用筛子的筛孔尺寸。

59. 怎样测定细度？

细度与矿浆浓度一样也是选矿过程中一个重要指标。细度虽然与粒度关系密切，但其含意不同。细度是指物料中小于某一粒度的所有粒子的质量占全部物料中的百分比，而粒度则指颗粒的实际大小。

细度多用 –200 目含量来表示。细度的测定方法有多种，选矿生产中常用的有直接测定法和间接测定法。

（1）直接测定法。直接测定法是矿浆取样后过滤、烘干，取出一定质量 q_0（g）的干样（取样质量要有代表性），然后用指定的筛子（如 200 目筛）进行完全筛分（干法、湿法或干湿联合法，一般筛分 0.5h 以上），称得筛上产物质量 q_2 或筛下产物质量 q_1，则细度

$$\beta = q_1/q_0 \times 100\% \ \text{或} \ \beta = (1 - q_2/q_0) \times 100\%$$

这种测定方法结果准确，但测定时间长，难以指导生产，一般将其结果用于生产统计报表。

（2）间接测定法。间接测定法是通过测矿浆浓度来求细度，也称为快速筛析法。用标定好的浓度壶采取矿浆样并称重，得出筛分前的矿浆质量 Q_1（g），求得矿浆浓度 K_1（%），然后将矿浆在指定的筛子上（通常用 200 目）湿法筛分，筛后将筛上残留物装回原浓度壶，加满水再称重得筛上物加水的质量 Q_2（g），同样求出筛上产物加水后的矿浆浓度 K_2（%），则细度

$$\beta_{-200目} = \frac{Q_1 K_1 - Q_2 K_2}{Q_1 K_1} \times 100\% \text{ 或 } \beta_{-200目} = \left(1 - \frac{Q_2 K_2}{Q_1 K_1}\right) \times 100\%$$

例如，测某闭路磨矿作业的螺旋分级机分级溢流细度：取样后称得矿浆质量 $Q_1 = 1540g$，求得其浓度为 $K_1 = 38\%$，然后用 200 目筛子湿法筛分，筛后筛上产物倒入浓度壶加水后再称其质量 $Q_2 = 750g$，相应浓度为 $K_2 = 15\%$，则细度

$$\beta_{-200目} = \left(1 - \frac{750 \times 0.15}{1540 \times 0.28}\right) \times 100\% = 73.91\%$$

60. 测定矿浆浓度和细度的取样与操作中应注意哪些事项？

在实际工作中不论是测定矿浆浓度或是矿浆细度，为了使测定结果具有较高的代表性，在取样和操作过程中应注意如下事项：

（1）取样壶要准确标定其壶重和容积，取样壶每次用后要洗净、空干，壶内不得残留水和矿砂。

（2）取样时壶口要正对矿流，并沿矿流横向全长等速移动样壶，来截取矿浆样。

（3）待取样壶溢流口刚溢出矿浆便立即停止取样，以保证取样的代表性和结果的真实性。

（4）称样要认真、准确，称样用秤要校准零点并保持清洁，每次用后洗净擦干，以免造成误差。

（5）筛分时若固体量多可分批筛分，不得将大量矿浆一次倒入筛上，否则易损坏筛底，筛分也难以进行。

（6）湿法筛分要在专用水池（水盆）中进行，筛分要彻底，确保结果可靠。

（7）筛分时不能造成溅落损失，否则应重测。

61. 如何绘制和使用累积产率粒度特性曲线？

某被筛析物料代表性试样共重 20kg，用标准筛从 9.423mm 至 0.074mm 共 15 个筛子，把其分成 16 个级别，其中每一级别的质量从粗到细由上到下分别列入表 3-2 中的第三栏中，然后进行个别率和累积产率的计算。某级别产率用下式计算

$$某级别产率 = \frac{某级别质量}{被筛试样总质量} \times 100\%$$

所得计算结果列入表 3-2 中第四栏内。正累积产率表示大于某一粒级所有各粒级产率之和，可由各级别产率从上往下逐级相加求得。例如，+4.699 级别累积产率就是大于 4.699 的三个级别（即 +9.423mm、-9.423 +6.68mm 和 -6.68 +4.699mm 三个级别）的个别产率相加的和。即 3.34% +23.41% +20.12% =46.87%，依次可计算其他级别累积产率，其结果记录在表 3-2 第五栏中。负累积产率表示小于某一粒级所有产率之和，可由各级别产率由下向上逐级相加求得，如表 3-2 第六栏所示。然后以粒度为横坐标。以表 3-2 中第五栏（正累积曲线）或第六栏（负累积曲线）数值在坐标中找出一对应点，然后连接成平滑曲线，如图 3-1 所示。

由于在正累积曲线上大于 0mm 级别的累积产率为 100%，故曲线与纵坐标相交于 100%。

表 3-2 筛析结果记录

粒 级		质量/kg	产 率		
网目/孔·in⁻¹	筛孔尺寸/mm		个别/%	正累积/%	负累积/%
1	2	3	4	5	6
—	+9.423	0.668	3.34		100.00
+3	-9.423 +6.680	4.682	23.41	26.75	96.66
-3 +4	-6.680 +4.699	4.024	20.12	46.87	73.25
-4 +6	-4.699 +3.327	3.688	18.34	65.21	53.13
-6 +8	-3.327 +2.362	2.210	11.05	76.26	34.79
-8 +10	-2.362 +1.651	1.426	7.13	83.39	23.74
-10 +14	-1.651 +1.168	0.966	4.83	88.22	16.61
-14 +20	-1.168 +0.833	0.666	3.33	91.55	11.78
-20 +28	-0.833 +0.589	0.460	2.30	93.85	8.45
-28 +35	-0.589 +0.417	0.342	1.71	95.56	6.15
-35 +48	-0.417 +0.295	0.266	1.33	96.59	4.44
-48 +65	-0.295 +0.208	0.188	0.94	97.83	3.71
-65 +100	-0.208 +0.147	0.140	0.70	98.53	2.17
-100 +150	-0.147 +0.104	0.104	0.52	99.05	1.47
-150 +200	-0.104 +0.074	0.066	0.33	99.38	0.95
-200 +0	-0.074 +0	0.124	0.62	100.00	
合 计	—	20.00	100.00		

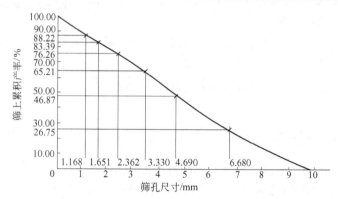

图 3-1 累积产率粒度特性曲线

累积粒度特性曲线在生产考查和流程计算中得到广泛应用。（1）可求出任一级别之产率；（2）根据曲线形状可判断物料的粗细情况：当物料粗粒多时，正累积曲线呈凸形，而细粒级占多数时则呈凹形，粗细粒级大致相同时则接近一条直线；（3）可找出物料最大粒度。我国通常用能使 95% 物料通过的方筛孔宽度作为该物料最大粒度，因此在正累积曲线上与纵坐标 5% 相对应的筛孔尺寸即为最大块直径，如从图 3-1 上查得 d_{95} =9mm。

62. 怎样利用破碎机典型粒度特性曲线确定排矿口尺寸?

在选矿生产中,为了均衡各破碎段之间的生产负荷,经常需要根据破碎衬板磨损情况和对各段产品的要求,迅速而准确地调节各段破碎机排矿口的大小。在缺乏实际资料情况下,通常多采用各破碎机破碎不同硬度矿石时的典型粒度特性曲线(该曲线是由大量的生产数据平均统计出来的)。生产实践证明,同一类破碎机在不同排矿口尺寸下破碎硬度和产状相似的矿石时,其所得产品粒度特性曲线的形状是相似的。为了使用方便,这些曲线横坐标不直接用粒度表示,而是采用相对粒度表示,即

$$相对粒度\ Z_i = \frac{产品粒度\ d_i}{排矿口宽度\ e}$$

利用典型粒度特性曲线可很方便地确定破碎排矿口大小。图 3-2 所示为颚式破碎机破碎三种不同硬度的矿石的典型粒度特性曲线。若某选矿厂破碎矿石为中硬矿石,生产中要求其产品最大粒度 d_{max} 为 20mm,从图 3-2 的曲线上查得相对最大粒度 $Z_{max}=1.6$,则排矿口宽度

$$e = \frac{d_{max}}{Z_{max}} = \frac{20mm}{1.6} = 12.5mm$$

反过来也可根据所确定的排矿口宽度来判断所得破碎产品的最大粒度。例如,调整后测得排矿口实际宽度为 15mm,则生产中破碎产品最大粒度为

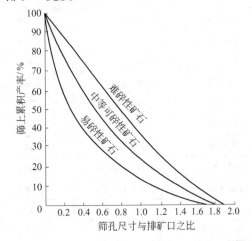

图 3-2　三种不同硬度矿石的典型粒度特性曲线

$$d_{max} = Z_{max} e = 1.6 \times 15mm = 24mm$$

第二节　破　碎　设　备

63. 选矿厂常用破碎设备有哪些类型?

在矿石破碎工艺中,根据作业方式和破碎产品的粒度,破碎设备分为破碎机和磨矿机两大类。破碎机用于粗粒粉碎阶段,一般给矿粒度较大,产品粒度较粗,通常为 6mm 以上(−6mm 占 60% 以下)。它们的基本特征是工作件之间互不接触而保有一定间隙。根据破碎方式、原理,破碎机分为如下四种:

(1)颚式碎矿机(又称老虎口),它是一种古老、应用很广的破碎设备。破碎作用是靠动颚板周期性的靠近和离开定颚板,将两颚板间的矿石块压碎(以压碎为主)并排出(靠自重下落),属间断破碎设备。按照动颚板运动特征,颚式碎矿机又分为简摆式(双肘板)和复摆式(单肘板)两种。

(2)圆锥碎矿机,属连续碎矿设备。根据给矿和产品粒度,圆锥碎矿机分为旋回圆锥碎矿机和中碎、细碎圆锥碎矿机。按照破碎腔平行带 B(动锥体和定锥体之间的空隙)

长短又分标准型、中间型和短头型圆锥碎矿机。

旋回圆锥碎矿机和颚式碎矿机同属粗碎矿设备，因为圆锥碎矿机连续工作，所以，当给矿性质相同时，其生产能力比颚式碎矿机大得多。标准型和短头型分别用做中碎和细碎设备，而中间型介于两者之间，一般在两段破碎时，作为第二段碎矿设备。

（3）冲击式碎矿机，它是利用冲击力"自由"破碎原理来粉碎矿石的，矿石在碎矿机中受到打击板（板锤）和反击板的冲击和矿石之间的多次相互撞击的复杂作用而粉碎。这种碎矿机破碎比大、效率高、过粉少，是一种很有发展前途的碎矿设备。

（4）辊式碎矿机。矿石从上部给入两个相向旋转的圆辊（光面或非光面）间，靠物料与辊面摩擦力被卷入破碎腔被辊子压碎，已经破碎的矿石靠重力从两辊间的间隙处排出。这种碎矿机主要用于中硬和脆性物料的中碎、细碎。

64. 颚式破碎机是如何实现保险和排矿口调节的？

颚式破碎机推力板（又称肘板），除了传递动力使动颚板做前后摆动外，同时还具有安全保险作用，改变其长度还可以起到调节排矿口的作用。

当颚式破碎机破碎腔内进入不可破碎物（如铁球、铁块等）时，为保护设备主要部件不受损坏而采用后推力板作为破碎机保险部件。后推力板一般用铸铁铸成整体，在其中部开一条槽或若干小孔以降低它的断面强度；也可铸成两块，然后用螺钉（或铆钉）连接起来，组成组合推力板。当不可破碎物进入破碎腔时，设备超负荷，巨大破碎力传给推力板导致推力板折断或组合推力板的螺钉剪断，机器停止工作，起到保险作用。

随着齿板的不断磨损，排矿口逐渐变大，产品不断变粗，为了获得合格的产品粒度，需要定期调整排矿口尺寸。排矿口的调整方法主要有以下两种：

（1）垫片调节，即在后推力板的支承座后面与机架后壁之间放一组垫片，增减垫片数量或改变其厚度，便可达到调节排矿口的目的。此法结构紧凑、调节可靠，大、中型颚式破碎机多用这种调节方法。

（2）楔块调节，用放在推力板后座与机架之间的两个楔块调节排矿口的宽度，此法适宜小型破碎机采用。

65. 颚式破碎机安装应注意哪些事项？

机器安装时应注意下列事项：

（1）由于颚式破碎机在工作时振动较大，应将机器安装在混凝土基础上，为了减少振动、噪声以及对附近建、构筑物基础的影响，在破碎机和混凝土基础之间垫以硬木垫板、橡胶带或其他减振材料。

（2）基础的排矿槽要铺设一层金属板，并具有足够的倾斜角度（应视物料的流动性来决定，不得小于50°），以免阻碍破碎后的产品顺利排出。

（3）排料口尺寸大小应按所需要产品粒度进行调整。调整时，应松开 T 形螺栓和拉紧弹簧。利用起顶螺栓顶开调整座，插入或抽去相应厚度的垫片，然后退回起顶螺栓，调整座在动颚自重的作用下，紧贴在机架耳座上，同时将垫片组压拢在一起。此后，调整弹簧预压力，以确保机器工作时，使推力板与推力板垫紧贴。最后锁紧调整座。

66. 颚式破碎机操作时应注意哪些事项？

空载试车时：（1）颚破机连续运转 2h，轴承温升不得超过 30℃。（2）颚破机所有紧固件应牢固，无松动现象。（3）飞轮、槽轮运转平稳。（4）颚破机所有摩擦部件无擦伤、掉屑和研磨现象，无不正常的响声。（5）颚破机排料口的调整装置应能保证排料口的调整范围。

有载试车时：（1）破碎机不得有周期或显著的冲击、撞击声。（2）最大给料粒度应符合设计规定。（3）连续运转 8h，轴承温升不得超过 30℃。（4）破碎机处理能力和产品粒度应符合设计规定。（5）调整座与机架耳座间无明显窜动。

使用前的准备工作：（1）仔细检查推力板的连接处是否有足够润滑脂。（2）仔细检查所有紧固件是否紧固。（3）仔细检查传动带是否良好，若发现有不安全现象时，应及时更换，当传动带或带轮上有油污时，应用抹布将油污擦净。（4）检查防护装置是否良好，发现有不安全现象时，应及时排除。（5）检查破碎腔内有无矿石或杂物，若有矿石或杂物时，则必须清理干净，以确保破碎机空腔启动。（6）检查起顶螺栓是否退回，垫片组是否压紧，T 形螺栓是否拧紧。

颚式破碎机的启动：（1）经检查，证明机器各部分情况正常，方可启动。（2）颚破机仅允许在无载荷的情况下启动。（3）启动前，必须用铃声或信号事先警告。（4）启动后，如发现有不正常现象时，应立即停止运转。待查明和排除不正常情况后，方可重新启动破碎机。

生产使用过程中：（1）颚式破碎机正常运转后，方可投料生产。（2）待碎物料应均匀地加入破碎机腔内，应避免侧向加料或堆满加料，以免单边过载或承受过载。（3）正常工作时，轴承的温升不应超过 30℃，最高温度不得超过 70℃。超过上述温度时，应立即停车，查明原因并加以排除。（4）停车前，应首先停止加料，待破碎腔内物料完全排出后，方可关闭电源。（5）破碎时，如因破碎腔内物料阻塞而造成停车，应立即关闭电源停止运行，将破碎腔内物料清理干净后，方可再行启动；（6）颚板一端磨损后，可调头使用。（7）颚破机使用一段时期后，应将紧定衬套重新拧紧，以防紧定衬套松动而损伤机器。

67. 如何消除颚式破碎机工作中常出现的故障？

颚式破碎机是选矿厂广泛采用、惯性力大、工作条件恶劣、重负荷工作的粗碎设备。为了保证该设备的正常连续运转，充分发挥设备生产能力，除了正确操作、经常维护和定期检修外，需要准确及时判断并消除工作中可能出现的故障。

颚式破碎机运转中常见的主要故障归纳如下：

（1）破碎机空转时，下部出现金属的撞击声。颚式破碎机空载工作时，下部出现金属撞击声可能是以下三方面的原因：1）破碎机动颚和定颚齿板相互撞击声，是由于排矿口过小造成的，应及时调整。2）推力板支承中或垫片调节装置中出现撞击声，一般是由于拉杆缓冲弹簧弹性消失或损坏，或弹簧压得不紧造成转动，当动颚板、肘板、机体三者结合不紧密，使肘板头与两端支承产生撞击，或调节垫片间互相撞击，应及时紧固压紧螺母直到撞击声消失为止。3）还有可能是肘板支承滑块磨损严重或松弛、肘板头部严重磨损，应及时更换。

（2）工作时有金属撞击声、衬板抖动。这种现象往往是破碎腔侧衬板和齿板（动、定）松动，或紧固螺丝松动或断裂造成的，应及时紧固或更换。

（3）后肘板断裂频繁。后肘板除传递动力外，还靠其强度的不足起保险作用。除了肘板中部强度过低，其强度不足以克服因正常破碎矿石产生的破碎力而损坏外，可能是拉杆弹簧压得过紧，再加上工作时的破碎力使其过载而断裂，可适当调松弹簧。

（4）飞轮回转，破碎机不工作。原因是由于拉杆弹簧和拉杆损坏、拉杆螺帽脱扣使肘板从支承滑块中脱出，也可能是肘板断裂脱落，应重新更换安装。

（5）飞轮显著地摆动，偏心轴回转慢。该故障是由于皮带轮与飞轮键松动或损坏，轮与轴不能同步转动。

（6）破碎产品粒度变粗，是破碎衬板下部严重磨损的结果。应将齿板上下调换或更换新衬板，调整排矿口达到要求的尺寸。

68. 颚式破碎机检修后，空载和负载试车要求是什么？

破碎机在大修、中修完毕后，空载试车时间，一般为 2～6h，或根据具体情况确定试车时间。试车前，如有吊车用吊车旋转偏心轴一周，确定无阻时，方可开车。空载开车应达到如下要求：

（1）按启动程序启动和停车，电气部分有关联锁系统应符合检修要求。

（2）所紧固件应牢固，无松动现象。

（3）各润滑点润滑正常，无漏油现象。

（4）轴承温升不应超过 30℃。

（5）飞轮转动平稳。

（6）所有调整机构灵活，并达到规定的调整范围。

空载试车合格后，应进行负载试车。负载试车时间，一般为 2～3 昼夜。负载试车应达到如下要求：

（1）破碎机不得有周期性和显著的冲击声。

（2）轴承温升不得超过 40℃。

（3）破碎产品粒度（即排矿口间隙）要符合要求。

69. 如何拆卸颚式破碎机？

颚式破碎机最频繁的修理项目是更换推力板。对于连杆是整体的破碎机要拆下推力板，必须先拧出挡板螺栓，切断干油润滑油管，把推力板吊挂在吊车起重钩或其他起重设备上，然后方可松开水平连杆一端的弹簧，把动颚拉到固定颚方向，取出推力板。如果要取出后推力板，那么应将连杆与前推力板和动颚一起拉开，取出后推力板。

推力板卸下后，切断稀润滑油油管和冷却水管，在连杆的下面用支架支住，然后卸下连杆盖，方能吊出连杆。破碎机的主轴应与皮带轮和飞轮一同取下。把电动机（连同皮带）沿滑轨尽量向破碎机移近，取下三角皮带，然后用吊车把轴提起。拆卸动颚时必须先切断干油润滑油管，拆下拉杆，取下轴承盖，然后用吊车或其他提升设备将动颚拉出。

70. 颚式破碎机衬板磨损到什么程度更换？

颚式破碎机的固定衬板（齿板）、动颚衬板（齿板）、两侧衬板（护板）是最容易磨损的，严重磨损后使产品粒度变大。初期磨损，可将齿板调头使用，或上下两块调头使用。颚板的磨损，多在中下部，当齿高磨损掉 3/5 时，即需要根更换新的衬板。两侧衬板磨损掉 2/5 时，也需要更换新的衬板。

71. 颚式破碎机心轴、偏心轴、轴瓦磨损到什么程度更换？

轴的磨损如果很少，仅仅为了修复它的几何形状，可在车床上车削，使轴颈达到正确的几何形状，然后相应的减小轴承内径。但经过几次这样处理后，如果轴颈尺寸较原来减小 5% 时，就不允许再车削了，而应该更换新轴。

颚式破碎机是在冲击负荷下工作的，轴瓦上的巴氏合金衬的工作期限约 2 年，超过期限，则需要重新浇注。如果偏心轴与轴瓦、心轴与轴瓦被磨损，其顶间隙大于原装配间隙的 1.5 倍时，需要加垫调整或更换；油沟磨损 1.5mm，则应重开油沟或调整。连杆头上盖与偏心轴之间的间隙，磨损到大于装配间隙的 1.5 倍时，也需要加垫调整或更换新的。当轴瓦上的巴氏合金有较深剥开或较大擦伤时，应重新浇注。对于加工后的轴瓦质量有如下要求：巴氏合金表面的颜色要均匀、无光、银白色；巴氏合金表面层不应有灰渣、裂纹、砂眼、缩孔及退壳现象等。

72. 如何更换颚式破碎机的推力板？

当推力板磨损严重或前推力板折断时，必须将破碎腔内的矿石清除，取出磨废或折断的推力板，并检查动颚和连杆上的肘板有无损坏。然后把动颚拉到固定颚附近，将肘板的工作表面用干油润滑，换上新推力板，使它与肘板工作表面慢慢接触，并拉紧水平拉杆，使动颚把推力板夹住，拧紧安全罩，连接润滑系统，然后调整好排矿口尺寸。

73. 如何表示旋回破碎机的规格？

旋回破碎机始用于 1898 年，由于工作可靠，生产能力大，直到现在仍广泛应用于选矿厂和其他工业部门，其规格用给矿口和排矿口宽度来表示，例如 P×500/75 型旋回破碎机，它的给矿口宽为 500mm，排矿口宽为 75mm。国产规格有 PX500/75 型旋回破碎机、PX700/130 型旋回破碎机、PX900/160 型旋回破碎机、PX1200/180 型旋回破碎机、PX1500/180 型旋回破碎机、PX1500/300 型旋回破碎机。型号中的字母 P 代表破碎，X 代表旋回。

74. 旋回破碎机的工作原理是什么？

旋回破碎机的原理与颚式破碎机基本相同，但不同的是其破碎腔为破碎锥和固定锥之间形成的是环形空间，在任一瞬间，都有一部分物料被压碎，而它对面的那一部分物料则同时向下排出，属于连续工作设备。

75. 旋回破碎机操作时应注意什么事项？

当破碎机进入正常破碎工作之后，操作时必须遵守和注意下列事项：

（1）检查运转情况，破碎机内部不应有异常敲击声。特殊情况应立即停止运转。给矿粒度不许大于给矿口的 0.8 倍，排矿溜槽及破碎圆锥下部不要被矿石堵住，否则矿石会被破碎锥体抬起，矿粉进入偏心轴，造成事故。

（2）注意油泵的运转，经常检查各处的油流指示器、油温及油压的指示数等。油经过冷却器后的温度不应高于 45 ~ 53℃，回油温度不应高于 60℃，并按时向上部悬挂装置给油。

（3）注意检查三角皮带的松紧情况，可用大拇指下压三角皮带测定张力，下压如果不超过 1.5cm，则松紧合适（测定必须在开车前或停车后）。检查有无断裂现象，并注意三角皮带不要粘上油。

（4）应经常检查横梁、中架体和机座之间连接销钉是否松动及沿圆周 15.0mm 间隙是否相等。

（5）检查各部衬板有无松动、缺少及严重磨损情况。

（6）严格检查给矿情况，切实防止锤头、钎头等金属物进入破碎腔内。

（7）在运转中发生意外事故（如溜槽被矿石堵住、给油停止、油温超过 60℃、圆锥齿轮有敲击声），应立即按规定程序处理。

76. 旋回破碎机排矿口如何调整？

当破碎圆锥或机架衬板磨损以后，为了保证排矿粒度，需要恢复原来的排矿口宽度。调整的办法是：提高破碎圆锥，减小排矿口，如果破碎圆锥已提高到最高点，排矿口还不能恢复原有的宽度，则应考虑更换机架或破碎圆锥的衬板，或者同时更换。

提高破碎圆锥时，先将横梁上的螺帽取下，再将起重吊环拧在破碎圆锥主轴上端的丝孔内，然后利用吊车将破碎圆锥吊起，吊起的高度应比原预计提高度距离高 5.0 ~ 15.0mm。破碎圆锥提起后，向下拧调整螺钉，将压套及锥形套压下去，然后将螺钉退回。接着将键取下，并向下拧螺帽，直至它与压套接触为止。然后测量排矿口宽度，达到规定要求后，清理干净，加满润滑油，最后装上帽盖。

77. 旋回破碎机小修、中修、大修内容是什么？

小修内容：检查和修复破碎圆锥上部的悬挂装置、防尘装置、偏心轴套、圆锥齿轮、止推圆盘、传动轴衬套的磨损和润滑情况；检查和修复润滑系统，更换润滑油；检查和修复各处衬板的磨损和紧固情况。小修检修周期约为半个月。

中修内容：更换破碎圆锥衬板；修复或更换传动轴，传动轴衬套、圆锥齿轮和悬挂装置的各磨损件；修复或更换偏心套、内外衬套和止推圆盘；修复和更换电气设备。中修包括小修全部内容，检查周期主要决定于圆锥衬板和机架衬板的磨损，以及传动轴套的磨损情况。一般半年一次。

大修内容：主要是修复更换机架、中架体、横梁及修理基础。大修对中修的项目进行全部检查和处理，并进行技术革新。大修周期一般 5 年左右。

需要指出的是中修和大修周期与破碎矿石的软硬有关。例如，破碎磁铁矿时较硬，3～4个月则需中修一次，而破碎石灰石矿时，有的可以延长两年左右。还与破碎机平时维护工作及修理和备件质量有很大关系。因此，加强平时的维护修理工作，提高修理质量，是延长机器运转期限的重要途径。

78. 旋回破碎机检修后空载和负载试车要求？

破碎机空载试车，连续运转不得少于 2～4h，必须达到如下要求：

（1）破碎圆锥摆动平稳，无显著振动。

（2）圆锥齿轮不得有周期性的噪声。

（3）润滑系统应达到如下要求：给油管的油压应在 0.08～0.15MPa 的范围内，回油温度不得超过 50℃。

（4）无载试车后，检查各主要部位的摩擦部分不得有磨损现象。

破碎机负载试车不能少于 12～24h，必须达到下列要求：

（1）破碎圆锥的转动要平稳，无显著振动。

（2）破碎机给矿、排矿正常，产品粒度均匀。

（3）润滑系统正常，给油管油压应在 0.08～0.15MPa 的范围内，回油温度不超过 60℃。

大中修后的无载或负载试车，均须做详细记录，登记在设备档案上，以备下次检修待查和参考。

79. 如何确定旋回破碎机衬板的更换范围，如何更换？

当衬板厚度磨损三分之二，或磨漏、破裂，或排矿口增大到不能调整时，就需要更换衬板。可根据磨损、破裂情况决定不同的更换范围：

（1）机架和破碎圆锥衬板同时全部更换。

（2）只更换机架或破碎圆锥其中之一全部衬板。

（3）只更换机架、破碎圆锥下部衬板。

（4）只更换机架或破碎圆锥其中之一的下部衬板。

（5）只做局部更换。

当更换机架衬板时，如旧衬板取不下来，可用气焊切割，并将机架内表面清理干净。衬板背面新浇注的混凝土，是用 500～600 号水泥和砂子，比例是按质量比 1∶3 混合。浇注之前，衬板要打磨干净，使混凝土与它牢固结合起来。混凝土浇注完之后，必须修整，使衬板背面的筋面与机架紧贴，并且一定要等混凝土充分养护和硬化之后方能投入使用，否则影响使用寿命。

当更换破碎圆锥衬板时，锥体下部衬板装上后，利用锥体下部的调整圈，使下部衬板与锥体之间保持 1.0～2.0mm 的间隙。最上面的衬板装上后，应先将压紧螺母装上，然后再浇注锌合金。浇注前，锥体与衬板先预热 60～80℃，衬板各接头的缝隙要用石棉及黏土塞住，以免锌合金漏出。衬板浇注合金之后，装上压紧螺母和锁紧板，使之紧紧固定。

80. 检修和安装旋回破碎机的偏心轴套时注意什么事项?

当偏心轴套有严重裂纹时,或主轴与偏心套内孔之间的间隙大于装配时的标准间隙的1.5~2倍时,需修理和更换。大、小圆锥齿轮齿厚磨损25%~30%时,需更换齿轮。

检修时,首先应将油放出,然后由上部吊出偏心轴套(横梁和动锥已拆掉),检查偏心轴套上的巴氏合金,检查钢套与机架的紧密性。检查时注意用铜锤或铅锤敲击。

安装时,注意各接触面必须光滑,清洗干净,要修整巴氏合金套上的毛刺和擦伤。油沟清洗干净,必要时加以研磨和加深油沟。最后必须将下部底盖严密装好,防止漏油。偏心套安装以后,两个齿轮的外端面必须平齐。

无论在拆卸或安装后,均应测量齿轮的啮合间隙。通过拆卸前的间隙记录,可以了解齿轮磨损规律。间隙太大或太小,用增加或减少偏心轴套处的垫片来调整。

81. 如何表示圆锥破碎机的规格?

圆锥破碎机具有破碎比大、效率高、功耗少、产品粒度均匀和适合破碎硬矿石等特点。

我国当前生产的圆锥破碎机分标准型、中间型、短头型三种形式。破碎机的规格用动锥底部直径的尺寸表示。例如 $\phi1750$ 标准型,动锥其底部直径即为 1750mm。

我国生产的主要规格有:PYB600 标准型、PYD600 短头型、PYB900 标准型、PYZ900 中型、PYD900 短头型、PYB1200 标准型、PYZ1200 中型、PYD1200 短头型、PYB1750 标准型、PYZ1750 中型、PYD1750 短头型、PYB2200 标准型、PYZ2200 中型、PYD2200 短头型。

型号中的字母 P 代表破碎机,Y 代表圆锥,B 代表标准型,Z 代表中型,D 代表短头型。

82. 标准型、中间型、短头型圆锥破碎机有哪些区别?

这三种破碎机的基本结构和工作原理完全相同,只是在破碎腔形状上略有不同。如图3-3 所示:区别的关键在于破碎平行带,从图上即可看出,短头型平行带较长,而中型次之。

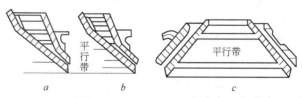

图 3-3　破碎腔断面示意图
a—标准型;b—中间型;c—短头型

平行带较长,给矿口和排矿口均比较小,可以获得较细产品粒度。一般均将平行带较长的短头型作为细碎放在中碎之后。而标准型由于平行带较短,破碎产品较粗,产量较高,一般放在粗破碎之后(即颚式或旋回破碎机之后)作为中碎用。

83. 操作圆锥破碎机时应注意什么事项?

给矿后破碎机处于有载运转中,操作人员必须遵守和注意下列事项:

(1) 给矿必须均匀,产品粒度符合要求。

(2) 随时注意排矿和运输皮带运转情况,以免发生堵塞事故。

(3) 经常检查油泵、冷却器、过滤器、油量、油温,回油温度不应超过 60℃。

(4) 检查水封防尘的排水,如果没有水则不允许运转。

(5) 注意检查锁紧缸的油压,调整环必须在锁紧状态下方可运转。

(6) 定期检查衬板磨损情况,特别注意调整环上的衬板固定螺栓。如果固定螺栓松了,会引起衬板松动。新换的衬板在工作 24h 以后,应停车紧固一次。

84. 圆锥破碎机排矿口如何调整?

在破碎过程中,动锥衬板与定锥衬板不断磨损,使排矿口逐渐增大。为了保证一定的产品粒度,就要随着磨损情况,不断的调整排矿口尺寸。排矿口的调整,是借助于调整环与支承套间的锯齿形螺纹升、降定锥衬板来实现的。

为了使齿形螺纹得到润滑以及调整和拆装方便,螺纹必须有足够的间隙。

调整后的排矿口,可采用钢丝系铅球的方法,通过破碎腔到排矿口处测量排矿口尺寸。经过加工的新衬板测量 1 点即可,未经加工或已磨损的衬板应测量 6 ~ 8 点。排矿口达到尺寸要求后,利用锁紧缸将调整环锁紧,否则不允许启动。

85. 圆锥破碎机小修、中修、大修内容是什么?

检修周期的确定应根据设备的实际状况来制定。

小修周期每半个月到一个月进行一次,其内容包括:

(1) 检查碗形瓦。

(2) 检查锥套和直套的磨损情况并检查其间隙。

(3) 检查圆锥齿轮啮合间隙。

(4) 检查传动轴瓦间隙。

(5) 检查液压装置 (如该设备有液压装置);检查润滑装置或更换润滑油。

(6) 主要零件的清洗。

中修周期约 4 ~ 6 个月一次,其主要内容包括:

(1) 更换衬板。

(2) 修复或更换偏心轴套、锥套和直套。

(3) 修复或更换碗形瓦和防尘装置。

(4) 修复或更换圆锥齿轮、传动轴和轴瓦。

(5) 修复调整环和支承套螺纹。

(6) 对小修项目进行全部检查和处理。

(7) 分解电机、吹尘除垢和检查各部轴瓦间隙;分解油开关,清洗和处理缺陷;各部电气调整和试验;检查和修复配电盘及其他电缆线等。

大修约 4 年一次或根据实际情况决定,其内容包括:

（1）修复或更换机架及有关出现问题的基础部分。

（2）对中修项目进行全部检查和处理，以及进行技术改造。

（3）更换电机定子线圈（根据预防性试验决定）及浸漆。

（4）根据实际情况决定是否更换转子轴。

86. 圆锥破碎机检修后空载和负载试车有何要求？

空载试车有下列要求：

（1）按启动程序启动和停车，各有关连锁系统均应符合技术要求。

（2）动锥正向或反向转动（自转），不应超过 15r/min。

（3）圆锥齿轮不应有冲击和周期性噪声。

（4）润滑系统工作正常，给油油压应在 0.05 ~ 0.15MPa 范围内，回油温度不超过 50℃（有载试车不许超过 60℃）。

（5）液压设备的液压调整装置，按其操作程序进行锁紧；调整排矿口达到使用要求的大小。

（6）正常连续运转时间不应少于 2h，一般以达到鉴定要求为止。

负载试车有下列要求：

（1）对空载试车中检查的项目进行负荷检查。

（2）负荷试车时间，要正常连续运转两昼夜（允许短时间停车检查）。给矿要逐渐加大，先少量给到满载。

（3）给矿位置要安装正确，矿石应均匀分布在破碎腔内。

（4）在无过铁情况下，支承套不应产生跳动，在过铁情况下，能顺利排除。

（5）破碎机在正常破碎过程中，不应有急剧的振动和异常的响声。

87. 圆锥破碎机偏心轴套部检修内容有哪些？

偏心轴套部的主要零件，使用到下述程度，就应进行修复和更换：

（1）偏心轴套外圆磨损 3.0mm 以上，则应更换。

（2）直衬套与偏心轴套间隙超过原装配隙（见表3-3）的一倍，或直套的裂纹长度超过其周长的 1/3 或其高度，应更换直套。

表 3-3 衬套原装配间隙

间隙位置 \ 规格/mm	900	1200	1750	2100	2200
机架衬套间隙/mm	2 ± 0.38	$2^{+0.7}_{+0.1}$	$4^{+0.18}_{-0.08}$	$2^{+0.5}_{+0.1}$	4 ± 0.3
锥套上部间隙/mm	$3.2^{+0.3}_{+0.1}$	$2^{+0.3}_{+0.1}$	$3^{+0.33}_{+0.11}$	$3^{+0.5}_{+0.1}$	$3.1^{+0.5}_{+0.1}$
锥套下部间隙/mm	$10^{+0.5}_{+0.1}$	$9.5^{+0.2}_{+0.1}$	$8.5^{+0.31}_{+0.07}$	$10^{+0.5}_{+0.0}$	$10^{+0.5}_{+0.1}$

（3）锥套与主轴上部间隙，超过原装配间隙（见表3-3）的一倍或有严重裂纹者，应更换锥套。

（4）圆锥大齿轮齿厚磨损 20% 以上者，应更换。

（5）偏心轴套下端止推轴承垫，磨损不平行偏差超过 0.1mm 或厚度磨损 5.0mm 以上，则应更换。

88. 圆锥破碎机动锥部检修内容有哪些？

动锥部检修内容有：
（1）主轴与锥套接触处磨损 3mm 以上或发现有裂纹时，应更换主轴。
（2）动锥躯体下挡矿环部分磨损超过环高的 1/2 时，则应补焊钢板。
（3）躯体球面或躯体锥面下端与衬板接触处磨损 4mm 以上时，则应更换躯体。

89. 更换圆锥破碎机衬板时应注意哪些事项？

当动锥和定锥衬板厚度磨损达到 65% ~ 80% 或局部磨损凹陷变形、破裂时，则应更换。装上衬板后，要检查它们的中心是否正确。中心不对，在转动时将会产生碰撞，产品粒度不均匀，以致引起机内摩擦件发热等故障。在浇注锌合金之前，应将各处间隙用黏土或石棉堵塞严密，以防锌合金外流。浇注时在合金接触的表面上，不允许潮湿，否则会引起爆炸。因此，浇注前要先进行预热、烘干，有时为了缩短时间（不预热），采用在接触表面上涂一层机器油的办法，然后利用专用工具进行浇注。浇注后，将衬板的紧固螺栓拧紧。

90. 圆锥破碎机工作时易发生哪些故障，如何排除？

圆锥破碎机工作时出现的故障及排除方法见表 3-4。

表 3-4　圆锥破碎机常见故障与排除方法

序号	故障现象	可能原因	排除方法
1	油泵发热	油稠或油温低	换稀油或加温
2	油泵工作，但油压低	吸油管堵塞	清洗油管
		油泵齿轮磨损	更换油泵
		压力表不准	更换压力表
3	油泵工作正常，压力指示正常，但无回油	回油管堵	清洗回油管
		回油管坡度小	加大坡度
		油黏或温度低	换稀油，加温
4	油位指示器中无油或油流中断、油压下降	油管堵	清理油管系统
		油温低	油加温
		油泵工作不正常	检查修理油泵
5	回油减少，油箱中油也减少	破碎机下有漏油处	停机检查，消除漏油
		排油沟堵塞，油从密封圈中漏出	调节给油量，清洗或加深排油沟
6	冷却器不起作用或作用不大	无冷却水或供水不足	开大水门，正常给水
		冷却系统堵塞	检查水压表，清洗冷却器
7	回油温度过高（>60℃）	偏心轴套摩擦面产生有害摩擦；轴承工作不正常；油沟断面不足、堵塞	停机检修供油、冷却系统摩擦面，清洗干净

续表3-4

序号	故障现象	可能原因	排除方法
8	水中有油，油中有水	冷却水压超过油压	使冷却水压低于油压0.05MPa
		冷却器中个别水管破裂，水渗入油中	检查冷却器水管接头是否漏水
9	传动轴转动不均匀，声音不正常，皮带轮转动而动锥不动	圆锥齿轮的齿系安装缺陷，运转中传动轴轴向间隙过大而磨损或损坏；	停机换齿轮、校正啮合间隙；更换主轴，强化除铁系统
		皮带轮或齿轮键损坏；	
		不可破物导致轴折断	
10	破碎机强烈振动，可动锥转速加快	主轴与衬套间无油或不清洁	停机检查，找出原因，清洗、加油
		可动锥下沉或球面轴承坏损	修理或更换
		锥形衬套间隙小	调整间隙
11	大块破碎产品增多	可动锥磨损	调小排矿口、更换衬板
12	工作时振动大	弹簧压力不足，细粒和黏性物料多，给矿不均匀，弹簧的弹性不足	压紧或更换弹簧，调整给矿
13	转动时听见劈裂声	衬板（动、定）松弛，螺钉或耳环损坏，衬板不紧而撞击	停机检查修理或更换
14	水封装置中无水	水封给水管不正常	停机找出给水中断的原因

91. 反击式破碎机的工作原理及优缺点是什么？

反击式破碎机是一种高效的破碎设备。矿石由进料口给入，并沿筛板向下滑动。筛上矿石在落下过程中被高速旋转转子上的硬质合金锤头击碎，并以很高的速度沿切线方向飞向第一块反击板，继续受到破碎，反击板又将矿石击回，再与转子后面甩出的其他矿石相互碰撞。矿石在第一破碎腔破碎到一定粒度后，经过反击板和转子之间的空隙排至第二破碎腔中，继续受到反复打击，直至粒度变小后才由破碎机底部排矿口排出。

反击式破碎机的主要优点：

（1）结构简单、体积小、质量轻、生产能力大。

（2）矿石沿节理面破碎，故电耗少、效率高。

（3）破碎比大（可达40）简化破碎流程。

（4）具有选择性破碎作用，并且破碎产品的粒度较均匀、形状多数为立方体。

反击式破碎机最大的缺点是锤头和反击板磨损较快。

92. 辊式破碎机的工作原理及优缺点是什么？

辊式破碎机的两个辊子分别用两个电动机带动，并作相向转动。矿石由上部给入，破碎是在两个辊子间形成的空隙中进行的，破碎后的物料借重力自行排出。金属矿山由于多使用光滑辊面，所以破碎作用主要是靠压碎，并附带有些研磨作用（当为齿面时则主要靠劈碎作用）。这种破碎机的特点是由于物料通过两个辊子中间时，只受压一次，所以过粉碎现象少。

辊式破碎机具有结构简单，紧凑轻便、工作可靠，价格低廉、维修方便等优点，并且破碎产品粒度均匀，过粉碎小，产品粒度细（可以破碎到 3.0mm 以下）。所以适于处理脆性物料及含泥土黏性物料的小型选厂（如钨矿），作为中细碎之用。辊式破碎机的主要缺点是处理能力低。

93. 辊式破碎机在工作时应注意哪些事项？

辊式破碎机工作时要特别注意以下事项：

（1）要加强给矿的除铁工作，非破碎物（钎头等物）掉入对辊间会损坏破碎机，以致造成停车事故，所以在破碎机前应安装除铁装置。

（2）黏性物料容易堵塞破碎空间，处理堵塞故障应停车处理，不可在运转中进行捅矿。

（3）当处理的物料含大块较多时，要注意大块矿石容易从破碎空间挤出来，防止伤人或损坏设备。

（4）辊式破碎机运转较长时间后，由于辊面的磨损较大，会引起产品粒度过细，这时要注意调整排矿口或对设备进行检修。

（5）加强对设备的检查，设备的润滑部位要按时加油，保持设备良好的润滑状态。

第三节　筛分基础知识

94. 什么是筛分，筛分的意义有哪些？

利用筛子把矿石按粒度分成若干级别的作业称为筛分。筛分的意义是很大的，筛分作业在选矿工业中是不可缺少的。它可以从破碎机的给矿中筛出细粒部分，可以增加破碎机生产率和避免过粉碎；在跳汰选矿和干式磁选前，常把矿石按粒度筛分成若干级别，分别处理，可以提高选别效果；在选矿厂中，有时筛分作业也可作为选择筛分、脱水筛分或洗矿筛分。

95. 筛分作业有哪几类？

根据筛分的目的不同，筛分作业可以分为五类：

（1）独立筛分。其目的是得到适合于用户要求的最终产品。例如，在钢铁工业中，常把含铁较高的富铁矿筛分成不同的粒级，合格的大块铁矿石进入高炉冶炼，粉矿则经团矿或烧结制块入炉。

（2）辅助筛分。这种筛分主要用在选矿厂的破碎作业中，对破碎作业起辅助作用。一般又有预先筛分和检查筛分之别。预先筛分是指矿石进入破碎机前进行的筛分，用筛子从矿石中分出对于该破碎机而言已经是合格的部分，如粗碎机前安装的格条筛、筛分，其筛下产品。这样就可以减少进入破碎机的矿石量，可提高破碎机的产量；检查筛分是指矿石经过破碎之后进行的筛分，其目的是保证最终的碎矿产品符合磨矿作业的粒度要求，使不合格的碎矿产品返回破碎作业中，如中碎、细碎破碎机前的筛分，既起到预先筛分，又起到检查筛分的作用。所以检查筛分可以改善破碎设备的利用情况，相似于分级机和磨矿机构成闭路循环工作，以提高磨矿效率。

（3）准备筛分。其目的是为下一作业做准备。如重选厂在跳汰前要把物料进行筛分分级，把粗、中、细不同的产物进行分级跳汰。

（4）选择筛分。如果物料中有用成分在各个粒级的分布差别很大，则可以筛分分级得到质量不同的粒级，把低质量的粒级筛除，从而相应提高了物料的品位，有时又把这种筛分称为筛选。

（5）脱水筛分。筛分的目的是脱除物料的水分，一般在洗煤厂比较常见。

96. 影响筛分作业的因素有哪些？

影响筛分过程的因素可分为以下三类：

（1）入筛物料的物理性质，包括粒度组成、湿度、含泥量和矿粒形状。

（2）筛面运动特性及其结构参数，包括筛面运动的特性、筛面的长度和宽度、有效筛面、筛孔尺寸和形状等。

（3）操作条件，包括生产率的大小和给矿的均匀性等。

在上述三类因素中，第一类因素除湿度外是不能随意改变的，第二类因素在设计筛子时必须认真考虑，只有第三类因素在实际生产过程中是可以调节的。

97. 如何计算固定筛的生产能力和确定筛面的尺寸？

在选矿厂固定筛分为固定格筛和条筛。固定格筛水平安装在粗碎矿仓上部，其作用是控制进入粗碎机的入料粒度，以保证粗碎机的正常工作。格筛筛孔为正方孔，筛孔尺寸由粗碎机给矿口的宽度确定，其关系式如下

$$a = (0.8 \sim 0.85)B$$

条筛一般倾斜安装在粗碎和中碎前，作为预先筛分，将进入破碎机给料中合格矿粒预先筛除以充分发挥破碎机能力。因为其处理的是大块矿石，因此要求这种筛子尺寸要同时满足矿石粒度和生产能力两个要求。其生产能力为

$$Q = Aaq$$

式中　Q——筛子生产能力，t/（h·台）；

A——条筛筛分面积，m^2；

a——条筛筛孔宽度，mm；

q——按给矿计的 1mm 筛孔宽的固定条筛单位面积处理量，t/（m^2·h·mm），可参考表 3-5 选取。

表 3-5　1mm 筛孔宽的固定筛单位面积处理量 q　　（t/（m^2·h·mm））

筛孔间隙/mm　　　　　筛分效率 E/%	25	50	75	100	125	150	200
70 ~75	0.53	0.51	0.46	0.40	0.37	0.34	0.27
55 ~60	1.16	1.02	0.92	0.80	0.74	0.68	0.54

固定筛无定型产品，多由生产厂自制。因此多是根据要求的处理量 Q_d，按下式计算要求的筛分面积 A

$$A = Q_d/(da)$$

式中　d ——给矿中最大块尺寸。

　　然后再根据给矿中最大块尺寸 d 和上下设备的规格确定筛子宽度 B。为避免物料堵塞筛面，筛宽应大于 2.5d。而筛子长度一般为 L = (2～3)B，通常 3～6m。最后按确定的最终筛面面积检验筛子的生产能力是否满足要求。

98. 什么是筛分效率?

　　筛分效率是指筛分时实际得到的筛下产物的质量与入筛物料内所含小于筛孔尺寸的粒级质量之比，一般用百分数表示。计算公式如下

$$E = \frac{100(a-b)}{a(100-b)} \times 100\%$$

式中　a ——入筛物料中小子筛孔尺寸的粒级含量,%;
　　　b ——筛上产物中小于筛孔尺寸的粒级含量,%;
　　　E ——筛分效率,%。

　　如某选厂用筛孔尺寸为 16mm 的振动筛作细筛前的预先筛分，测定筛分效率时，测得入筛物料中小于 16mm 粒级含量为 61.2%，筛上产物中小于 16mm 粒级的含量是 15.26%，筛分效率为

$$E = \frac{100(a-b)}{a(100-b)} \times 100\% = \frac{100 \times (61.2 - 15.26)}{61.2 \times (100 - 15.26)} \times 100\% = 88.6\%$$

99. 提高筛分效率的途径有哪些?

　　如何提高筛分效率一直是选矿厂破碎车间的重要问题之一。实践证明，提高筛分效率的途径可从如下几方面入手:

　　(1) 采用大规格筛子。大型圆振动筛增加了振动力和振幅，使筛板对物料的冲击应力和剪切应力增大，以克服矿粒之间的黏着力，也减少了筛面的堵塞，使被筛物料快速完成松散、分层和透筛。由于筛子作业条件的改善，提高了筛分效率。

　　(2) 增加筛分面积。实践证明，减少单位筛面上物料量可改善筛分效率。当筛面上实际物料量约为筛子能力的 80% 时，筛子筛分效率最高。当用筛子作分级设备时，由于细粒级多，应保证有足够筛分面积和适当加长筛面，使长宽比在 2:1 以上有利于提高筛分效率。

　　(3) 采用合理的倾角，控制物料在筛面上的流动速度。一般来说，倾角大，筛面上物料运动速度快、生产能力大，但效率低。要获得较高筛分效率，物料在筛面上运动速度一般控制在 0.6m/s 以下，筛面要保持 15°左右的倾角。

　　(4) 采用等厚筛分法。随着筛分过程进行，筛面上物料厚度从给料端到排料端逐渐变薄，造成筛面利用率先紧后松的不合理供料现象，为此可采用不同倾角的折线形筛面，以控制物料在筛面各段有不同的运动速度，使矿流坡式向前流动，从而提高难筛粒子在排出端的透筛机会。

　　(5) 采用扩大筛孔的多层筛。普通单层筛给料中"难筛粒子"和"阻碍粒子"（大于筛孔粒子）几乎全部从给料端运动到排料端，从而影响了中、细粒物料的分层与透筛。采用从下层到上层筛孔逐渐加大、筛面倾角逐渐减小的多层筛，即对不同粒度的物料用不

同倾角和筛孔的筛面，在上层、中层、下层筛面上分别完成物料松散、分层，预筛分和细粒筛分作用，克服筛孔的堵塞，提高筛分效率。

100. 如何利用"等值筛分"工作制提高筛子的生产能力？

工业筛分过程是不平衡的，"易筛粒"通过筛孔快，"难筛粒"通过筛孔慢。由于这种不平衡，利用适当加大筛孔尺寸和降低筛分效率的办法来提高筛子的生产能力，同时又保证其筛下产物质量不变的筛分制度称为"等值筛分"工作制。例如：筛子与短头圆锥破碎机构成闭路破碎中硬矿石时，要求最终产品粒度为10mm，检查筛分工作制度可采用以下两种方法：（1）筛孔尺寸为10mm，总筛分效率为85%；（2）筛孔尺寸为12mm，总筛分效率为65%（通过加大筛面倾角或给矿量）。采用上述两种工作制度得到的筛下产物有着相同（等值）的比表面，即平均粒度是相同的，见表3-6，也就是说磨矿机在两种制度下处理物料的效果是一样的。

表3-6 不同筛分制度时筛下产物粒度特性

粒度级别/mm	级别含量/%	
	筛孔 φ10mm，筛分效率85%	筛孔 φ12mm，筛分效率65%
+10	0.0	1.0
+10 -2.6	60.6	58.0
-2.6 +0	39.4	41.0
合计	100.0	100.0
相对比表面	1.0	1.03

由表3-6可看出，第二种筛分工作制度，筛下产物中大于10mm的矿粒不多，而-2.6 ~ +0mm细粒级却比第一种制度有所增加，而筛子能力由于第二种制度下加大了筛孔而显著增加，还可减少筛子安装台数。

101. 如何选择筛孔形状？

筛孔形状直接影响筛子有效面积，有效面积是指筛子的纯筛孔所占面积与筛面几何面积之比，也称有效筛面。筛子有效面积越大，则单位筛面上的筛孔数目越多，物料透过筛孔的几率就越大，因此其生产能力和筛分效率就越高。在筛分实践中，通常采用的筛孔形状有圆形、正方形和长方形。冲孔筛面的筛孔多为圆形，而编织筛面则有长方孔和正方孔。实践证明，筛孔形状不同的筛面，其有效筛面面积和矿粒透过筛孔的机会也不同。长方形筛孔的筛子有效面积最大，其次为正方形，圆形筛孔有效面积最小，因此单位筛面面积生产率也按上述顺序依次减小。长方形筛孔的另一优点是筛孔不易堵塞，因矿粒通过筛孔时只需与筛孔三面或两面接触，受到阻力小。但其缺点是易使长条状、片状矿粒透过筛孔，使产品粒度不均匀。

选择筛孔形状最好与物料的形状相吻合。块状物料应采用正方形孔，而板状物料应采用长方孔，其筛孔大小与粒度按下式确定：

$$d_{max} = ka$$

式中　d_{max}——筛下产物最大粒度，mm；

　　　k——系数，圆形孔为 0.7，方孔为 0.9，长方孔为 1.2 ~ 1.7；

　　　a——筛孔尺寸，mm。

根据被筛物料特性，正确的选择筛孔形状和确定筛孔尺寸，可获得良好的筛分结果。

102. 筛分机械分为哪几类？

筛分机械的类型很多，在选矿工业中常用的根据它们的结构和运动特点，可分为下列几种类型：

（1）固定筛，包括固定格筛、固定条筛、悬臂条筛和弧形筛。

（2）筒形筛，有圆筒筛、圆锥筒和角锥筛。

（3）平面摇动筛。

（4）振动筛，分机械传动和电力传动两种。前者包括偏心振动筛、惯性振动筛、自定中心振动筛、直线振动筛和共振筛。后者有电振筛等。

（5）概率筛，包括旋转概率筛、直线振动概率筛、等厚概率筛等。

（6）细筛，包括弧形筛和高频筛等。

103. 振动筛主要优点是什么？

振动筛与其他筛子相比有如下优点：

（1）由于筛面的强烈运动，加速物料通过筛孔的速度，使筛子有很高的生产率和筛分效率（一般可达 80% ~ 85%）。

（2）应用范围广，不仅可以用于细粒筛分，也可以用于中粗粒、粗粒筛分（筛孔尺寸大至 100mm，小至 0.2 ~ 0.5mm）。此外，还可以用于脱水与脱泥作业中。

（3）当筛分黏性和潮湿性矿石时，筛孔不易堵塞，工作指标比其他筛子高。

（4）结构简单，操作与调整比较方便。

（5）筛分每吨物料消耗的电能较少。

104. 振动筛分为哪几类？

根据筛子产生运动的机构和筛子运动轨迹的不同，振动筛可以分为偏心振动筛、惯性振动筛、自定中心振动筛、直线筛和共振筛。由于偏心和惯性振动筛振动性较大和筛分效率较低，易发生筛孔堵塞现象，所以国内一般新建选矿厂已不采用了。自定中心振筛克服了这两种筛子的缺点，得到广泛应用。

105. 自定中心振动筛有什么特点？

自定中心振动筛又称为万能吊筛，由带有偏心性质的振动器使筛子产生振动。它的特点如下：

（1）筛上物料在振动作用下能达到很好的松散和分层。

（2）该振动筛的配重质量大小可以调节，还可根据生产要求调节筛子振幅大小。

（3）当给矿量发生变化时，振幅也变化。当给矿量少时振幅加大振动加剧，给矿量多时振幅变小。给矿量的变化将影响"动力平衡"，从而使皮带轮中心产生一些振动。

（4）适用于中、细粒筛分，而不适用于粗物料筛分。

106. 振动筛常见故障有哪些，如何排除？

振动筛常见故障及排除方法见表3-7。

表3-7 振动筛常见故障及排除方法

故 障	原 因	排除方法
无法启动或振幅小	电机损坏	更换电机
	控制线路中的电器元件损坏	更换电器元件
	电压不足	改变电源供给
	筛面物料堆积太多	清理筛面物料
	振动器出现故障	检修振动器
	振动器内润滑脂变稠结块	清洗振动器，添加合适润滑脂
物料流运动异常	筛箱横向水平没找正	调整支架高度
	支撑弹簧刚度太大或损坏	调整弹簧
	筛面破损	调整筛面
	给料极不平衡	均匀操作，稳定给料
筛分质量不佳	筛孔堵塞	轻筛机负荷及清理筛面
	入筛物料水分增加	改变筛箱倾角
	筛机给料不均	调节筛机的给料
	筛面上料层过厚	减小筛机的给料
	筛网拉的不紧，传动皮带过松	张紧筛网，拉紧传动皮带
正常工作时筛机旋转减慢，轴承发热	轴承缺少润滑油	往轴承内注入润滑油
	轴承阻塞	清洗轴承，更换密封圈，检查迷宫密封装置
	轴承注油过量或加入了不合适的油	检查轴承的润滑油
	轴承损坏或安装不良，圆轮上偏心块脱落，偏心块的大小不同，迷宫密封被卡塞	更换轴承，安装偏心块，调整圆轮上偏心块
其他故障	轴承损坏	更换轴承
	筛网拉的不紧或筛面固定不牢	拉紧筛网
	轴承固定螺栓松了	拧紧螺栓
	弹簧损坏	更换弹簧

107. 细筛在选矿厂有哪些应用？

细筛是指筛孔小于1mm的筛子，在选矿厂细筛可作为筛分分级、脱水等作业的设备。例如在磁选厂，细磨作业用细筛代替沉没式螺旋分级机和水力旋流器等分级设备，可提高分级效率和磨机处理能力；在浮选厂，用细筛筛除浮选给矿中的粗颗粒或回收浮选尾矿中的粗粒中矿，可提高精矿品位和金属回收率；在处理鞍山式磁铁矿石的选矿工艺中，细筛在作为筛分设备的同时兼有选别作用；在云母、石墨等非金属选矿厂，细筛常作为细粒分级设备等。

目前选矿厂使用的细筛有：固定细筛、高频振动细筛、直线振动细筛、摇动细筛、旋回细筛、旋流细筛等，其中以高频振动细筛在金属矿选矿厂应用最为广泛，其振动方式主要有电磁振动和激振电机振动两种。筛面主要有金属编织网和尼龙筛算两种，金属编织网有效筛分面积大，但容易磨损，维修费用较高；尼龙筛算有效筛分面积小，但耐磨，维修费用低。摇动细筛和旋回细筛主要用于非金属和煤的筛分分级。

108. 细筛的作用和工作原理是什么？

随着钢铁工业的不断发展和贯彻精料方针，细筛工艺在黑色金属选矿厂正在普遍推广使用，发展很快。使用细筛后精矿品位均有很大提高。目前，由于使用细筛工艺国内重点磁选厂铁精矿品位均达到66%以上，有的已经达到68%，达到世界先进水平。由于铁精矿品位的提高，对强化高炉生产，降低焦炭消耗增加产量起了重要作用。细筛在选厂应用中同时被证实是一种防止过粉碎改善选别作业的有效设备，对一些有色金属矿（如铜、铅、锌、钨、锡）在磨矿循环作业中也可以应用。

细筛的工作原理如图3-4所示。

当矿浆流经筛面过程中，产生重力分层现象，有利富集和分级，同时固定的筛条对流动的矿浆产生一种机械性的"切割"作用，底层重而细的矿粒被与矿浆流垂直方向的筛条"切割"下来，成为筛下产物；未被"切割"的粗而轻的矿粒顺流而下，成为筛上产物。筛下颗粒的大小并不等于筛孔尺寸，而大约相当于筛孔尺寸的水平投影。

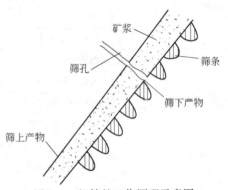

图3-4　细筛的工作原理示意图

109. 应用细筛必须具备的条件是什么？

无论老选厂改造，还是新建厂利用细筛，首先要解决的是能否利用细筛提高精矿品位。应用细筛必须具备的条件是：在精矿筛析中，某一粒级上下有一个明显品位差和具有一定的产率。其品位差就是要选择的分离点，品位差越大，应用细筛效果越明显。例如，鞍钢大孤山选厂磁铁精矿 +200 目品位为 35.95%，-200 目品位为 67.08%，品位差较大，很适合应用细筛，它的分离点是以 200 目为基础。弓长岭铁矿厂磁选精矿 +200 目品位 44.97%，-200 目品位 67.85%，品位差也很大，很适合应用细筛。所以，细筛的应用是以磁铁矿在某一粒度级别的品位差大小为基础的。

110. 细筛分离粒度和筛孔尺寸的关系是什么？

分离粒度和筛孔尺寸选择关系很大，尺寸选择的合适与否，直接影响精矿品位高低和产率大小。目前国内生产中比较合适的应用实例如下：

分离粒度/mm	筛孔尺寸/mm
$d_1 = 0.044$	$s_1 = 0.10$
$d_2 = 0.063$	$s_2 = 0.15$
$d_3 = 0.074$	$s_3 = 0.2$
$d_4 = 0.10$	$s_4 = 0.25$
$d_5 = 0.15$	$s_5 = 0.30$

111. 细筛筛分效率与第一段磨矿的关系如何？

影响细筛筛分效率的重要因素之一是进入细筛的产品粒度。如果产品中合格粒度较多，则筛分效率较高。进入细筛作业合格粒度的多少，关键是第一段磨矿效果如何。如果第一段磨矿因矿石发生变化和矿量发生变化，或者由于操作不当引起粒度跑粗，当溢流产品进入细筛时，不但会使效率下降，同时会产生恶性循环，使精矿品位急剧下降。

112. 细筛的特点是什么？

（1）应用细筛。可以较大幅度地提高精矿品位，一般可提高 $1.0\% \sim 2.5\%$，有的甚至提高 $4.0\% \sim 5.0\%$。

（2）有利于防止过磨现象。细筛作业可以将合格粒度预先筛出，筛上产品再磨，流程配置比较合理。

（3）投资小，见效快，受益早，是磁选厂增加利润的重要途径之一。

（4）如果操作条件掌握不当，处理量有下降趋势。

113. 高频振动细筛的基本结构是怎样的？

高频振动细筛主要有两种：不锈钢编织筛网的和尼龙筛箅的。不锈钢编织筛网的以 GPS900 – 3 型为例，尼龙筛箅的以电磁振动为例加以说明。

GPS900 – 3 型高频振动细筛的结构如图 3-5 所示，筛框由 4 个橡胶弹簧通过螺钉固定在筛架上，使筛框呈悬浮状态，靠安装于筛框中部上方的激振电机产生高频振动，电机轴的两端装有一对振子，调整振子的调偏块和偏重块之间夹角的大小就可以改变振幅的大小，但频率是不可调的。

筛面共分三段，可同时给矿并行工作。为使各段筛子的矿浆量、矿浆浓度和粒度基本相近，安装了矿浆分配器，由分配器经管道流下的矿浆经匀分板和多孔橡胶板均匀给到筛面上。

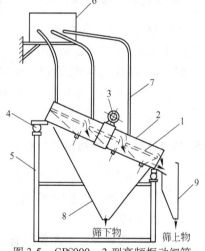

图 3-5　GPS900 – 3 型高频振动细筛

1—筛网；2—筛框；3—激振电机；
4—橡胶弹簧；5—机架；6—给矿箱；
7—给矿管；8—筛下产品接矿斗；
9—筛上产品接矿斗

筛面为不锈钢丝编织网，装配时由三层不同孔径的筛网重叠。最上层筛孔最小，是主筛网，筛孔大小由筛分粒度决定；第二层筛孔比上层大一个筛序，称为防堵筛网；第三层筛孔较大，起支撑作用。三层筛网缝制成一体，然后横向张紧固定在筛框上。

该机特点：（1）三路给矿，相当于增加了筛面宽度，减薄料层厚度，有利于充分地利用筛面，提高筛分效率和生产能力；（2）叠层筛网，有防堵功能，筛孔不易堵塞；（3）不锈钢编织网有效筛分面积大。

电磁振动的尼龙细筛结构如图 3-6 所示，筛框由 4 根钢索借助弹簧悬吊在支架上，筛框底部中央连接电磁振动器。尼龙筛算用楔木压紧在筛框上。矿浆经匀分器由筛子上端给入，筛分后产品分别流入两个接矿槽。

电磁振动器是一电磁铁，其间隔决定筛子振幅大小，断电时，衔铁在弹簧弹力作用下与铁芯离开；通电时，衔铁被吸住，引起筛面振动。50Hz 交流电经半波整流供给线圈，其振动频率为 3000 次/min。

筛面为尼龙制作的筛片，用铜管从下部串起来，构成平面筛，筛条为横向，与矿浆流动方向垂直。

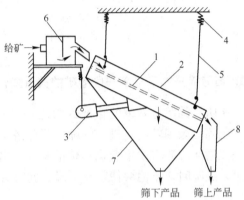

图 3-6　电磁振动的尼龙细筛
1—筛片；2—筛框；3—电磁振动器；4—弹簧；
5—吊索；6—给矿匀分器；7—筛下产品
接矿斗；8—筛上产品接矿斗

该筛的特点有：（1）筛片耐磨，使用 2 ~ 3 个月后调头使用，可再用 1 ~ 2 个月，故可用 3 ~ 5 个月。（2）筛片易于装配及更换。（3）电振振幅易于调节。

114. MVS 电磁振动高频振网筛工作原理是什么？

MVS 电磁振动高频振网筛采用电脑控制柜集中控制参数，振动频率可以是交变的，在程序控制下，以 25Hz 和 50Hz 自动转换，也可以为 25Hz 和 50Hz 固定频率。另外，对每个振动系统的振动参数可用软件编制，每个振动系统分别独立驱动振动臂、振动筛面，振幅可随时分段调节。除一般工况振动参数外，还有间断瞬间强振，以随时清理筛面，保持筛孔不堵塞，提高工作效率。

115. 高频振动细筛的用途和特点有哪些？

高频振动细筛主要用于磁铁矿矿山二段磨矿前及二段磨矿产品的预先分级和检查分级，也可和二段磨矿作业构成闭路，还广泛用于煤矿、化工、建材等行业。与其他细筛比较，具备以下特点：

（1）无转动零件，不需要加润滑油。

（2）结构简单，维修方便，经久耐用，故障率低。

（3）振动器运用了共振原理，双质体临界共振状态工作，所需驱动功率小，在启动时无大的启动电流，噪声低。

（4）振动器启动后，振幅瞬时即可达到工作稳定值。停车时，它的振幅瞬时即可消失，并且允许在额定电压、电流和振幅下直接启动和停车。

（5）筛体的激振或振幅可调，可以通过改变筛体的激振力（调节激振电源）来控制筛下产品粒度（即 -200 目百分含量），对于保证不同结晶粒度矿石的，精矿品位是非常有益的。

(6) 在筛体振动的同时，筛片的筛条之间也产生相对的颤动，筛片缝隙不易堵。

116. 高频振动细筛运行中如何维护？

(1) 设备正常运转时，应经常观察筛子的给矿浓度，使浓度控制在40%左右，以便提高分级效率。

(2) 该筛分级效率高，脱水性能好，筛上量浓度高，使得筛上量溜槽中的矿浆流动性差，还应安装水管。

(3) 要用胶板将激振器控制箱盖好，防止水、矿浆进入，避免短路和堵塞气隙。

(4) 随时检查各部位螺栓是否松动，以及筛框是否与溜槽等碰撞。

(5) 随时注意电流表指针不能超过额值。筛机每运转半个月左右时，应将电流调整近额定值（一般 8~9A）振动 4~5min，以便将筛片背面附着物振掉。

(6) 可根据矿石性质和作业要求，调整激振电流（振幅）。为了使筛子在最高效率条件下工作，可做激振电流条件试验。

(7) 当筛片使用 1 个月后，将筛片取下，进行 180°掉头，增强筛条切割作用，以便提高分级效率。

(8) 当布料斗给入筛片的矿浆流射的太远时，应及时调整筛框的位置或角度，以免影响分级效率。

117. 高频振动细筛一般故障与处理方法有哪些？

高频振动细筛一般故障与处理方法见表 3-8。

表 3-8 高频振动细筛一般故障与处理方法

序号	故障现象	故障原因	处理方法
1	接通电源后机器不振动	保险丝断了	更换保险丝
		线圈导线短路或引出线接头断了	处理短路或接好引出线
2	振动微弱，调整电位器后振幅反映小，不起作用或电流偏高	可控硅被击穿	更换可控硅
		气隙堵塞，板簧间隙堵塞	消除堵塞物
3	机器噪声大，调整电位器后振幅反映不规则，有猛烈的撞击声	板簧发生断裂	更换新板弹簧
		振动器与筛连接处开焊或螺栓断裂松动	焊接，更换螺栓
		筛体与槽体等接触	筛体悬挂好
		铁芯和衔铁发生撞击	调整气隙到标准值2mm

第四节 磨矿设备

118. 选矿厂磨矿产品应满足什么样的要求？

选矿厂，磨矿是矿石粉碎过程的继续，是矿石分选前的最后工序。磨矿作业的任务就是要把矿石中的有用组分完全或基本达到单体分离，同时又要尽可能避免过磨，向选别作业提供粒度和浓度适宜的入选矿浆，为更好回收矿石中的有用成分创造条件。选别指标的好坏在很大程度上取决于磨矿产品的质量。因此，磨矿产品应在粒度上满足不同选矿方法对入选粒度的要求，以确保获得高质量精矿和有用矿物的充分回收。如果磨矿细度不够，各种矿物粒子彼此未达到充分的单体分离，则选别指标就不会太高；但磨的过细，会产生矿泥，无论哪种选矿方法都不能有效回收。如重选时对小于 20.0μm 的细粒就难以回收，浮选的有效回收下限为 5.0 ~ 10.0μm。过磨产生的矿泥，会加大药剂消耗，浮选过程失去选择性，甚至浮选将无法进行，也给后续作业造成困难。

另外，磨矿产品还必须满足选别作业所要求的浓度，各选别作业都有适宜的浓度范围，过高过低都不合适。需要指出，磨矿产品的最佳细度和浓度是通过选矿试验确定的。

119. 磨矿机的工作原理是什么？

磨碎矿石通常是在磨矿机中进行的。磨矿机的种类较多，但在金属矿山一般采用球磨机和棒磨机。砾磨机和自磨机在国内也有所应用，但总体上数量较少。球磨机和棒磨机是一个两端具有中空轴的回转圆筒，筒内装有相当数量的钢棒和钢球。磨矿机的工作原理如图 3-7 所示。

矿石和水从一端的中空轴给入圆筒，从另一端的中空轴排出。圆筒按规定的速度回转时，钢球（或钢棒）同矿石在一起，在离心力和摩擦力的作用下，随圆筒上升到一定高度，然后脱离筒壁抛落和滑动下来。随后他们再随圆筒上升到同样高度，再落下来，周期地进行，使矿石受到冲击和磨剥作用而被磨碎。磨碎的矿石与水形成矿浆（湿式磨矿），由排矿端的中空轴排出，完成磨矿作业。

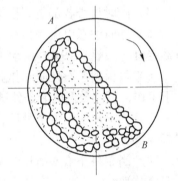

图 3-7　球磨机磨矿过程示意图

120. 如何表示磨矿效率？

磨矿效率是评价磨矿能量消耗的指标，是每消耗 1kW·h 电能所处理的矿石量。它有以下表示方法：

（1）比能耗，即磨碎单位质量矿石所消耗的能量，单位为"kW·h/t"。比能耗越低说明磨矿效率越高。这种方法有其片面性，未考虑到给矿和磨矿产品的粒度等因素，只能在条件相似的情况下用以比较。

（2）新生单位质量指定级别（-200 目百分含量）物料所消耗能量，单位为"kW·h/t"（-200 目百分含量）。这种方法考虑到了矿石性质和操作因素，可用于细度不同的过程比较。

（3）用实验测得的磨矿功指数 W_i 与实际生产得到的操作功指数 W_{ioc} 的比值表示，即

$$E = \frac{W_i}{W_{ioc}} \times 100\%$$

实际的操作功指数越低，磨矿效率越高。所以用这种方法可以比较磨矿回路因给矿粒度、产品粒度、矿石硬度以及操作条件等任一参数发生变化时，所引起磨机工作效果的差

异，从而分析磨矿效率不高的原因。

（4）用单位能量生成的表面积表示，即"表面积·t∕（kW·h）"计。单位功耗的产率比较真实地反映了磨矿机工作情况，故在选厂设计时可用来计算和选择设备。

121. 常用的粉磨设备有哪些？

磨矿机一般处理的物料粒度较小，产品可达 0.074mm 或更细。它是靠夹在介质（钢介质或非金属介质）之间的矿粒，受到冲击和磨剥作用而完成粉碎的。按所得产品细度分为粗磨（1~0.3mm）、细磨（0.1~0.074mm）和超细（微）磨（通常指生产 1.0~10.0μm 或更细的粉体物料）。磨矿机按用途及特点大体分为如下几类：

（1）球磨机。筒体是筒型或锥型，用金属球作磨矿介质。按排料方式又分溢流型和格子型。球磨机在选矿厂广泛用于磨细各种矿石。

（2）棒磨机。筒体为长筒型，用金属棒作磨矿介质，由于选择性磨碎作用，产品粒度均匀，多用于重选厂。

（3）砾磨机是无钢介质磨矿设备，借助于各种尺寸的砾石或硬岩石块磨细矿石。

（4）自磨机。在短筒内矿石靠自身的相互冲击、磨剥而粉碎。矿石既是磨矿介质，又是被磨物料。为了改进自磨效果，有时向筒体内加少量（2%~8%）的钢球，称为半自磨。自磨机的粉碎比大，可大大简化粉碎流程。

（5）超细粉碎设备。目前这类设备主要用于非金属矿的深加工，主要有机械式和气流冲击式两大类。机械式超细粉碎设备是靠高速旋转的各种粉碎体（锤头、叶片、齿柱等）来碰撞因离心力而分散在粉碎室内壁处的粗矿粒，或者赋予这些矿粒以一定的线速度，使颗粒相互发生冲击碰撞。这类设备包括振动磨机、搅拌磨机、悬辊粉碎机（雷蒙磨）、塔式磨机、胶体磨机、离心磨机和高压（挤压）盘磨机等，气流式超细粉磨设备是利用高压气流（压缩空气或过热蒸汽），使物料相互冲击（碰撞）摩擦及剪切作用实现粉碎的。产品粒度一般可达 1.0~5.0μm 或更细。这类粉碎机已有扁平式气流粉碎机、循环管式气流粉碎机、喷射磨矿机等，这些粉磨设备主要用于物料的超细磨。

122. 如何选用常规磨矿机？

为了区别于自磨机，通常把需要加金属介质（球或棒）的磨矿机称为常规磨矿机，如球磨机和棒磨机。要获得较高的磨矿效率和改善选矿经济效果，就必须根据选矿工艺对入选物料粒度的要求和原矿性质，按照各种磨矿机的特点，恰如其分地选用磨矿机。选矿厂常用的球磨机和棒磨机主要特点和适用范围如下。

（1）格子型球磨机。由于其特有的格子板和扇形室内的提升斗存在，实现了低水平的强迫式排矿，已磨细的矿粒不至于在球磨机中停留过久，能及时排出，过粉碎现象轻，磨矿速度快，效率高。

（2）溢流型球磨机。该磨机排矿的排料端中空轴径稍大于给料端中空轴径，造成磨矿机内矿浆面向排料端有一定倾斜度，当矿浆面高度高于排料口内径最低母线时，矿浆便溢流排出，属于非强迫的高料位排矿，排料速度慢，矿料在机内滞留时间长，介质的有效作用也较低，因此溢流型球磨机过磨严重，处理量也比同规格的格子型低。一般适用于细磨或两段磨矿中第二段磨矿。

（3）棒磨机。棒磨机内的介质是钢棒，故水平落下后与矿料面线接触，选择性粉碎矿石（即按粒度从大块到小块依次粉碎），因此过磨轻，磨矿产物粒度均匀，适合于粗磨或要求磨矿产物过粉碎轻的重选厂。

123. 格子型磨矿机格子板的作用是什么？

格子板是格子型磨矿机的特有部件，它与中心衬板、簸箕衬板一起组成排矿格。其主要作用：

（1）实现磨矿机的强迫排矿（低水平排矿），矿料周转快，过磨轻，有利于提高磨矿机能力。

（2）起筛分作用，阻止大块矿料和磨碎的介质排出。格子板的格子孔应满足排料通畅、不易堵塞的要求。格子孔的排列有多种方式：1）同心排列，如图 3-8a 所示，矿浆顺格子流动，格子孔磨损严重，矿浆易回流。2）辐射排列，如图 3-8b 所示，矿粒在通过格子板瞬间受离心力作用，顺孔向外移动，容易造成堵塞。3）倾斜排列，如图 3-8c 所示，这种排列方式克服了同心和辐射排列的缺点，得到广泛采用。

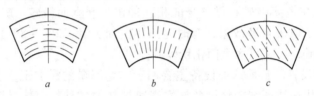

a　　　　　　　　b　　　　　　　　c

图 3-8　格板孔的排列方式

格子衬板的格子孔宽度向排矿方向逐渐扩大（梯形），可防止矿浆的倒流和大块矿粒的堵塞。

124. 格子型球磨机工作特点是什么？

格子型磨矿机的排矿端有一格子板，格子板上面有许多小孔，以便排出矿浆。格子板靠近排矿端的一侧，安装有矿浆提升装置，这是一种放射状的棱条，棱条将格子板和端盖之间的空间分成若干个通向中空轴颈的扇形室。当磨机旋转时棱条将由格子板上小孔排出的矿浆提升到排矿中空轴颈。该机的工作特点主要是强迫排矿，生产能力较高。该种磨机均放在第一段磨矿作业，可以获得较高的处理能力，但产品粒度比溢流型磨矿机产品粒度粗。

125. 溢流型球磨机工作特点是什么？

当物料由给矿器经过进料管进入磨机后，筒体内的矿浆面高于出料管内径的最低母线水平时，磨后的物料可以从出料管排出机外。该种磨机由于制造时，将排矿端盖中空轴颈内的出料管末端做成喇叭形，通常还在中空轴的根部装一环形的挡圈，这样可以防止由端盖螺栓孔漏出的矿浆流到轴承内。同时又在出料管中铸有螺旋线，螺旋的方向是与磨机转向相反，从而起到阻止钢球和矿石随矿浆排出机外的作用。但该机单位容积生产能力较低，且易产生过粉碎现象。由于该机相对磨矿时长，矿石可以较充分的在机内研磨，停留的时间也较长，所以磨矿产品粒度较细，因此该种磨矿机通常作为阶段磨矿用，适用于精矿再磨作业，可以获得粒度较细的合格产品。

126. 格子型和溢流型球磨机优缺点是什么？

格子型磨机的优点是排矿速度快，能减少矿石的过粉碎，同时能增加单位容积产量，比溢流型球磨机产量高。它的缺点是结构复杂，排矿时易于堵塞格子板，而且检修困难、复杂，作业率相对较低。

溢流型球磨机的优点是结构简单，维修方便，由于出料管铸有反螺纹，大块矿石和钢球不易排出机外。缺点是单位容积生产能力较低，处理量较低，易产生过粉碎现象。

127. 棒磨机的工作特点是什么？

棒磨机一般用于粗磨，给矿粒度为 20～30mm，产品粒度一般 0～3mm。棒磨机不是以棒的某点来磨碎矿石，而是以棒的全长磨碎矿石，故其作用力较均匀。在粗粒未被磨碎前，细粒受到破碎较少，这样就可以减少产品的过粉碎，产品粒度比较均匀。

128. 砾磨机适用于研磨什么产品？

不论哪种类型的磨矿机，凡其中用矽质砾石作为破碎介质的都称为砾磨机。这种磨机主要用于处理磨矿产品怕被铁质污染的矿石，如处理金、银矿石的磨机。因为在这样的过程中，铁球和衬板互相研磨所产生的铁屑是有害的。在这种情况下使用矽质砾石的衬板，或者磨机的内壁装上嵌在水泥中的矽质方条。

129. 自磨机工作特点是什么？

自磨机也称为无介质磨矿机。被破碎物料本身即是破碎介质。自磨机不需要加入钢球（特殊情况也加入少量钢球），它的磨碎比很大，大大简化了破碎和磨矿流程。矿石的粉碎靠矿石自由降落时的冲击力、颗粒之间互相磨剥以及矿石由压力状态突然变为张力状态的瞬时应力，因此可以避免过粉碎。

在自磨机的规格和转速固定的条件下，物料的给入量和大小矿块的配比直接影响磨矿过程，生产中应予注意。生产实践证明物料充填率在 30%～40% 之间为宜。如果给矿量控制不好，自磨机内料位高低产生波动，有可能引起"胀肚"（料位过高）或"空肚"（料位过低）现象。所以，要求生产中给矿数量和给矿粒度配比上要力求保持稳定，而且要求两者同时稳定，如果只保持数量稳定，但粒度配比不当，生产也会不正常。粒度配比，主要是大块矿石不能少，如果在特殊情况下大块矿石不足时，可少量加点大钢球。大块矿石比例多了也不好，但少了生产效果也不理想，应根据各自矿石性质，由实验和生产实践来确定。

130. 我国目前选矿厂用衬板有几种形式？

筒体衬板的形状对球磨机的工作影响很大。目前常使用的有搭接形、波形、凸形、光滑形、阶梯形、条形等几种，如图3-9所示。

当球磨机处理粗粒物料时，筒体衬板应采用起伏状（如搭接形、凸形、波形）衬板，近年来一些选厂已推广使用条形衬板。起伏状衬板有能力把磨矿介质提升到较高的高度，

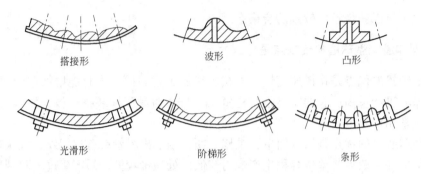

图 3-9　筒体衬板的形状

从而增强介质的冲击能力，提高球磨机的生产能力。常用于第一段磨矿，适合处理粗粒物料。光滑形衬板适用于细磨矿（往往指第二段磨矿）。因为平滑形衬板易于钢球的滑滚，磨剥作用强烈，适合处理细粒物料。

衬板的厚度通常依据磨机的直径来确定，一般 50~150mm 之间。

131. 球磨机给矿器有几种形式，分别适用于什么作业？

金属矿山选矿厂常用给矿器有三种形式：鼓式给矿器、螺旋给矿器、联合给矿器。

鼓式给矿器外形很像两头开口的圆鼓，在筒体内部有螺线形的送矿机件，当给矿器随球磨机旋转时，矿石即沿着螺旋线被送入球磨机内。鼓式给矿器适用于向球磨机加入干物料，所以在球磨机呈开路磨矿时应用较多。

螺旋式给矿器（又称勺式给矿器），它是螺旋形的勺子，在螺旋的端部装有可更换的勺嘴。给矿器的侧面中心有一孔与球磨机给矿端的中空轴相通，矿石即由此给入球磨机。螺旋给矿器又分为单勺、双勺、三勺三种。螺旋给矿器适用于湿式给矿，多用于球磨机与分级闭路磨矿循环中（即球磨机只处理分级机返砂时，可安装这种给矿器）。

联合给矿器由鼓式和螺旋给矿器联合组成。它即能给入干矿石，又可给入湿物料（如分级机的返砂），用于第一段闭路磨矿。由于联合给矿器便于向球磨机中补加钢球，所以在第二段磨矿也有应用。联合给矿器应用的比较广泛。

132. 如何计算球磨机生产率？

有台时处理量、利用系数、按新生成计算级别的生产率三种表示方法。

台时处理量表示法：在选厂对于同类型同规格的磨矿机，只要它们的给矿粒度、磨矿产品的细度相同，就可以用台时处理量来评价它们的工作质量。台时处理量表示每台磨矿机每小时处理原矿的数量，单位为 t/（台·h）。

利用系数表示法：即磨矿机单位有效容积每小时处理原矿的数量，单位为 t/（m^2·h），计算公式：磨矿机利用系数 = $\dfrac{台时处理量}{有效容积}$。

例如，2700mm×2100mm 球磨机台时处理量 30t/（台·h），有效容积 10.4m^3，则它的利用系数为

$$q = \frac{30}{10.4} \approx 2.88t/（m^3·h）$$

为了较精确的确定磨矿机生产率，在科研和设计中，往往按磨矿机单位有效容积单位时间内所生成的计算粒级（常用 -0.074mm 百分含量）的数量来表示，即常说的按新生成计算级别的生产率。计算公式如下

$$q_{-200目} = \frac{Q(b_2 - b_1)}{V}$$

式中　$q_{-200目}$——按新生成 -200 目粒级计算的磨矿机单位容积生产率，$t/(\text{m}^3 \cdot \text{h})$；

　　　b_2——磨矿产品中（闭路磨矿时为分级机溢流，开路磨矿时为磨矿机排矿）-200 目粒级的含量，%；

　　　b_1——磨矿机原矿中 -200 目粒级含量，%；

　　　Q——磨矿机的原给矿量，t/h；

　　　V——磨矿机的有效容积，m^3。

此种计算方法，一般在生产中不常用，常用的是前两种表示方法。

133. 提高磨矿机作业率意义是什么？

作业率是直接反映选矿厂经营管理水平的技术指标之一。只要看看磨矿机作业率高低，就可以看出选矿厂完成生产任务的好坏。例如，选矿厂生产过程中，设备经常出现故障停车修理，检修工作频繁，就完不成按每月生产任务规定的作业率指标。

134. 如何计算磨矿作业率？

磨矿作业率是个百分数，数值大者，说明磨矿机开车运转时间长，反之实际开车工作时间短。按下式计算

$$\mu = \frac{磨矿机实际工作总时数}{规定时间内日历总时数} \times 100\%$$

例如，某选厂磨矿系统 4 月份共运转 650h，其作业率为

$$\mu = \frac{650}{30 \times 24} \times 100\% = 90.27\%$$

135. 如何确定最适宜的磨矿机给矿粒度？

磨矿机给矿粒度的大小对磨矿机生产率、能耗影响很大。在指定磨矿细度下，给矿粒度越细、磨矿机生产能力越高，处理单位矿石的能耗越低。给矿粒度和磨矿机处理量有如下关系

$$K = \frac{Q_2}{Q_1} = \left(\frac{d_1}{d_2}\right)^{1/4}$$

式中　K——产量提高系数；

　d_1，d_2——磨矿机给矿粒度，mm；

　Q_1，Q_2——磨矿机产量，t/h。

例如某磨矿机的给矿粒度由 20mm 降到 15mm，则

$$K = \left(\frac{20}{15}\right)^{1/4} = 1.075$$

即磨矿机产量提高 7.5%，因此在生产中应尽可能给磨矿机提供细粒物料。

　　但是，选矿厂。磨矿作业的给矿就是破碎作业的最终产品，减小磨矿机给矿粒度就意味着破碎作业要生产出更细的产品，势必加大破碎作业的总破碎比，流程变得复杂，费用增加。反之，增大入磨粒度，碎矿费用降低，但磨矿费用增高，因此，在确定磨矿机给矿粒度时应综合考虑，使碎矿与磨矿的总费用最低。图3-10 定性地表示了碎矿和磨矿费用与碎矿产物粒度的关系，图中曲线 3 的最低点所对应的粒度即是磨矿机的适宜给矿粒度。

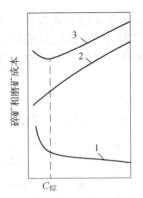

图 3-10　碎矿和磨矿成本
与碎矿产物粒度的关系
1—碎矿成本；2—磨矿成本；
3—碎矿和磨矿综合成本

　　通常在确定适宜磨矿机给矿粒度时，主要考虑选矿厂的规模，同时还要考虑破碎作业所采用的设备性能、破碎流程类型等因素。表 3-9 列出不同规模选矿厂适宜的磨矿给矿粒度。

　　应当指出，由于常规的碎磨流程中，碎矿能耗小而磨矿能耗高，且碎矿效率都高于磨矿。因此生产中在条件许可的情况下，应充分发挥破碎作业的作用，尽量给磨矿机提供细的入磨物料，提高磨矿机的处理能力，这就是"多碎少磨"。

表 3-9　球磨机给矿粒度

选矿厂规模/t · d⁻¹	500	1000	2500	4000
入磨粒度/mm	10 ~ 15	6 ~ 12	5 ~ 10	4 ~ 8

136. 如何计算磨矿机利用系数？

　　磨矿机利用系数是衡量磨矿机工作好坏的重要指标之一，它是指单位时间内磨矿机单位有效容积的生产能力，有两种表示法：

　　(1) 按原矿计的利用系数 q，这种表示方法在一定程度上消除了因磨矿机规格对生产能力的影响，可以比较各选矿厂磨矿机的工作效率。

　　(2) 按新生指定级别（ - 200 目）计的利用系数 q。

　　按原矿计的利用系数，仅考虑了磨机大小的影响，只有在给矿和产品粒度相近的条件下采用。而按新生指定级别表示的利用系数，则考虑到了不同的给矿和产品粒度。

　　[**例**]　已知某选矿厂有 $\phi 2700mm \times 3600mm$ 格子型球磨机一台，有效容积为 $17.7m^3$，入磨粒度为 $12 \sim 0mm$（ - 200 目含量占 10%），要求的磨矿产品的细度为 - 200 目占 70%，工作 24h 处理矿石 600t，其利用系数是多少？

　　按原矿计
$$q = \frac{600}{24 \times 17.7} \approx 1.41t/(m^3 \cdot h)$$

　　按新生指定级别（ - 200 目）
$$q = \frac{600 \times (0.70 - 0.10)}{24 \times 17.7} \approx 0.85t/(m^3 \cdot h)$$

137. 如何调节控制磨矿浓度和细度？

　　磨矿浓度是指磨矿机内的矿浆浓度。磨矿细度是指磨矿机排料中指定级别的含量。磨矿浓度和磨矿细度是相互联系、相互影响的，生产操作中主要靠磨矿给矿水（后水）调节来控制。

开路磨矿时，影响磨矿浓度的因素有原矿的性质（主要是粒度组成）、给矿量和给矿水。影响磨矿细度的因素除原矿粒度组成外，还有磨矿浓度和加球制度等。当原矿的性质变化时，如果粗粒增加，给矿量不变应减少后水，提高磨矿浓度来保证磨矿细度；若细粒增加，应加大后水，适当增加给矿量，以减少过粉碎。在保持矿石性质和介质条件不变的条件下，在一定范围内一般磨矿细度随着磨矿浓度增加而增高，反之则细度降低。总之是通过调节给水量来调节磨矿浓度，进而控制磨矿细度。

闭路磨矿时，情况变得比较复杂，增加了返砂量的因素。给水一定时，原给矿和返砂的增加都将使磨矿浓度提高，反之则降低。磨矿细度除受返砂量影响外，也受分级效率影响。返砂量大时，全给矿粒度组成改变，细粒级量增加，磨矿速度快，应适当降低磨矿浓度，增加排矿速度，以减少过粉碎。返砂量减少而原矿较粗时，应减少后水来提高磨矿浓度。

138. 球磨机"胀肚"的危害有哪些?

稳定工作状态下的球磨机，进入磨矿机的物料量应与从磨矿机排出的相等。由于某种原因（如返砂量变大、原矿量变大等）使给入磨矿机物料量变大，超过了磨矿机本身允许的最大通过能力而排不出来，在磨矿机内逐渐积累，使磨矿机失去磨矿作用，这种现象称为磨矿机的"胀肚"。

"胀肚"不但使磨矿机失去（或降低）对矿石的磨碎作用，破坏了磨矿的稳定工作，而且处理"胀肚"也将给后续选别作业造成给矿浓度和细度的波动，影响了选别作业的正常进行。另外，严重"胀肚"会导致磨矿机的损坏。比如，溢流型磨矿机"胀肚"严重时，大块矿石和钢球会从进料口和排料口吐出，即所谓"前吐后拉"。格子型球磨机则有大量夹带着矿石和钢球的矿浆从进料口倒出。特别是闭路磨矿时，上述两种磨矿机都会使大量钢球和矿块进入返砂箱内，导致大块矿石和钢球与勺式给矿器强烈撞击，损坏给矿器和返砂箱，造成勺头脱落或给矿器与中空轴连接螺钉变形或剪断，破坏给矿器与中空轴的同心度等，严重时导致球磨机振动或跳动，轴承和齿轮会受冲击载荷而损坏。因此，磨矿机操作中一定要增强责任心，防止"胀肚"发生。

139. 如何及时判断球磨机将出现"胀肚"?

"胀肚"不是突然发生的，而是有一个发生、发展到恶化的过程，且在这一过程中伴随有各种不正常现象发生，这就要求工人要有责任心，及时发现并进行相应调整，将"胀肚"消除在轻微阶段。可以从下面几种现象来判断"胀肚"的发生:

（1）观察电流。正常工作中的磨矿机的主电机的电流表指针始终在一个较小的范围内摆动，表明电流变化很小。一旦有"胀肚"要发生，则磨矿机内物料量增加，有效空间被大量物料占据，导致介质活动范围小，提升介质的有用功下降，而且磨矿机载荷（介质、矿石）的重心升高，即偏离磨矿机中心的距离缩小，偏心产生的阻力矩减小，克服阻力矩所需功率下降，磨矿机总能耗降低，则电流表反映出的电流读数减少。"胀肚"越严重，电流下降越多，当磨矿机"胀肚"时，下降到最低点。因此，操作工一旦发现电流逐渐下降，应及时调整，防止事故发生。

（2）听声音。磨矿机工作时发出的声音，主要来源于传动机构本身和发自筒体内介质－矿石－衬板之间的相互撞击，筒体内发出的撞击声强弱随磨机物料量的不同而变化。当失去平衡要"胀肚"时，磨矿机被高浓度料浆充满，介质与矿石及衬板的冲击作用被黏稠矿浆减弱，声音逐渐沉闷。严重"胀肚"时，筒体内声音几乎消失，只能听到其他方面发出的嗡嗡声。因此，从磨矿机工作时的声音强弱变化，便可发现磨机是否"胀肚"。

（3）测浓度、看排矿。正常工作的磨矿机排矿浓度及排出量应基本稳定，但要"胀肚"时，浓度开始升高，排矿量变大，粒度变粗，出现"前吐后拉"。严重时因浓度过大，流动性差则排不出来，完全"胀死"时则停止排矿。因此，从磨矿机排矿浓度、粒度和排出量的变化，也可以发现"胀肚"。

140. 磨矿机在什么情况下操作会导致磨矿机"胀肚"？

磨机"胀肚"可分为"干式胀肚"和"湿式胀肚"两种。胀肚的原因除矿石性质（硬度）、补加球制度外，主要是操作不当。

（1）给矿量过大。无论采用哪种磨矿方式，要想获得稳定的磨矿过程必须遵守物料的进出平衡原则：磨矿机全给矿量（$Q_给$，包括原给矿量 $Q_原$ 和返矿量 $Q_返$）等于排矿量（$Q_排$），即 $Q_给 = Q_原 + Q_返 = Q_排$。任何一个有效容积为 V 的磨矿机，其允许的最大全给矿（即最大通过能力）是一定的，即

$$Q_给 = Q_原 + Q_返 = Q_原 + Q_原 c = Q_原 (1 + c) = qV$$

或

$$q = \frac{Q_原 (1 + c)}{V}$$

式中　q——磨矿机按原矿计最大利用系数（输送能力），$t/(m^3 \cdot h)$；

c——返砂比，$c = Q_返 / Q_原$；

V——磨矿机有效容积，m^3；

$Q_原$——按原矿计磨矿机生产率，t/h。

也就是说，在一定条件下磨矿机的通过能力（Vq）即 $Q_排$ 是一个常数。因此，要保持磨矿机稳定生产而不"胀肚"的必要条件是 $Q_原 (1 + c) \leqslant Q_排$，破坏这一平衡条件，磨矿机工作便出现失调现象——"胀肚"。

（2）给矿粒度变粗。当稳定工作的磨矿机，其给矿的粒度组成发生变化，粗级别含量增高时，如不及时调节给矿量，将会破坏磨矿机的这种稳定而引起"胀肚"。因为粗粒磨到指定细度在机内滞留的时间较长，若不及时降低给入量，磨机内粗粒会越积越多，直到引起"胀肚"。

（3）返砂量过大。闭路磨矿时，不合格粗粒会不断从分级机分出，返回磨矿机再磨（返回的粗粒级称为返砂）。尽管在一定范围内，适当增加返砂有利于磨矿机能力的增加，但由于操作不当等原因，当返砂量过大时，便破坏了 $Q_排 = Q_原 (1 + c)$ 的平衡关系，此时 $Q_排 < Q_原 (1 + c)$，从而导致出现"胀肚"。

（4）补加水量变化。在磨矿－分级回路中，补加水分"前水"（磨机排矿冲洗水）和"后水"（返砂冲洗水和磨矿机给矿水）。"前水"的变化将导致分级溢流细度和返砂量变化，进而影响磨矿机全给矿量变化，而"后水"直接影响磨矿浓度。因此，某种原因（水压降低、水管堵塞等）使补加水量减少，会使磨矿浓度过高而排不出来，也会造成磨机"胀肚"。总之，磨矿操作工一定要认真负责，勤观测，及时调整，使磨矿机均

匀、稳定运转。

141. 磨矿机出现"胀肚"时应如何处理？

由于磨矿流程、胀肚性质和原因不同，处理胀肚的方法也不一样，但是不管什么原因首先都要停止给矿，然后针对不同的情况进行必要的处理。

对于开路磨矿，停止给矿后只要适当增加给矿水（后水），将矿料从磨矿机内慢慢排出，"胀肚"即可消除，恢复正常。

对于闭路磨矿，给矿由两部分组成，即原给矿和分级机返砂。仅停止原给矿，由于返砂还不断给入磨矿机仍不利于消除"胀肚"现象，因此应尽快减少返砂量。其具体做法是：关闭前水（磨矿机排矿补加水），增加后水（给矿水），减少给入分级机槽内水量，提高分级质量分数，降低磨机内矿料质量分数，增加流动性，加速物料的排出，从而降低返砂量。人们把这种方法总结为一句顺口溜："前水闭、后水加，提高浓度（分级浓度）降返砂"。有时为了尽快降低返砂量，可暂时把分级机螺旋提起，使返砂物料"暂存"分级槽内，使"胀肚"消除快些，当磨机恢复正常后再慢慢放下（注意：切勿过快以免大量"暂存"在槽内的矿砂使分级机过载）。当严重"胀肚"时，即"胀死"时，可用高压水由进料口或排料口射入磨矿机，以松动和稀释机内物料，排出一部分后，再加大后水加速排出。

对于一些由筛子构成闭路磨矿的流程，一般都设有事故池，"胀肚"严重时可将粗矿暂存事故池，恢复正常后泵回再磨。

发生较严重"胀肚"（如发生"前吐后拉"）时，处理完，恢复正常后，应停止磨矿机，进行必要检查：如勺头是否脱落或松动，给矿器是否松动，螺丝是否有剪断，磨矿机其他部件是否损伤。

142. 如何测定磨矿机的装球量？

新安装或大修后的磨矿机，都存在装球多少的问题。磨矿机的装球量常用充填率表示。充填率 ϕ 是指在磨矿机内介质的体积 $V_{球}$（包括空隙在内）与磨矿机有效容积 $V_{机}$ 之比。

$$\phi = V_{球} / V_{机} \times 100\%$$

$$V_{球} = W / \delta$$

$$W = V_{机} \phi \delta = \frac{\pi}{4} D^2 L \phi \delta$$

式中　W——磨矿机加入的介质总质量，t；

$\quad\quad V_{球}$——介质占的体积，m^3；

$\quad\quad \delta$——介质的堆密度，t/m^3。以球为例，铸铁球 $\delta = 4.0 \sim 4.3$，铸钢球 $\delta = 4.35 \sim 4.65$，锻钢球 $\delta = 4.50 \sim 4.80$，铸铁棒球 $\delta = 4.9$，轧钢球 $\delta = 6.0 \sim 6.5$；

$\quad\quad D$——磨矿机有效内直径，m；

$\quad\quad L$——磨矿机有效内长度，m。

理论分析和实践都得出，当磨矿机规格（长度、直径）及转速一定时，在 $\phi < 50\%$ 的范围内，磨矿机生产能力随着 ϕ 提高而提高。一般球磨机为 $\phi = 40\% \sim 50\%$（格子型取

高值，溢流型取低值），棒磨机 $\phi = 35\% \sim 45\%$ 。对于现场正
在运转中的磨矿机，可采用停车实测法：停车清理矿石后，
首先测出介质表面到筒体最高点的垂直距离，如图 3-11 所
示，介质表面到筒体中心的距离 b（mm）可按下式计算

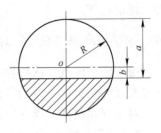

$$b = a - \frac{D}{2} = a - R$$

式中　D——筒体内直径，mm。

　　根据下式计算实际充填率

图 3-11　球的充填率计算图

$$\phi = \left(50 - 127 \frac{b}{D}\right) \times 100\%$$

143. 怎样选择球磨机内装入球的大小？

　　球磨机装入球的球径大小取决于被磨物料粒度、硬度、密度，球磨机直径、转速，球
的密度，矿浆浓度等许多因素，实际生产中主要依据磨矿机内被磨物料的粒度组成确定。
磨矿机的给料是由若干种大小不同的粒子组成的。实践证明，在处理硬度大或粗粒矿石
时，需较大的冲击力，应当加入尺寸大的球；当矿石较软、入磨粒度较小而要求较细的磨
矿时，应以研磨为主，需加入尺寸较小的球。当然选择球径还与磨矿机直径和转速有关，
直径大、转速高的磨机球径可小些。总之，大块矿石需大球冲击，小块矿石需小球研磨。
尽管人们提出了不少矿石大小与需加球径之间的关系式，但由于磨矿过程是一个复杂过
程，各公式都有其局限性，偏差较大。最基本的公式为

$$D = i \sqrt[3]{d}$$

式中　D——应加入球的直径，mm；
　　　d——被磨物料粒度，mm；
　　　i——矿粒性质系数。

　　对于中等硬度矿石，试验求得 $i = 28$，所以

$$D = 28 \sqrt[3]{d}$$

　　我国广大选矿工作者，经过多年生产实践，总结出了给矿粒度和适宜球径之间的经验
关系公式：

$$D = 43.9 \sqrt[3]{d}$$

　　根据我国多年的生产实践，有关人员对中硬或较硬矿石总结出了球径与给矿粒度之间
的对应关系见表 3-10。

表 3-10　球径与给矿粒度的关系　　　　　　　　　　　（mm）

球　　径	120	100	90	80	70	60	50	40
给矿粒度	12 ~ 18	10 ~ 12	8 ~ 10	6 ~ 8	4 ~ 6	2 ~ 4	1 ~ 2	0.3 ~ 1.0

144. 不同球径的装入球应如何配比？

　　球径的合理配比，有两个方面含义，一是要确定装哪几种直径的球，二是要确定各种
直径的球各占多大比例，其实际质量是多少。从理论上讲，为了取得良好的磨矿效果，应

当保证磨矿机内各种球的质量比例与被磨物料的粒度组成相适应。生产现场的球磨机都装有多种不同尺寸的球，用来处理含有不同粒度的混合物料。

对于新建选厂，由于缺少实际资料，一般参照类似选矿厂的实际加球比例并作适当调整。

对于生产中的选矿厂磨矿机配球的做法可归纳如下：

（1）先取磨矿机全给矿样（一般分别取新给矿和返砂样，然后按比例配样）进行筛析，分成若干粒级，称重各粒级，算出各粒级质量比例（产率）。

（2）用各级别粒度上限或上、下限平均值，参照表 3-10 或利用公式确定各粒级需要加入的球的直径。

（3）根据各种尺寸的球的质量比例与入磨物料粒度组成相适应的原则，确定各种尺寸的球占加球总质量的比例。

（4）将计算结果进行适当调整。由于实际配球时，过小的球不配入，只是选配几种球，因此计算出的小直径球，可按比例分配到较大球中，重新确定各级球的质量比例。

（5）计算各级球实际质量，步骤如下：

1）按公式计算出球的总质量 G

$$G = \frac{\pi}{4} D^2 L \phi \rho$$

式中　G——球的总质量，t；

　　　D——球磨机筒体内径，m；

　　　L——球磨机筒体有效长度，m；

　　　ϕ——介质充填率，%；

　　　ρ——球的堆密度，t/m³。

2）根据调整后的各级球比例计算出各级球的质量。

［例］某选厂对 $\phi 1500mm \times 3000mm$ 湿式格子型球磨机装球，充填率为 $\phi = 50\%$，选用铸钢球 $\delta = 4.5t/m^3$，磨矿机处理为中硬矿石。

（1）磨矿机全给矿筛析结果见表 3-11。

表 3-11　全给矿筛析结果

粒级/mm	产率/%	粒级/mm	产率/%
18～12	$\gamma_{18～12} = 20$	6～4	$\gamma_{6～4} = 5$
12～10	$\gamma_{12～10} = 40$	4～2	$\gamma_{4～2} = 4$
10～8	$\gamma_{10～8} = 15$	2～1	$\gamma_{2～1} = 4$
8～6	$\gamma_{8～6} = 8$	1～0	$\gamma_{1～0} = 4$

（2）按各级上限计算应配的球径并取整，见表 3-12。

表 3-12　应配球径尺寸

粒级/mm	球径/mm	粒级/mm	球径/mm
18～12	$D_{18} = 120$	6～4	$D_6 = 70$
12～10	$D_{12} = 100$	4～2	$D_4 = 60$
10～8	$D_{10} = 90$	2～1	$D_2 = 50$
8～6	$D_8 = 80$	1～0	$D_1 = 40$

（3）各种球的质量比例见表 3-13。

表 3-13　各种球的质量比例

球径/mm	质量比例/%	球径/mm	质量比例/%
120	20	70	5
100	40	60	4
90	15	50	4
80	8	40	4

若确定只加 120、100、80、60 四种球，可将 90、70、50、40 球的比例适当调整到其他球中，本例调整后结果见表 3-14。

表 3-14　调整后各种球的质量比例

球径/mm	质量比例/%	球径/mm	质量比例/%
120	30	80	13
100	45	60	12

（4）计算加入球的总质量 G：

$$G = \frac{\pi}{4} D^2 L \phi \delta = \frac{\pi}{4} \times 1.5^2 \times 3 \times 0.5 \times 4.5 = 11.928\text{t}$$

（5）计算各种球分别应加入质量：

$$G_{120} = G\gamma_{120} = 11.928 \times 0.3 = 3.58\text{t}$$

$$G_{100} = G\gamma_{100} = 11.928 \times 0.45 = 5.37\text{t}$$

$$G_{80} = G\gamma_{80} = 11.928 \times 0.13 = 1.55\text{t}$$

$$G_{60} = G\gamma_{60} = 11.928 \times 0.12 = 1.43\text{t}$$

（6）根据计算结果，称重装球。

145. 如何计算磨矿机的球耗？

磨矿机球耗是选矿成本的重要构成之一，较准确地确定磨矿时球耗，并进行及时补加，对维持磨矿机获得良好磨矿效果相当重要。磨矿机球耗通常是指在磨碎矿石过程中，因机械磨损和化学侵蚀结果损失在磨矿产品中而无法回收的那部分球（清出的碎球，只可以作为废钢回收，因此应视为磨矿消耗的球）。球耗通常用 kg/t（原矿）表示。

$$\text{球耗} = \frac{\text{最初加球量} + \text{平均补加量} - \text{清出的好球（可重新利用）量}}{\text{处理的矿石量}}$$

[**例**] 某选厂 $\phi 1500\text{mm} \times 3000\text{mm}$ 球磨机最初装球为 10t，3 个月后停车检修共处理矿石为 5000t，将机内全部球清理，筛出可重新利用的球 9.5t；三个月内共补加了 6t 球，则该选厂磨机球耗为

$$\text{球耗} = \frac{(10 + 6 - 9.5) \times 1000}{5000} = 1.3\text{kg/t}$$

为了维持球磨机内球荷平衡，正常运行中应按每磨 1t 矿石补加 1.3kg 球。由于球的磨损是一复杂的过程，通常生产中简单地补加一种或两种较大球，而把小球看成是大球磨得的。由于各厂矿石性质、磨矿条件、球的材质等都不同，故应按本厂情况，尽力做到合

理补加，不亏不胀，确保磨矿机处于良好的工作状态。

146. 磨矿机转速大小有什么作用？

磨矿机转速大小直接决定着筒体内磨矿介质的运动状态和磨矿作业的效果。当转速较低时，球磨机内的球被提升的高度较小，球在自身的重力作用下，从球荷顶部滑滚下来，呈泻落状态，此时球的冲击力很小，但研磨作用很强，矿石主要是被磨剥而粉碎，磨矿效果不高。

当转速较高时，球被提升的高度也高。球上升到一定高度后脱离筒体，沿抛物线轨迹下落，处于抛落工作状态。在抛落点具有较大的冲击作用，矿石主要受冲击而被粉碎，磨矿效率最高。

当磨机转速超过某一限度（转速很高），球就随筒体旋转而不下落，处于离心运转状态。这时球刚没有冲击作用，研磨作用也很小，使磨矿作用停止。

147. 什么是临界转速？

球磨机中的最外层球刚好随筒体一起旋转而不下落时，这时的球磨机转速称为临界转速。各种球磨机的临界转速与其直径 D 成正比。临界转速的绝对数值不易求得，通常按理论临界转速公式进行计算。

$$n_0 = \frac{42.4}{\sqrt{D}}$$

式中　D——球磨机的内直径，m；

　　　n_0——临界转速，r/min。

当采用非光滑衬板，球荷充填率在 40% ~ 50%，磨矿浓度较大时，该公式计算结果是比较接近实际的。

148. 什么样的工作转速对生产有利？

磨矿机工作转速是指磨矿机处于良好工作状态的实际转速。

目前生产中最适宜的工作转速 n 按下式计算：

$$n = (0.76 \sim 0.88) n_0$$

生产实践证明，磨矿介质的充填率为 54% 时，工作转速定为临界转速的 88% 时比 76% 时磨矿生产率要高些；对于细磨矿（给矿粒度小于 3mm，磨矿产品在 0.1mm 以下），如果工作转速定为临界转速的 88% 显然是偏高，影响质量，应该略低些。目前大多数选矿厂磨矿机工作转速在临界转速的 85% 左右。

149. 生产中磨矿机转速采用工作转速的意义是什么？

适当的提高磨矿机转速可提高磨矿机生产率，但不可因此片面的追求高转速磨矿。因为转速的提高，也会出现一些问题。现在的球磨机都是按低于理论临界转速设计和制造的，如果用临界转速或超临界转速运动时，（1）会出现由于离心作用而使磨机失掉磨矿作用；（2）高转速运转会加剧机械振动和部件磨损，降低设备使用寿命；（3）球磨机内部磨矿作用被破坏，排矿变粗，增加了分级机负荷，使产品达不到合格粒度要求；

（4）磨矿介质和衬板耗损量大增。因此，大多数选矿厂生产中采用工作转速而不用临界转装运转。

150. 在什么条件下采用高转速磨矿？

在目前生产中磨矿机的转速率小于临界转速的76%时，称为低转速磨矿；转速率高于临界转速88%时，称为高转速磨矿；转速率大于100%，则称为超临界转速磨矿。

生产实践证明，采用光滑衬板的球磨机，其介质充填率较低（在30%～40%之间），同时适当的降低磨矿浓度，使球磨机转速率提高到临界转速的100%～104%时，台时处理量一般能增加10%～30%。只有具备上述一些条件时，才能采用高转速磨矿，但也会降低磨矿细度，所以不可片面追求高转速磨矿。

151. 如何理解磨矿机操作过程中的"高浓度、大返砂、均给矿"？

矿浆浓度系矿浆中矿石质量（干重）与矿浆总质量（矿石＋水）的百分比，磨矿浓度是指磨矿机内的矿浆浓度。磨矿浓度是影响磨矿机生产率的重要因素，它决定着磨矿介质与被磨物料间的摩擦力、矿浆流动性和磨矿介质的有效密度（介质与矿浆密度差）。在磨矿机操作中，一般采用较高的磨矿浓度，这样介质表面可附上一层矿浆，从而增强对磨矿有利的研磨作用。同时，排矿中单位体积矿石量多，故排矿量大。但矿浆浓度过高，矿浆密度增加，磨矿介质有效密度和活动能力、打击效果都会减弱，同时矿浆浓度高黏度大，流动性变差，总排矿量减少，反而会导致磨矿机生产率降低，甚至易出现"胀肚"。因此，"高浓度"是指在一定范围内适当提高磨矿浓度，这有利于提高磨矿效果。

返砂是指闭路磨矿时，由分级机返回磨矿机再磨的粗粒级。返矿的量往往要几倍于原给矿量。返砂量与原矿给矿量的比值称为返砂比。实践证明，返砂比的大小直接影响磨矿机生产率。较大的返砂比，由于使磨矿机全给矿量增加，从而加快了磨矿机排料速度，物料在磨矿机中滞留时间缩短，循环加快。另外，返砂虽然是粗粒矿砂，但毕竟比原矿细，因此磨机全给矿粒度组成变细，综

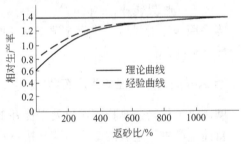

图 3-12　返砂比与相对生产率关系

合结果有利于提高磨矿机生产率。图 3-12 表示了返砂比与磨矿机相对生产率的关系。它表明，在一定范围内（如100%～500%）随返砂比提高，磨矿机生产率随着提高，当达到一定值时，生产率提高幅度很小，磨矿机全给矿接近最大通过能力，易引起球磨"胀肚"。因此，应当把返砂比保持稳定，接近一恒定值。

均给矿，这里主要有两方面的含义：一是给矿速度（单位时间内给入磨矿机矿量）均恒，二是给矿粒度组成均匀。为了提高磨矿效率，给矿量应连续、均匀、稳定在一个较高的水平，时多时少将使磨矿机内矿浆浓度频繁波动，不利于磨矿过程。磨矿给料在料仓内往往出现粒度偏析——中间细，周围粗，易造成给料组成不均匀，若不能按粒度及时调整操作会出现"胀肚"。因此料仓应尽量采用多点排料给矿。

152. 如何测定闭路磨矿中循环负荷？

闭路磨矿的循环负荷（或返砂）的大小可用两种方法表示，即绝对量和相对量（返砂质量与原给矿质量之比，称为循环负荷系数或返砂比）。由于循环负荷是否适宜将直接影响到磨矿作业的指标，应当定期测定。常用的测定方法有如下两种：

（1）筛析法。筛析法测定循环负荷是分别从分级机给矿（磨矿机排矿）、返砂和溢流同时取代表性样品筛分分析，得到三产物中某计算级别，然后根据该计算级别在分级作业中的进出平衡原则，按下式计算

$$c = \frac{\beta - \alpha}{\alpha - \gamma} \times 100\%$$

式中　α，β，γ ——分别为分级给矿中、溢流中和返砂中计算级别（如 -0.074mm）产率，%。

（2）浓度法。由于筛析法测循环负荷需要取样、筛析，周期较长，在生产中可采用浓度法进行快速测定。该法是分别从分级机给矿、返砂、溢流中取样，测定三产物的浓度（可利用浓度壶），而后按下式计算

$$c = \frac{R_c - R_f}{R_f - R_x} \times 100\%$$

式中　R_f，R_c，R_x ——分别为分级机给矿、溢流和返砂三种产物的浓度或液固比。

153. 矿石硬度对磨矿机处理量有什么影响？

矿石硬度反映出矿石本身的矿物组成及其物理力学性能方面的特点。结构致密、晶体微小、硬度大的矿石比较难以磨碎。因此，这类矿石在磨矿过程中，磨矿时间要求较长，才能保证达到要求的磨矿细度，但影响磨矿机处理能力。而硬度小或者解理发育的矿石易于磨碎，磨矿机单位容积的处理能力也高。

矿石硬度是个不可改变的因素。在生产中要采取积极态度对待硬度较大的矿石，通过实验找出最适宜的排矿浓度、返砂量等操作条件，并要求从破碎系统来的矿石粒度尽可能缩小，在粒度条件稳定情况下，找出最佳钢球配比。

154. 磨矿操作工如何掌握排矿浓度？

排矿浓度也称为磨矿浓度，是指磨矿机筒体内矿石与水的比例，它可以通过对磨矿机排矿浓度的测定结果来判断。磨矿浓度直接影响筒体内矿浆的流动性和输送矿粒的能力，也影响磨矿介质作用的发挥。因此，一个磨矿操作工要善于掌握磨矿浓度。生产实践证明，最适宜的磨矿浓度在 60% ~83% 之间。粗磨时，磨矿浓度稍大些，一般控制在 75% ~83%之间；细磨时，磨矿浓度可低些，约在 65% ~75% 之间。

密度不同的矿石，其磨矿浓度也应不同。密度大的矿石，磨矿浓度可控制高些；密度小的矿石，磨矿浓度应小些。

155. 如何组织磨矿机的试车？

对于新安装或大修后的磨矿机，在投入生产使用前都要进行试车。磨矿机的试车一般分三个阶段：

（1）试车前的准备。主要是检查电动机及电器、各部螺丝紧固情况；检查润滑、密封等措施是否完好，并进行盘车；检查是否有异常现象。

（2）空载试车。经盘车无异常现象后，可空载（无介质和物料）启动并连续运行8～16h，应达到如下要求：润滑部位正常无漏油；磨矿机主轴承温度不超过50℃；运转平稳无异常声音；各部件无松动现象。

（3）负荷试车，分两阶段进行。1）半负荷试车：介质充填率 $\phi = 25\% \sim 30\%$，给入适当数量的料及水（不连续）运行8～10h。2）全负荷试车：在半负荷试车检查一切正常后，将介质加足，适当增加矿量，满负荷运行10～20h，最后应达到如下要求：运转平稳无异常声音；主电机电流在允许范围内波动；温度在允许温升以下；各部润滑正常；主轴承温度不超过60℃；各部无漏矿、漏水、漏油现象。

156. 磨矿机组启动和停车应遵循什么原则？

磨矿机在选矿厂属大型设备之一，要使磨矿机具有良好磨矿效果，较高的运转率，在磨矿机组（包括磨矿机、分级机、润滑系统和给矿机等）开停车时，应严格遵守操作规程，严防重大设备事故发生，一般应遵循如下原则：

（1）设备启动前，要对磨矿机组进行全面、详细检查，排除一切可能影响开车的故障。

（2）开车时，按物料流向从后向前（自下而上）逐个设备启动，即油泵－分级机－磨矿机－皮带机－给矿机，严禁多台设备同时启动。计划停车时要从前向后（自上而下）停车，即给矿机－皮带机－磨矿机－分级机－油泵。

（3）开动每个设备要有一定间隔，全部设备开动完毕正常稳定运转后方可给料，如油泵正常工作后再启动磨矿机，待磨矿机运转2～3min后再开始给矿。

（4）磨矿机停车在4h以上，开车前一般要进行盘车2～3转，以松动黏结的矿泥和介质。

（5）正常停车（计划停车）应在空负荷下进行，尽可能把设备内物料排净（如磨矿机应在停止给矿后15～20min再停车），为下次开车创造条件。

（6）在不给料情况下磨机运转时间不宜过长，通常少于20min，降低钢球消耗和衬板损伤。

157. 什么情况下进行磨矿机组的事故停车？

所谓事故停车是指由于润滑系统、供电系统或设备本身有了故障，而又不能在运行条件下排除，必须立即停止运转的停车。出现下列情况之一时，可立即事故停车：

（1）给料器和料箱碰撞，发生巨响或勺头脱落。

（2）磨矿机衬板螺丝断，衬板脱落。

（3）传动齿轮打齿，发出较大的周期性响声。

（4）润滑系统不正常。如突然断油，但轴承未过热；油量小又查不出原因。

（5）地脚螺栓断，磨矿机振动大。

（6）电动机、减速机、轴承急剧升温，温度高于80℃。

（7）电动机、电器出现火花、冒烟或有异常声响，较长时间不能自行消失。

（8）螺旋分级机大轴断，或主轴不转。

（9）供电系统出现故障不能带电排除时。

事故停车后要立即停止给矿、给水，停止分级机，并将螺旋提起，所有电器开关打在停止状态。

158. 如何进行磨矿机组运转中的设备检查与维护？

在磨矿机组的运行过程中，机组操作者应对设备和生产指标负责。因此为保证磨矿过程的正常进行，操作者需要对磨矿机及其附属设施、工作指标及其产物质量等不断进行检查、维护与调整。检查维护的主要内容有：

（1）设备及其附属设施的检查。1）磨矿机检查：注意检查各部螺丝松动，特别是衬板螺钉的松动、拉断，造成漏浆；检查返砂勺头的磨损情况；注意磨矿机的排料跑粗或吐球。2）供油系统检查：经常检查油压是否正常，应保持在 0.15～0.2MPa；检查油量及油温，油温不得超过 30℃；检查主轴颈油流分布是否均匀；油的黏度和清洁度。3）电机电器检查：主要检查电机温度，其温升不超过允许的数值。4）分级设备检查：检查螺旋分级机叶片是否脱落，转动是否平稳；旋流器给矿压力是否稳定，是否有磨漏或堵塞现象。

（2）磨矿负荷的检查。磨矿机组的负荷包括原给矿量和返砂量。保证磨矿负荷的均恒、稳定是取得良好磨矿效果的重要条件。给矿量要保持均恒稳定，定期检测给矿量；随时观察给矿粒度变化，及时调节，尽可能做到料仓多点卸料；勤看返砂和补水情况，做到原给矿、返砂和溢流的进出平衡；注意电机电流和磨矿机声响变化，据此判断磨机负荷情况，把"胀肚"消除在初始阶段。

（3）磨矿分级产品质量检查。磨矿产品的质量主要是指分级溢流的浓度和细度，这两项指标直接影响后续分选作业的好坏，要勤测定，勤观察，勤摸试，勤调整。

总之，操作者在工作期间，要做到勤走动、勤检查、勤测试（摸试）、勤调整、勤观察，注意声音变化，确保磨矿机组处于最佳工作状态，获得良好的磨矿效果。

159. 磨矿机空载试车和负荷试车要求是什么？

空载试车是在不装介质（球、棒）和物料的情况下进行空转，连续运转不应少于 4h，一般要运转 8～16h，可以根据具体情况确定。试车时间越长，对主轴承、齿轮的齿面啮合得越好。空载试车应达到下述几项要求：

（1）各润滑点的润滑正常，没有漏油现象。

（2）磨矿机主轴承的温度不应超过 50℃。

（3）磨矿机运转平稳，齿轮传动无异常噪声。

（4）衬板及各传动件无松动。

（5）各部运转符合检修要求。

当空转达到规定时间后，停止磨矿机运转，仔细检查所有工作零件，拧紧衬板螺栓，消除发现的缺陷。

经过空载试车合格后，方可进行负荷试车。负荷试车要逐渐加料直到满负荷，正常给料后运转 10～20h。负荷运转应达到下述要求：

（1）工作平稳，无周期性急剧振动。

（2）主电机的电流无异常波动。

（3）各润滑点润滑正常，主轴承温度不超过60℃。

（4）磨矿机各工作部分的螺栓、人孔、法兰结合面及各密封处无漏水、漏矿浆等现象。

160. 磨矿机在运转中操作人员应遵守什么事项？

磨矿机运转后，操作人员必须遵守如下事项：

（1）当磨矿机开动后，运转过程中不能长时间不给料。一般不能超过15min，降低衬板损伤和钢球消耗。

（2）操作人员应精心调整给矿量和排矿浓度。

（3）经常检查和保证各润滑点有足够和清洁的润滑油，主轴承的油温不超过60℃。带有冷却的主轴承（主要是干式球磨）应保证供水。

（4）应定期检查磨矿机内的衬板磨损情况，衬板磨穿或破裂要及时更换，筒体漏矿要及时紧固。

（5）停车时，先停给矿，然后磨矿机仍需运转10～15min，将筒体内矿石基本磨完后再停车。

（6）当由于事故突然停车时，必须立即停止给矿和给水，切断电机和其他机组的电源。

161. 磨矿机小修、中修、大修主要内容是什么？

小修的周期一般定为一个月（特殊情况可随时进行）。检修项目主要包括下面几点：

（1）对油泵、滤油器、润滑管路进行检查、清洗和换油。

（2）对磨矿机各部分的螺栓进行检查、填补和拧紧。

（3）对磨矿机的大、小传动齿轮进行检查，记录磨损情况，对已磨损的小齿轮进行更换或修复。

（4）检查联轴节并更换弹性胶垫或其他类型的零件。

（5）检查和修补进料管及出料管。

（6）检查和紧固给料器，更换联合给料器勺头。

（7）检查电机的轴瓦、油圈、电刷。

中修周期一般4～6个月，检修项目主要内容如下：

（1）包括小修的项目。

（2）检查和更换进料管、出料管及给料器。

（3）修复传动大齿轮。

（4）更换磨损严重的衬板及格子板。

大修周期一般定为2～4年，检修项目主要包括下面几点：

（1）包括中、小修的项目。

（2）更换主轴承及大齿轮。

（3）对筒体进行检查、修理或更换。

（4）修复或更换磨机进、出料端盖。

（5）对基础进行修理，重新找正和进行二次灌浆。

以上小修、中修、大修要求的内容，只是基本要求，生产中实际检修内容往往有时与上面的要求不尽相同。选厂磨机的小修、中修、大修时间和内容，必须根据本厂设备具体状态和生产任务，具体安排制定，根据编排的检修计划和内容进行，检修后必须放好设备记录，建立检修档案。

162. 磨矿机易损件的材质、寿命和备用量是多少？

为了缩短设备检修时间，对损坏的零件必须及时更换。因此，须在仓库里储备足够的易损零件。磨矿机易损件的材质、寿命和备用量见表 3-15。

表 3-15 磨矿机易损件的材质、寿命和备用量

零件名称	选用材质	寿命/月	每台磨矿机最少备用量
简体衬板	高锰钢	6～12	2 套
端盖衬板	高锰钢	8～10	2 套
进、出料端衬板	钢 铁	24～36	1 套
格子板衬板	锰 钢	6～8	2 套
给料器勺头	高锰钢	2	2 个
给料器壳体	碳钢或铸铁	48	1 个
主轴承衬	巴氏合金	48～60	1 套
传动轴承轴衬	巴氏合金	18	2 套
小齿轮	合金钢	6～12	1 个
齿 圈	铸 钢	48～96	1 个
衬板螺栓	碳 钢	6～8	0.5 套

163. 格子型球磨机排矿浓度为什么比溢流型高？

这是因为格子型球磨机有强迫排矿的作用。如果排矿浓度较稀，矿浆流速加快，矿粒与磨矿介质碰击次数减少，不但会降低磨矿效率和加快衬板及钢球的磨损，而且同时磨矿产品粒度也变粗（俗称"跑粗"）。

164. 排矿浓度过大或过小是什么原因造成的？

当排矿浓度大于规定浓度要求时，要先查找是什么原因造成的。首先检查给矿记录，看看矿量是否有变化，若增大了，如果无其他原因，可将矿量减小；其次，检查水压有无变化，如果水压低（表现为水流量减少），造成浓度过大，也应该相应减少矿量，以适应变化，如果加大水量能见效时，也可以用调整水量的办法来调整浓度。

如果浓度小于规定要求，调整方法与浓度过大的方法相反。在调整过程中，一定要注意其他操作条件有无变化，防止顾此失彼。

165. 磨矿机运转时简体声音突然变得尖脆是什么原因？

当磨矿机运转中发现简体内部声音变得尖脆时，如果时间持续较长要停车，检查衬板是否有折断、损坏现象，检查给矿量是否不足，一般主要是这两种原因。当然有时也会因

为在中、小修时不注意将扳手或其他铁器丢在筒体内造成声音异常。

如果筒体内部有间断沉闷的冲击声，则可能是某块衬板脱落；如果球磨机突然排出小钢球和矿块，则表示内部格子板有损坏的地方。

166. 磨矿机运转时电流周期性间断升高的原因是什么？

从生产实践来看，勺头松动是造成电流周期性间断升高的主要原因。当然也应该检查泥勺底部是否有钢球或其他铁器妨碍泥勺旋转。

如果电流持续升高，不恢复到额定电流，则可能是由磨矿机负荷过大或电压低造成的。磨矿机负荷过大是给矿量大造成的，要调整给矿量，应停车处理。如果由电压低造成电流持续升高，则纯属外部供电原因。积极的办法是勤观察电流有无大的变化和电机温升。

167. 磨矿过程中给矿粒度增大或矿石硬度变大会出现什么情况？

给矿粒度增大，往往是由于破碎系统筛子设备出现故障或筛底有破漏。矿石硬度变大，则可能是由矿石采面不同，或配矿造成的。出现这两种情况，磨矿过程会引起相应变化，一是出现排矿粒度变粗，二是返砂量增大。调整的办法是提高排矿浓度，增加分级机溢流浓度，使返砂量下降。如果细度解决不了，可适当减少给矿量来处理。

168. 磨矿工为什么要坚持按规定时间测定矿浆浓度？

磨矿工经常坚持测定的矿浆浓度有排矿浓度和溢流浓度两种。坚持测定浓度可以随时掌握矿浆浓度有无变化，对保证完成细度要求极为重要；经常坚持测定浓度，通过一定时间就能够根据磨机排矿情况和分级溢流情况，判断浓度和细度变化关系，甚至不用测量就能判断出浓度大小和细度情况。

浓度的测定，最重要的是使操作者心中有数，根据浓度变化及时调整，稳定操作，保证选别作业需要的浓度稳定，对于浮选作业尤为重要。

169. 自磨有哪些特点？

物料在磨机内靠自身与磨机衬板间相互冲击、研磨而碎裂的磨矿方式称为自磨。

自磨磨矿技术的应用是粉体工艺的一次重大革命，自磨磨矿的主要特点有：

（1）自磨磨矿粉碎比大，可大大简化流程，减少设备。

（2）自磨磨矿省去或减少了金属消耗，有利于降低磨矿成本。

（3）自磨磨矿具有选择性磨矿作用，所以其产品的工艺特性好，过粉碎轻，有利于后续的分选过程。

（4）自磨磨矿由于省去了金属介质，矿石在磨机内既是被磨物料，又是磨矿介质。因此磨矿效果对矿石性质（硬度、粒度组成）变化反应敏感，给生产控制造成一定困难。

170. 处理顽石的方法有哪些？

顽石，也称临界粒子，一般指在自磨磨矿时，由于入磨矿石中的中粗粒级数量少，易在自磨机内形成一种作为磨矿介质太轻，而作为磨矿产物又不能通过格子孔排出来的

30~50mm 粒级的矿块。这些矿块（顽石）在磨矿机内逐渐积累，占据磨矿机容积，导致自磨机产量下降，单位功耗增加和产生过粉碎现象。

消除或防止磨机内顽石积累的措施主要有以下三种：

（1）开"砾石窗"，将临界粒子从机体内引出来，可做砾磨机砾介或单独处理。

（2）采用半自磨磨矿，即向自磨机内加入充填率为 5%~8% 的大钢球（球径 100~150mm），以补充作为介质的大块的能量不足和研磨"临界粒子"。

（3）采用自磨－球磨－破碎流程，即自磨开路磨矿，将排料筒筛筛上物料引出，经细碎和球磨粉碎后与筛下产物合并处理，这就是所谓的 A－B－C 流程。

第五节　分级设备及工艺

171. 分级作业分为几种?

在磨矿分级流程中，根据分级作业的作用不同，可分为预先分级、检查分级和控制分级三种。

（1）预先分级。在物料给入磨矿机之前，将原矿中合格的细粒部分分出去的作业称为预先分级。当原矿中合格粒级含量超过 15% 时，采用预先分级作业有利。

（2）检查分级。把磨矿机排矿中粗粒部分（不合格部分）分出来，并返回磨矿机重新磨的分级作业称为检查分级。这种分级作业最常用，因为它可处理一部分返砂，能提高磨矿速度、减少过粉碎现象，所以当原矿中合格粒级很少时一般采用检查分级。

（3）控制分级。将检查分级的溢流进一步分级的作业称为控制分级。只有在现场中对最终产品粒度要求很细时，才能采用控制分级。

172. 分级作业在磨矿循环中意义是什么?

分级作业在磨矿循环中有极重要作用。因为要把细粒嵌布的有用矿物与脉石解离并分选，必须将矿石磨至一定的细度，但又要避免过粉碎，防止泥化对分选过程的不良影响，这就需要将磨矿产物中粒度合格的部分及时分出，避免不必要的磨碎及早送往选别作业，而将粒度不合格的部分返回磨机再磨。由此可见，带有分级作业的闭路磨矿循环，无论在技术和经济上意义都是十分重大的。目前在选矿厂生产中分级作业是广泛应用的。

173. 水力分级的基本原理是什么?

水力分级就是根据沉降速度不同，将宽级别的颗粒群分成两个或多个较窄级别的过程。在水力分级过程中，水介质大致有三种运动形式：垂直的、接近水平的和回转的运动。在垂直水流运动中，水流往往是逆着颗粒的沉降方向而向上运动，不同粒度的颗粒沉降速度和运动方向不同，沉降速度小于上升水流速度的细粒向上运动，最终成为溢流；沉降速度大于上升水流速度的粗粒向下沉降，最终成为沉砂或底流。在接近水平流动的水流中，矿粒在水平方向的运动速度约等于水流速度，而在垂直方向则因粒度不同而有不同的沉降速度，粗粒因沉降速度大而沉至槽底部成为沉砂，细粒则随水流流出槽外成为溢流。在回转水流运动中，颗粒是按径向的运动速度差分离的，粗粒所受离心力大，分布在外层；细粒则受到水流较大的向心力，分布在内层。

174. 如何合理地选择分级设备？

在粉碎过程中，矿粒尺寸的由大变小不是同时发生的，而是逐渐完成的。在粉碎的每一阶段，总是有一部分合格的细粒产生出来。在磨矿过程中，为了及时分出合格细粒，防止过粉碎，提高磨机生产率，需要由分级设备来完成。合格粒子从分级溢流（筛子为筛下产物）送入选别作业，粗粒则返回磨机再磨。因此，在磨矿作业中分级起着重要作用。

当前在选矿厂常用的分级设备有螺旋分级机、水力旋流器和细筛。

螺旋分级机是按不同大小的矿粒在水介质中的沉降速度差异来分级的。由于其结构简单、工作稳定、操作方便，在选矿厂得到广泛应用。螺旋分级机按螺旋在水槽中的位置和溢流面的高低分高堰式、沉没式和低堰式。

水力旋流器是利用离心力来加速矿粒沉降的分级设备，它需要压力给矿，消耗动力大，但占地面积小，价格便宜，处理量大，分级效率高，可获得很细的溢流产品，多用于第二段闭路磨矿中的分级设备。

由于螺旋分级机和水力旋流器是按矿粒在水介质中沉降速度不同分级的，在沉砂中容易产生有用矿物的反富集，造成有用矿物的过粉碎。细筛是完全按矿粒的几何尺寸分级，几乎不受密度的影响，并且分级效率较高。近年来，细筛在磨矿循环中作分级设备日益受到重视。

175. 螺旋分级机分为哪几类？

螺旋分级机是磨矿回路中常用的分级设备，根据螺旋在槽内的位置与矿浆面高低不同，分为低堰式、高堰式和沉没式。低堰式已淘汰不用，高堰式用于粗磨产品的分级，沉没式用于细磨矿浆的分级。

低堰式。溢流堰低于螺旋的旋转轴。这种分级机由于沉降区面积小，实际生产中只用于冲洗含泥不多的砂矿及粗粒物的脱水，在磨矿循环很少应用。

高堰式。溢流堰高于螺旋的旋转轴，但低于溢流端螺旋的上缘。这种分级机的沉降区的面积比低堰式大，其堰高可以在一定范围内调整，即沉降区的面积可以在一定范围内调整改变，从而可以调节分级的粒度，是磨矿循环中常用的一种设备，适合分出大于0.15mm 粒级的溢流，多用于第一段磨矿。

沉没式。在溢流堰端有 4~5 个螺旋叶，全部沉没在矿浆中。这种分级机沉降区面积较大，分级池深，螺旋的搅动对矿浆表面影响较小。所以分级面平稳，溢流量大而细。在选矿厂生产中常作为细磨或二段磨矿的分级设备，适合分出小于 0.15mm 粒级的溢流，多用于第二段磨矿与磨矿机组成闭路。

176. 选择和使用螺旋分级机应注意哪些事项？

选择螺旋分级机时，除了要通过计算使其生产能力能够满足生产的要求之外，还要注意螺旋的旋转方向与球磨机的转向应互相配套，其配套方式如图3-13 所示。

使用螺旋分级机时应注意以下几点：

（1）较长时间停车时应把螺旋提起，开车后再渐渐放下。

（2）为防止球磨机排出的大粒矿石进入分级机在槽内堆积而卡住螺旋或加快螺旋叶片磨损，应在磨机排矿端装上筒筛（筛内有螺旋片，把大块由筛端口推出而不会进入螺旋分级机）。

（3）要注意观察螺旋片有无脱落，螺旋旋转是否平稳。如果叶片脱落要及时修复，防止螺旋磨坏。如果螺旋运转不同心，那么下轴头轴承可能已磨坏。

（4）要注意观察分级机溢流浓度和返砂量的变化，以便及时调整。

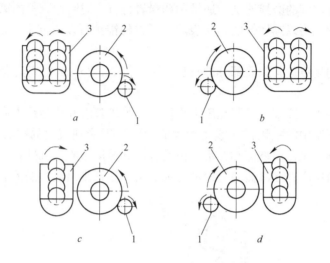

图 3-13　磨机转向与螺旋转向的匹配

a、b—双螺旋分级机与左旋磨机和右旋磨机的配置；

c—右旋单螺旋分级机与左旋磨机的配置；d—左旋单螺旋分级机与右旋磨机的配置

1—传动齿轮；2—磨机；3—螺旋分级机

177. 螺旋转速快慢对分级效果有什么影响？

螺旋的转速应满足运送沉降的粗粒。分级机螺旋轴的转速越快，则对矿浆的搅拌作用越强，溢流产品中夹带的粗粒越多。为了获得较粗的溢流和处理密度大、沉降较快的物料，可以适当增加螺旋的转速，但不能过大，以免破坏分级效果。二段磨矿或磨矿循环中所使用的分级机的螺旋转速应尽量慢些。在螺旋分级机中一般采用较低转速，对于大型螺旋分级机更是如此。例如，要获得粗溢流，2m 直径的螺旋转速不得超过 6r/min，一般 1m 以上的直径螺旋转速应控制在 2~8r/min。

178. 螺旋分级机槽子宽度与处理能力有什么关系？

槽子的宽度与溢流产品的排出速度有很大关系，槽子越宽，溢流排出速度越快，粗粒随溢流排出的可能性也就越大；槽子越宽，矿石的沉降面积也就越大，易于沉降。槽子的宽度与分级效果的影响不大，只是与分级机的处理能力有密切关系。槽子的宽度大，处理能力也就越大。反之，处理能力越小。所以分级机的槽体宽度应与磨矿机处理能力大小相适应。

179. 水力旋流器的结构和工作原理如何？

水力旋流器的结构和工作原理如图3-14所示。水力旋流器下部是圆锥形壳体2，上部连接圆柱形壳体1。圆柱形壳体上口封死，中间有一层底板，底板中央插入一短管溢流管5，在底板下部沿圆柱形壳面的切线方向连接有给矿管口3，在底板之上沿壳体切线方向连接有溢流排出管口6，锥体最下端有可更换的沉砂排出嘴4。水力旋流器多用耐磨铸铁制造，为减低壳体内壁的磨损速度，还常用辉绿岩铸石、耐磨橡胶等耐磨材料作衬里。

水力旋流器的规格以圆柱体的直径表示。圆锥的锥角可以不同，一般最小为10°、最大为45°。

水力旋流器的规格用其圆筒部分的直径表示。例如，350水力旋流器其圆筒部分的直径为350mm。

水力旋流器的工作原理：矿浆在压力作用下经给矿管沿柱体切线方向进入壳体，在壳内做回转运动，矿浆中的粗颗粒（或密度大的颗粒）因受到较大的离心力而进入回转流的外围，并同时随矿浆流向下流动，最终由底部沉砂嘴排出成为沉砂；细颗粒所受离心力较小，处于回转流中心并随液流向上运动，最后由溢流管排出成为溢流。

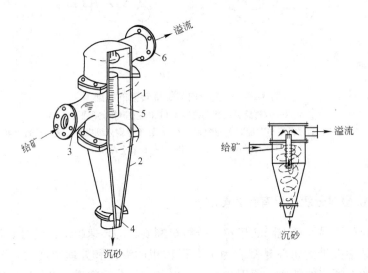

图3-14　水力旋流器的结构及工作原理示意图

1—圆柱形壳体；2—圆锥形壳体；3—给矿管口；4—沉砂排出嘴；5—溢流管；6—溢流排出管口

水力旋流器在选矿中主要用于：（1）在磨矿回路中作为分级设备，尤其是作为细磨的分级设备。（2）对矿浆进行脱泥、浓缩。（3）重介质旋流器是常见的重介质分选设备。

180. 如何选择水力旋流器？

选择水力旋流器的依据有：要求处理的矿浆体积 Q（m³/h）、分级粒度（或溢流最大粒度）d（mm）。

首先，根据 Q 和 d 确定旋流器的直径 D。一般溢流较粗和生产能力较大时，选用大规格的旋流器，反之采用小规格旋流器。当要求的生产能力很大而溢流又很细时，可采用小规格的旋流器并联组成旋流器组。可参考表3-16选择旋流器直径 D。

表 3-16 水力旋流器直径 D 与生产能力 Q 和分离粒度 d 的关系

旋流器直径 D/mm	平均生产能力 Q/m³·h⁻¹	溢流最大粒度 d/mm	备 注
50	1.5~3.5	0~0.050	
75	2.5~7.5	0.010~0.060	
125	7.5~15	0.013~0.080	
150	12~20	0.019~0.085	
200	18~30	0.027~0.124	
250	25~50	0.032~0.125	给矿压力 $p=98\text{kPa}$
300	45~65	0.037~0.150	
350	60~90	0.044~0.180	
500	90~180	0.052~0.240	
700	200~400	0.074~0.340	
1000	350~600	0.074~0.400	

其次，根据已确定的旋流器直径（D），选择其结构参数：溢流管直径（$d_溢$）、沉砂口径（$d_沉$）、给矿口径（$d_给$）、圆柱体高度（H）、溢流管插入深度（h）、锥角（α），可按以下顺序计算：

$$d_溢 = (0.2~0.4)D$$
$$d_沉 = (0.2~0.7)d_溢$$
$$d_给 = (0.4~1.0)d_溢$$
$$H = (0.7~1.6)D$$
$$h = (0.5~0.8)H$$

$\alpha = 10°~45°$（粗粒分级时取大值，细粒分级取小值）。

选择以上参数时，应结合水力旋流器产品目录中所列技术规格，最终确定旋流器的尺寸。

181. 使用旋流器应掌握哪些要点？

第一，根据分离粒度和处理的矿浆量，选择好旋流器的结构参数（各部尺寸）。

第二，选择适当的旋流器给矿方式。给矿有三种方式：（1）借高差自流给矿，如图 3-15a 所示。（2）稳压箱给矿，如图 3-15b 所示。（3）砂泵直接给矿，如图 3-15c 所示。第一种给矿方式要求有较大的高差（一般在 5m 以上），地形条件不允许时难以实现；第二种给矿的优点是压力稳定，但缺点是管路多，矿浆回流大，经济效果较差；第三种给矿管路少，经济效果好，但给矿压力波动较大。目前多用第三种给矿方式（即动压给矿）。

第三，稳定旋流器的给矿压力。因为给矿压力直接影响旋流器的处理量和分级粒度，给矿压力越大，矿浆流速越高，旋流器的处理量就越大，同时矿浆在旋流器中旋转速度和离心力也越大，分级粒度也越细。确定分级粒度以后，就要求一定的压力与之相适应，压力过大则沉砂中混入的细粒增多，压力过小则溢流中混入的粗粒增多，这都会降低分级效率。

采用砂泵直接给矿时，所选砂泵的扬程（指有效扬程）和流量应比旋流器的正常给矿的扬程和流量稍大。如果砂泵能力过大，砂泵会"喘气"，此时可在砂泵扬出管上装一根支管，引一部分矿浆短路流回泵池，或引回一部分旋流器的溢流入泵池，如图 3-15c 的

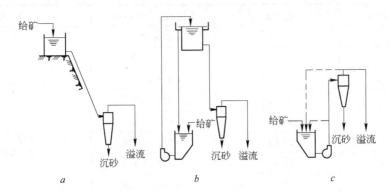

图 3-15　水力旋流器的三种给矿方式

a—借高差自流给矿；b—稳压箱给矿；c—砂泵直接给矿

虚线所示。砂泵给矿时，应在旋流器给矿管上安装压力表，使操作人员能及时掌握旋流器的工作情况和砂泵的磨损情况。砂泵池容积要大些，使泵池能起缓冲作用。最好采用衬胶的砂泵。旋流器的给矿压力可通过调整给矿管上的闸门的开启程度来进行调节。

第四，注意旋流器沉砂口直径的变化。沉砂口增大时，沉砂量增大，沉砂质量分数降低，沉砂中细粒增多，溢流量减小，溢流变细；反之，当沉砂口减小时，则沉砂质量分数增高，溢流中粗粒增多，溢流量增大。沉砂口的变化可根据沉砂喷出时的喷射角来判断，喷射角一般在 40°~70°。如果沉砂呈绳状排出，说明沉砂口小，此时沉砂质量分数最高；如果沉砂呈伞状喷出，说明沉砂口大，此时沉砂质量分数最低。

沉砂口是最易磨损的，因此常用衬胶或衬其他耐磨材料的方法减缓磨损。各种沉砂嘴都有一定的寿命，到时需更换新嘴。如果沉砂口的大小需经常调节，则可选用可换套嘴式旋流器或带有可调沉砂口大小装置的旋流器。

第五，给矿浓度要适当。给矿浓度大小直接影响产品的浓度和粒度。给矿浓度太低时，分级效率高，但干矿处理量下降；给矿浓度太高时，矿浆的黏度增大，分级效率下降。一般分级粒度越细，给矿浓度应越低。

第六，旋流器给矿要用筛子隔除草渣、木屑等杂物，防止堵塞。小直径的旋流器除渣尤其重要。除渣筛孔尺寸约为沉砂口直径的 1/5~1/6。

182. 如何调整水力旋流器的操作?

水力旋流器的调整可以通过矿浆压力大小来调整操作，也可以通过改变排料口直径、矿浆浓度、锥体角度、给矿管及溢流管的尺寸和物料粒度组成来调整操作。

水力溢流器除了用在磨矿循环中的分级作业外，还可以用于脱泥、脱水以及脱除浮选药剂等。此外，还可以用作重悬浮液选矿，其分选粒度可达 0.1mm 左右。

183. 水力旋流器与其他分级设备相比有哪些优点?

水力旋流器与其他分级设备相比有如下优点：

（1）分级粒度细。旋流器主要利用离心力进行分级，离心力可比重力大许多倍，因此分级的粒度下限降低，可达 5μm。目前细粒分级多采用水力旋流器。

（2）分级效率较高，尤其分级粒度很细时（如0.037mm），分级效率明显高于其他分级设备。

（3）结构简单，无运转部件，易于制造。

（4）占地面积小。在处理能力相同时，水力旋流器占地面积约为螺旋分级机的1/30～1/50。

184. 水力旋流器有什么缺点？

水力旋流器的缺点如下：

（1）动力消耗大。旋流器给矿所用砂泵耗电量较大，约为其他分级设备的5～8倍。

（2）设备磨损快。尤其是进料口和沉沙口周围磨损最快，需要经常更换。

（3）给矿压力、给矿浓度和给矿粒度的波动，对旋流器的工作指标影响较敏感。

185. 影响分级过程的主要因素有哪些？

影响分级过程的因素很多。矿石方面的因素有给入分级机物料中含泥量及粒度组成、矿石的密度和形状；机器结构方面的因素有槽子倾斜角的大小、螺旋轴的旋转速度、槽子的宽度；操作方面的因素有矿浆浓度、给矿量及给矿的均匀程度、溢流堰的高低。

186. 给入分级机物料中含细粒多时如何调整？

给入分级机物料中含泥量或细粒级越多，矿浆黏度越大，矿粒在矿浆中的沉降速度越小，所以溢流产品中粒度也就较粗。在这种情况下，为了保证溢流产品中粒度达到要求，应适当降低分级浓度。如果物料含泥量少或是经过脱泥处理，为了避免返砂中夹带过多的细粒级，则应适当提高分级浓度。

187. 分级物料的密度及形状对分级效果有哪些影响？

在浓度和其他操作条件相同的情况下，如果分级物料的密度越小，则矿浆的黏度越大，此时溢流产品中的粒度变粗，返砂中的细粒级含量增加。因此在分级大密度矿石时，应适当地增加分级浓度；分级密度小的矿石时，则应适当的降低分级浓度。

当矿石颗粒为扁平形状时，其沉降速度比圆形（或接近圆形）的矿石沉降速度慢，因而其分级浓度要低些，或是加快溢流产品的排出速度。

188. 矿浆浓度大小对分级效果有哪些影响？

矿浆浓度越小，矿浆的黏度也越小，矿粒的沉降速度也越快，得到的溢流产品粒度也就越细。反之，矿浆浓度越大，溢流产品粒度就越粗。但应该指出，当矿浆浓度降低到一定程度后，如果继续降低，反而会使溢流产品粒度变粗。主要因为，当浓度降低很多时，矿浆的体积（或矿浆量）也很大，分级机中的矿浆流速（上升流速和水平流速）也随之增加。因此，较粗的矿粒也被冲入到溢流产品中去。所以矿浆浓度必须按规定合理控制。

189. 调节溢流堰的高度会有什么分级效果？

当溢流堰加高时，可以使矿粒的沉降面积增大。同时由于矿浆面的升高，螺旋对矿浆面的搅拌作用也随之减弱，可以使溢流粒度细些。相反，溢流堰降低，会使溢流粒度粗些。

190. 为何给入分级机的矿量要适当、给矿要均匀？

当矿浆浓度一定时，给入分级机的矿量增多，则矿浆的流速也随之增大，因而使溢流产品粒度变粗。矿量减少则溢流产品粒度变细，同时返砂中细粒含量也增加。所以，分级机的给矿量应该均匀，不能忽大忽小，波动范围越小越好。只有这样，分级机才能在正常处理的情况下进行工作，才能获得良好的分级效果。

191. 如何调节和控制分级效果？

在磨矿机与螺旋分级机构成的闭路循环中，分级溢流浓度和细度是磨矿产品的质量量度，它对后续的分选作业指标具有相当重要的影响。而分级溢流浓度和细度又都取决于分级浓度（分级机槽体内矿浆浓度），分级浓度增加，溢流浓度增高，细度则降低，返砂量（因大量粗砂难以沉下去进入溢流流出）减少；分级浓度低，则相反。因此当溢流粒度粗、细度低时，应补加磨矿前水，降低分级浓度；溢流过细时则应减少前水，提高分级浓度。总之，磨矿分级过程是靠补加水（前水、后水）调节浓度来达到控制细度之目的。生产中，一般把后水固定在一个适当数量，只用前水进行调节。

192. 通过返砂量的变化可以看出什么？

返砂量又称为循环负荷，它与磨矿机的原给矿量、溢流粒度互相制约。当返砂量增大超过规定返砂比时，可能是给矿量增高造成的，或者是水量减小造成溢流浓度过低所至。所以，一定的给矿量具有一定的返砂量，当保持稳定的溢流浓度时，返砂量的大小随给矿量变化而定。

通过分级机返砂量的变化可以观察判断磨机原给矿量及浓度和其他条件的变化。返砂量的变化，可以观察分级机上部返砂层的高度来判断。

193. 返砂量为什么不能过大或过小？

因为在一定范围内增加返砂量可减少过粉碎现象，并促使最终产品粒度更加均匀，从而提高磨矿机的生产率。但是，当返砂比过大时生产率不但不会增加，反而会引起磨矿机和分级的过负荷。格子型球磨机的胀肚现象和分级效率的下降，返砂量过大也是其中原因之一。返砂量过小主要影响生产率的提高。

194. 什么是返砂比？

磨机与分级机构成闭路工作时，从分级返回到磨矿机的粗粒产品称为返砂。返砂量与磨矿机原给矿量的百分比称为返砂比。目前多数选矿厂返砂比控制在 300% ~500% 之间，即返砂量是原给矿量 3~5 倍，效果较好。实践证明，在总负荷量相同时，硬矿石的返砂比较软矿石的返砂比要大些。

195. 返砂比如何计算？

返砂比可利用对分级机给矿、溢流和返砂的筛析结果来计算。公式如下：

$$S = \frac{b-a}{a-c} \times 100\%$$

式中 a ——给矿中 $-0.074mm$ 粒级含量，% ；

c ——返砂中 $-0.074mm$ 粒级含量，% ；

b ——溢流中 $-0.074mm$ 粒级含量，% 。

例如：筛析结果 $a=28\%$， $c=20\%$， $b=60\%$，则返砂比为

$$S = \frac{60-28}{28-20} \times 100\% = 400\%$$

如果磨矿机原给矿量 30t/h，则返砂量为 $30 \times 4 = 120t/h$。

196. 分级效率高低说明什么问题？

分级机效率越高，返砂中含有的粒度合格产品越少，磨矿过程中粉碎现象越轻，磨矿效率也越高。反之，效果相反。分级效率与矿石性质、分级设备的类型和操作条件的影响有关。目前生产中采用的分级机分级效率都不高，一般为 $40\% \sim 80\%$。因此，改进分级设备提高分级效率为目前强化磨矿作业的重要方向之一。

197. 分级机溢流浓度大小说明什么？

分级机溢流浓度是指溢流中矿石（固体）与水的比例，它可以直接测量。溢流浓度的大小直接反映溢流中矿石的细度（即入选物料的细度）。如果溢流浓度小，即固体含量少，说明物料磨得比较粗，细度不够；如果溢流浓度大，则表示产品中细度较好，磨得较细。浓度大小还影响处理量。现场生产中一般都是严格规定控制溢流浓度来间接掌握溢流产品的细度。

198. 矿浆浓度如何计算？

矿浆浓度有两种表示法：质量分数和液固比。

质量分数是按质量计算的矿浆中矿石（固体）含量的百分数，用符号 ω 表示。

$$\omega = \frac{矿石质量}{矿浆（矿石+水）} \times 100\%$$

液固比是按矿浆中液体质量与矿石质量之比来表示，用符号 R 表示。例如，在 4kg 矿浆中，水（液体）的质量为 3kg，矿石质量为 1kg，则矿浆的液固比浓度 $R=3:1=3$。换算成百分浓度为 25% 。

百分浓度 P 与液固比浓度 R 可以用下面公式换算：

$$R = \frac{100-P}{P}$$

矿浆浓度目前测定方法有手工测量和自动控制测量两种。手工测量工具为浓度壶，有色金属 0.5h 或 1h 一次，黑色金属 1h 或 2h 一次。

199. 磨矿分级流程选择的根据是什么？

确定适宜的磨矿细度必须保证：（1）有用矿物充分解离；（2）适宜的浮选粒度上限；（3）尽量减轻和避免矿石的过粉碎现象及泥化现象。

　　合理的磨矿分级流程主要依据下列因素确定：（1）有用矿物和脉石矿物的浸染粒度及共同特性；（2）有用矿石和脉石的硬度及密度；（3）有用矿石和脉石的泥化程度及氧化性；（4）原矿中有用矿物的含量及价值；（5）用户对精矿粒度的要求。

200. 磨矿流程段数的多少主要依据是什么？

　　磨矿机与分级机联合使用，构成磨矿分级流程。现代选矿厂多应用一段或二段磨矿流程，很少采用三段以上的磨矿流程。

　　磨矿段数的多少，主要依据选矿厂的规模、矿石可磨性、有用矿物结晶粒度的大小、给矿粒度和最终产品的粒度来决定。一般情况下，如果最终产品粒度的上限大于 0.15mm 时，可采用一段磨矿流程；最终产品粒度上限小于 0.15mm 时，应采用二段磨矿流程。在特殊情况下，当给矿粒度大（上限 25mm 以上），矿石难磨，生产规模大，最终产品粒度粗时，也可以考虑采用二段磨矿流程。若矿石软而且易磨，生产规模不大，虽然最终产品粒度上限要求小于 0.15mm，也可以采用一段磨矿流程。磨矿段数的多少，必须根据具体情况，经过技术经济比较来确定。

201. 常用一段磨矿分级流程有几种形式？

　　常用一段磨矿分级流程如图 3-16 所示。

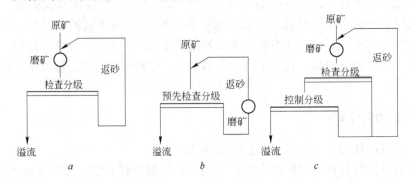

图 3-16　常用的一段磨矿分级流程

　　图 3-16a 是只有检查分级的一段闭路磨矿流程，是目前我国有色金属和黑色金属选矿厂应用最广泛的。图 3-16b 是预先分级检查分级合并的一段闭路磨矿流程。图 3-16c 是带有控制分级的一段闭路磨矿流程。这种流程给矿粒度很不均匀，合理装球困难，而且磨矿效率较低，选矿厂一般很少采用。

202. 常用二段磨矿分级流程有几种形式？

　　常用磨矿分级流程形式如图 3-17 所示。

　　图 3-17a 为二段一闭路磨矿流程，它适用于给料粒度大，生产规模也大的选矿厂采用。图 3-17b 为二段二闭路磨矿分级流程，它常用于最终产品粒度要求小于 0.15mm 的大中型选矿厂。图 3-17c 为带有阶段选别的二段二闭路的磨矿分级流程，它适用于第一段磨矿产品中已有相当数量的有用矿物达到单体分离的情况，可减少磨矿费用和提高金属回收率。

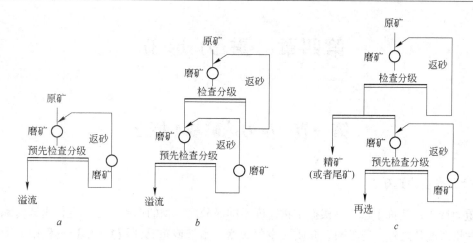

图 3-17　常用的两段磨矿分级流程

203. 和两段磨矿流程相比，一段磨矿流程的主要优缺点有哪些?

和两段磨矿流程相比，一段磨矿流程的优点是：（1）分级机的数目小，投资较低；（2）生产操作容易，调节简单；（3）没有段和段之间的中间产物运输，多系列的磨矿机可以摆在同一水平上，设备配置简单；（4）不会因一段磨机或分级机停工而影响另一段磨机工作，停工损失小；（5）各系列可安装较大型设备。其缺点是：（1）磨机给矿粒度范围宽，合理装球困难，磨机效率低；（2）不易得到较细的最终产物。

第四章 重力选矿

第一节 重力选矿基本概念

204. 什么是重力选矿?

重力选矿，简称重选，是根据矿物密度不同而分离矿物的选矿方法。进行重选时除了要有各种重选设备之外，还必须有介质（空气、水、重液或重悬浮液）。重选过程中矿粒受到重力（如果在离心力场中则主要是离心力）、设备施加的机械力和介质的作用力，这些力的组合就使密度不同的矿粒产生不同的运动速度和运动轨迹，最终可使它们彼此分离。

205. 重力选矿有哪些特点和应用?

重选法具有设备结构简单，作业成本低的优点，所以在条件适宜时均可采用。

重选主要应用有：（1）金、铂等贵金属的选别；（2）钨、锡矿石的选别；（3）在处理含有稀有金属元素的矿物的砂矿中应用很普遍，如含有锆、钛矿物的海滨砂矿的分选；（4）赤铁矿、褐铁矿的选别；（5）锰矿的选别；（6）选煤厂分离精煤和矸石；（7）一些非金属矿物与脉石的分离，如石棉、云母、高岭土、海泡石和金刚石等的选别；（8）对于主要以浮选法处理的铜、铅、锌等有色金属矿石，用重选法进行预先富集，也是常用的方法；（9）重选中按粒度分选的过程，如分级、脱泥等。重选几乎是所有选矿厂都不可缺少的作业。

206. 矿粒在介质中沉降时受几个力的作用?

矿粒在介质中沉降时要受到两个力的作用，一个是矿粒在介质中的重力，在一定的介质中对一定的矿粒其重力是一定的；另一个是介质的阻力，阻力和矿粒的沉降速度有关。矿粒开始沉降的最初阶段，由于介质的阻力很小，因此矿粒在重力作用下作加速度沉降。随着沉降速度的加快，介质的阻力也增大，矿粒的沉降加速度逐渐减小。到一定时间之后，加速度就减小到零。此时矿粒就以一定的速度沉降，这个速度称作沉降末速。沉降末速受几个重要因素影响，其中有矿粒的密度、粒度和形状，介质的密度和黏度等。

207. 为什么说在重选前矿石必须充分破碎和研磨?

为了使颗粒尽可能地按密度分离，矿石在重选前必须进行充分的破碎和磨矿，使有用矿物与脉石矿物解离，并减小进入重选过程的大块粒度。矿粒必须经过筛分和分级将矿粒分为各种粒级，以便分别进入不同的重选机械。因为重选时粒级越窄，越能减小粒度对分选的影响，越能使矿粒按密度精确分选，并能提高重选机械的生产力，减少有用矿物在分选过程的泥化。

208. 根据介质运动形式和作业目的不同重选分成哪几类作业？

根据介质运动形式和作业目的不同，重力选矿可分成六种作业。

（1）重介质选矿。重选必须在介质中进行，所用介质有空气、水、重液或重悬浮液，其中最常用的介质是水，用空气时称为风力选矿，用密度大于水的重液或重悬浮液时则称为重介质选矿。重介质选矿是一种严格按矿物密度分选的方法。

（2）分级。碎散物料在空气或水中沉降时，不同粒度和形状的颗粒由于受介质阻力不同，而具有不同的沉降速度，此时可按粒度分离，这种重选作业称作分级。

（3）洗矿。当矿石被黏土胶结而干扰后续作业时，需采用洗矿作业，它是借助水流冲力和机械力使黏土与矿石脱离的作业。

（4）跳汰选矿。利用周期性垂直变速介质流，使矿粒群反复松散、密集并按密度分层的重选过程称为跳汰选矿。

（5）摇床选矿。利用摇床面不对称往复运动产生的惯性力和水流冲洗作用，使位于床面上的粒群松散分层和运搬分带，从而实现分选的作业。

（6）溜槽选矿。它是借助于斜槽中流动的水流进行选矿的方法。

209. 常见重选设备的入选粒度范围是多少？

常见重选设备的入选粒度范围如表4-1所示。

表4-1　常见重选设备的入选粒度范围

设备分类	设备名称	适宜的入选粒度范围/mm	设备分类	设备名称	适宜的入选粒度范围/mm
跳汰机	隔膜跳汰机	25～0.5	分级机	高堰式螺旋分级机	分级粒度大于0.15
	梯形跳汰机	18～0.074		沉浸式螺旋分级机	分级粒度小于0.15
摇床	矿砂摇床	3～0.074			
	矿泥摇床	0.074～0.037			
溜槽	粗粒溜槽	10～1		水力旋流器	0.025～0.25
	矿泥溜槽	0.074～0		云锡式分级箱	-1.0
	皮带溜槽	-0.074		机械搅拌式分级机	3～0.074
	扇形溜槽	3～0.038		分泥斗（圆锥分级机）	-2.0
	圆锥选矿机	3～0.15		水力分离机	-2.0
	螺旋选矿机	2～0.074		水冲箱	2～0.075
	螺旋溜槽	0.2～0		倾斜板浓缩箱	-2.0
	离心选矿机	0.074～0.01	风力分级	重力风力分级器	1.5～0.005
洗矿机	水力洗矿筛	-300	重介质选矿	深槽式圆锥重悬浮液选矿机	-30+10
	圆筒洗矿机	-100		浅槽式鼓形重悬浮液分选机	-40+12
	槽式洗矿机	-50		重介质振动溜槽	-25+6
				重介质旋流器	-20+3

210. 怎样判断两种矿物重选分离的难易程度?

重选是根据矿物密度不同进行矿物分离的，重选必须在介质中进行。因此矿物的密度、介质的密度是影响重选过程的最重要的因素。两种矿物重选分离的难易程度可粗略地用下式判断

$$E = \frac{\delta_2 - \rho}{\delta_1 - \rho}$$

式中　δ_1，δ_2，ρ——分别为轻矿物、重矿物和介质的密度。

E 值称为重选可选性判断准则，E 值越大，越易分离。习惯上把 E 值分成表 4-2 所示的几种等级。

表 4-2　根据 E 值判断重选分离的难易程度

E 值	$E > 2.5$	$2.5 > E > 1.75$	$1.75 > E > 1.5$	$1.5 > E > 1.25$	$E < 1.25$
重选分离难易程度	极容易	容 易	中 等	困 难	极困难

以分离金属与非金属矿物为例，金属矿物的密度一般大于 4.6g/cm³，非金属矿物的密度一般小于 2.8 g/cm³，当在水介质（$\rho = 1.0$ g/cm³）中分离它们时，则

$$E = \frac{\delta_2 - \rho}{\delta_1 - \rho} = \frac{4.6 - 1}{2.8 - 1} = 2.0$$

可见容易分离。

由上式可以看出，对于两种特定的矿物，即 δ_1、δ_2 一定时，介质的密度 ρ 值越大，E 值也越大，分离也变得越容易。例如，当 $\rho = 1.8$ g/cm³ 时，分离金属与非金属矿物，则

$$E = \frac{\delta_2 - \rho}{\delta_1 - \rho} = \frac{4.6 - 1.8}{2.8 - 1.8} = 2.8 > 2.5$$

此时分离极容易。

当然，矿物颗粒的粒度、形状、介质的运动状态等也都是重选过程的重要影响因素，因此用 E 值作为准则判断重选分离的难易程度只是初步的、粗略的。

211. 什么是自由沉降、干涉沉降、等降颗粒和等降比?

单个矿粒在广阔的介质空间中的独自沉降称作自由沉降，个别矿粒在粒群中的沉降称作干涉沉降。在自由沉降过程中，矿粒只受到本身重力、介质浮力和阻力的作用而不受其他因素影响。而在干涉沉降过程中，个别矿粒除受到本身重力、介质浮力和阻力的作用之外，还会受到其他矿粒的摩擦、碰撞以及悬浮体的作用，从而改变个别矿粒的沉降速度和运动轨迹。干涉沉降过程比自由沉降复杂得多。重选实践中所有沉降均为干涉沉降，但当粒群中颗粒之间的距离较大，也就是体积浓度（矿粒所占的总体积与悬浮体总容积之比）很小时（一般小于3%），矿粒之间的干涉作用变得很弱，此时可视为自由沉降。

在自由沉降中，矿粒的沉降末速受颗粒的密度、粒度和形状影响。密度、粒度和形状不相同的颗粒在同一种介质内沉降时，在特定条件下可以有相同的沉降末速，这些具有相

同沉降末速的不同颗粒称为等降颗粒。显然，等降颗粒中存在着小密度的大颗粒（设其粒度为 d_1）和大密度的小颗粒（设其粒度为 d_2），d_1 与 d_2 之比称为等降比。

第二节　重力选矿方法和重力选矿设备

212. 跳汰选矿的分选过程和原理是怎样的?

跳汰选矿是在跳汰机中进行的。各类跳汰机的基本结构都是相似的，它的选别过程是在跳汰室中进行的。跳汰室中层有筛板，从筛板下周期地给入垂直交变水流，矿石给到筛板之上，形成一个密集的物料层（称作床层），水流穿过筛板和床层。在水流上升期间，床层被抬起松散开来，轻矿物随水流上升较快，重矿物则上升较慢；而当水流下降时，轻矿物下落较慢，重矿物则下落较快。这样重矿物趋向底层，轻矿物则位于上层。随着水流继续下降，床层松散度减小，粗颗粒的运动受到阻碍。以后床层越来越紧密，只有细小的矿粒可以穿过间隙向下运动，称作"钻隙运动"。下降水流停止，分层作用亦停止，这是一个周期。然后水流又开始上升，开始第二周期。如此循环，最后密度大的矿粒集中到了底层，密度小的矿粒位于上层，完成了按密度分层的过程，如图 4-1 所示。用特殊的排矿装置分别排出后，就可以得到不同密度的产物。

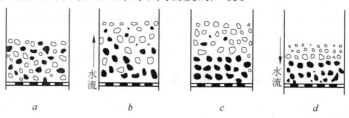

图 4-1　矿粒在跳汰时的分层过程

（图中黑色颗粒表示重矿物）

a—分层前颗粒混杂堆积；b—上升水流将床层抬起；c—颗粒在水中沉降分层；

d—水流下降，床层密集，重矿物进入底层

跳汰机适用于处理粗、中粒矿石，粒度上限为 50mm，下限为 0.2 ~ 0.074mm，最好为 18 ~ 2mm。常用于选煤，选钨、锡和金矿石，也可以用于选铁、锰矿石和某些非金属矿石。

213. 跳汰机主要分为哪几类?

跳汰机种类很多，主要有活塞跳汰机、隔膜跳汰机、空气脉动跳汰机、水力脉动跳汰机、动筛跳汰机。金属矿山选厂应用最多的是隔膜跳汰机。隔膜跳汰机按隔膜安装的位置不同可以分为：旁动隔膜跳汰机（隔膜位于跳汰室旁侧）、下动隔膜跳汰机（又称为圆锥隔膜跳汰机，隔膜水平地设在跳汰室内下方）、横向侧动隔膜跳汰机（隔膜垂直地安装在机箱筛下侧壁上，有外隔膜和内隔膜之分。主要处理粗浸染的矿石，选矿效率较高）。选煤工业中常用空气脉动跳汰机。

214. 影响跳汰分选过程的因素是什么?

（1）冲程和冲次。这是跳汰过程的重要因素，冲程和冲次决定了跳汰机中水流的速度、加速度和床层的松散状况。冲程和冲次与分选物料的粒度、密度和床层的厚度有关。分选粗粒物料宜用大冲程小冲次，分选细粒物料宜用小冲程大冲次。

（2）水量消耗。跳汰机的水量消耗有两个方面，即从给矿端加入的筛上水和筛下补加水。筛上水量越大，轻产物排出速度越快，处理量也越大，但分层不完全，轻产物中易混入密度较大的矿粒。筛下补加水主要作用是增强上冲水流，使床层松散利于分选。

（3）床层厚度。床层越厚，松散床层所需时间越长，分层的时间也就越长。

（4）当大密度颗粒与小密度颗粒的密度差大时，床层可薄些，密度差小时床层可厚些。床层厚时，重产物质量提高，轻产物质量降低。床层薄时，重产物质量降低，轻产物质量提高。

（5）影响跳汰分选过程的因素还有跳汰机筛面的面积、筛孔大小和形状、给料量大小和均匀程度等。

215. 什么是摇床?

摇床选矿是利用机械的摇动和水流的冲洗的联合作用使矿粒按密度分离的过程。摇床是重选厂的主要设备，它的显著特点是富矿比高，常用它获得最终精矿，同时又可分出最终尾矿，可以有效的处理细粒物料。分选粒度上限为3mm，下限如果选锡石和黑钨矿可到0.4mm，多用来分选1mm以下的物料。摇床的结构较复杂，操作不太方便，生产率也较低，占用厂房面积大，这些缺点都在研究改进中。

216. 摇床的基本结构是什么?

摇床是一种应用广泛的选矿设备，典型的摇床结构如图4-2所示。它的基本结构分为床面、床头和机架三个主要部分。

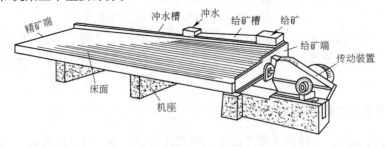

图4-2　典型的平面摇床外形

（1）床面。床面可用木材、玻璃钢、金属（如铝、铸铁）等材料制成。常见形状有矩形、梯形和菱形。沿纵向在床面上钉有许多平行的床条（又称来复条）或刻槽，床条自传动端向对边降低，并在一条斜线上尖灭。床面由机架支承或由框架吊起。摇床的床面是倾斜的，在横向呈1.5°～5°由给矿端向对边倾斜，这样由给矿槽及冲洗槽给入的水流就在床面上形成一个薄层斜面水流。床面右上方有给矿槽，长度大约为床面总长度的1/4～1/3；在给矿槽一侧开有许多小孔，使矿浆均匀地分布在床面上。冲水槽与给矿槽相连，占床面总长度的2/3～3/4，冲水槽侧也开许多小孔，使冲水也能沿床面纵向均匀给入。在槽内还装有许多调节水量沿床面长度分配的活瓣。

（2）床头（传动机构）。床头由电机带动，通过拉杆连接床面，使床面沿纵向做不对称的往复运动。床面前进时，速度由慢到快而后迅速停止；在往后退时，速度由零迅速增至最大，此后缓慢减小到零。床面产生纵向差动运动，使床面上矿粒能单向运搬。向精矿端运搬称为正向运搬，反之叫反向运搬。

（3）机架或悬挂机构。床面的支承方式分为坐落式和悬挂式两种。坐落式是床面直接与支架连接，在支架上设有用来调节床面横向坡度的调坡装置。悬挂式是用钢丝绳把床面吊在架子上，床面悬在空中，通过调整钢丝绳的松紧来调整坡度。

217. 摇床的分选过程和工作原理是什么？

（1）分选过程。由给水槽给入的冲洗水，铺满横向倾斜的床面，并形成均匀的斜面薄层水流。当物料（一般为水力分级产品，浓度为25%～30%的矿浆）由给矿槽自流到床面上，矿粒在床条或刻槽内受水流冲洗和床面振动作用而松散、分层。上层轻矿物颗粒受到较大的冲力，大多沿床面横向倾斜向下运动成为尾矿，相应地床面这一侧称为尾矿侧。而位于床层底部的重矿物颗粒受床面的差动运动沿纵向运动，由传动端对面排出成为精矿，相应床面位置称为精矿端。不同密度和粒度的矿粒在床面上受到的横向和纵向作用是不同的，最后的运动方向不同，而在床面呈扇形展开，可接出多种质量不同的产品，如图4-3所示。

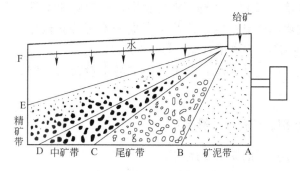

图4-3　矿粒在摇床面上的扇形分带

AB—溢流和矿泥带；BC—尾矿带；CD—中矿带；DE—精矿带；EF—空白区（无矿流区）

（2）摇床的工作原理。摇床分选是在床面和横向水流的共同作用下实现的，床面上床条或刻槽是纵向的，与水流方向近于垂直，水流横向流过时在沟槽内形成涡流，涡流和床面摇动的共同作用使矿砂层松散并按密度分层，重矿物转向下层，轻矿物转向上层，此过程称为"析离分层"，上层轻矿粒受到水流较大冲力，而下层重矿粒则受较小冲力，因此轻矿粒在床面上横向运动速度大于重矿粒在床面上的横向运动速度。

在纵向，床面的差动运动（起初以慢速前进并逐渐加速，到速度达最大时突然后退，后退过程中速度逐渐减小，然后又前进，重复上述过程）不仅促进矿砂层松散分层，而且使重矿粒以较大速度沿纵向向前运动，使轻矿粒以较小速度向前运动。

矿粒的去向，取决于纵向速度和横向速度的合成速度，如图4-4所示。重矿物具有较小的横向速度和较大的纵向速度，轻矿物具有较大的横向速度和较小的纵向速度，应用平行四边形法则把纵向和横向速度合成，可以看到，重矿物的合速度偏向摇床的精矿排矿端，轻矿物偏向摇床尾矿侧，中等密度的颗粒则位于两者之间，此过程称为"运搬分带"。

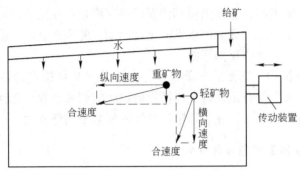

图 4-4　轻、重矿物颗粒在床面上的运动速度示意图

218. 摇床选矿有哪些优点和缺点？

摇床是选别细粒矿石的高效重选设备，广泛用于钨、锡、钽、铌及其他稀有金属和贵金属矿石的选别，也用于铁锰矿石的选别，近年来也有报道用摇床回收磁选厂尾矿中的铁矿物以及选云母等非金属矿物的。

摇床选矿的优点：（1）富矿比（精矿品位与原矿品位之比）比其他许多选矿方法都高，最大可达 100 多倍；（2）一次选别就可获得合格精矿和废弃尾矿；（3）矿石在床面为扇形分带，便于观察和调节；（4）产品可根据需要用分割板分开后分别接取，可得多种产品；（5）不消耗药剂，耗电很少。

摇床选矿的缺点：（1）占地面积较大；（2）耗水量较大；（3）单位面积床面的处理能力较低。

219. 摇床结构对其选别过程有什么影响？

摇床结构对其选别过程的影响分述如下：

（1）床面的形状和尺寸。床面的几何形状分为矩形、梯形和菱形，如图 4-5 所示。从结构上说矩形床面最简单，但面积利用率低，无矿流区的面积大，因此一般把床面做成梯形或菱形。我国生产的摇床面多为梯形，给矿端较宽，精矿排矿端稍窄，如常用工业摇床的尺寸为 4500mm×1800mm×1500mm。菱形床面不但面积利用率高，而且延长了分选带，提高了分选效率。其缺点是配置与操作不方便。这种床面国外使用较多。

床面长宽比对选别指标有影响，增加长度，延长了精选带，可提高重矿物的品位；增加宽度，可使尾矿选别机会更多，有利于提高回收率。

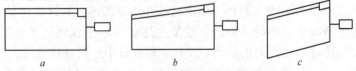

图 4-5　床面几何形状

a—矩形床面；b—梯形床面；c—菱形床面

（2）床面铺面材料。在床面上加铺面的目的有三个：防止漏水、提高耐磨性和保证一定的粗糙度（摩擦系数）。铺面材料可用薄橡胶板、漆灰（生漆配以一定比例的煅石膏）涂层、聚氨酯胶喷涂层等。

（3）床条形状和配置。床条的作用在于保持一定的矿层厚度，并将分层后的上层轻矿物逐次排出。床条的断面形状和配置方式影响床面上横向水流的流动特性，因而影响矿层的松散方式和回收粒度下限。

床条有凸起式（用木条、竹条、塑料条或橡胶条贴附在床面上）和刻槽式（在床面上刻槽）。凸起式床条的断面形状有矩形、三角形、梯形和锯齿形等。矩形和梯形断面的床条适宜于选粗砂，如图4-6a所示，而锯齿形和三角形断面的床条适宜于选细砂和矿泥，如图4-6b所示。刻槽式床条的断面形状为三角形，适宜于选矿泥，如图4-6e所示。

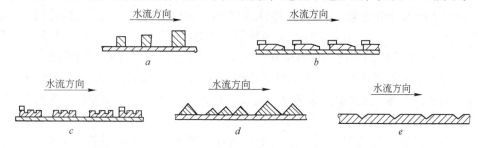

图4-6　床条断面形状及排列

a—矩形床条；b—梯形床条；c—锯齿形床条；d—三角形床条；e—刻槽式床条

床条在床面上一般与尾矿排矿侧边线平行排列，其条数由27～60根不等，床条的高度是由传动端向精矿排矿端逐渐降低，在末端各床条沿一条与尾矿边线呈30°～40°角的斜线尖灭，如图4-7所示。而由给矿侧向下方尾矿侧床条是逐渐加高的。

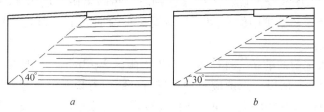

图4-7　床条在床面上的布置

（4）床面层数。摇床有单层和多层之分，多层摇床处理能力大，占地面积小，多用于分选矿泥和选煤。

220. 摇床的选择、安装分别有哪些要点？

选择摇床要根据入选原矿的最大粒度、处理量和厂房面积等来决定。给料粒度大于0.2mm时选用粗砂摇床，粒度为0.2～0.074mm时采用细砂摇床，粒度小于0.074mm时用矿泥摇床。入选物料粒度越细，摇床的处理能力越低。例如，用云锡式摇床处理锡矿石，入料粒度0.5～0.2mm时的粗砂摇床的生产能力约为0.8～1.0 t/h，而处理0.074～0.04mm的矿泥摇床的生产能力仅为0.2～0.3 t/h。当厂房面积小、单层摇床摆不开时，可选用多层摇床。

摇床安装要求平整，运转时不应有不正常的跳动，纵向一般为水平的，但处理粗粒原料时，精矿端应高 0.5°，以提高精选效果；而处理细泥的摇床，精矿端应低 0.5°，以利于细粒精矿向前移动。

221. 摇床的操作有哪些要点?

摇床的操作要点有以下几个方面：

（1）适宜的冲程和冲次。冲程和冲次的适宜值主要与入选物料粒度、摇床负荷及矿石密度有关。当处理粒度大、床层厚的物料时，采用大冲程和小冲次；当处理细砂和矿泥时，则正好相反，应采用小冲程和大冲次。当床面的负荷量增大或对较大密度的物料进行精选时，宜采用较大的冲程和冲次。冲程、冲次的适宜值要在实践中仔细考查来确定。

（2）适宜的床面横向坡度。增大横向坡度，矿粒下滑作用增强，提高了尾矿的排出速度，但精选区的分带变窄。一般处理粗粒物料时，横坡应大些；处理细粒物料时，横坡应小些。粗砂、细砂和矿泥摇床的横坡角度调整范围分别为 2.5°~4.5°、1.5°~3.5°和 1°~2°。另外，摇床横向坡度还要与横向水流大小相配合，才有好的选别效果。

（3）冲洗水大小要适当。冲洗水包括给矿水和洗涤水两部分，冲洗水在床面上分布要均匀，大小要适当。冲洗水大精矿品位提高，但回收率降低。一般处理粗粒物料或精选时，冲洗水要大些。

（4）给矿量适当且均匀。给矿量大小与入选粒度有关，粒度越粗，给矿量应越大。对于特定物料，给矿量应控制在床面利用率大、分带明显、尾矿品位的允许范围之内。给矿量过大，回收率显著下降。另外，给矿量一经找准，必须保持持续均匀，否则分带将不稳，引起选别指标的波动。

（5）给矿浓度适宜。给矿浓度对摇床选矿来说要保证矿浆能沿床面有充分的流动性和能够进行分层，水深能浸没矿粒。一般选别时，粗砂给矿浓度为 20%~30%，细粒给矿浓度为 15%~25%。给矿中的水大部分沿尾矿带横向流下，细泥容易被冲走，造成细粒金属矿物的流失。

（6）物料在入选前的准备。摇床入选粒度上限为 2~3mm，下限为 0.037mm。因粒度对选别指标影响较大，所以入选前应对物料进行分级。若物料中含有大量微细矿泥，不仅难以回收，而且因矿浆黏度增大，重矿物沉降变慢，造成重矿物流失。此时，应进行预先脱泥。

（7）物料在床面的分带和产品的截取。在操作条件适宜时，物料在摇床上分带是明显的，而产品是按照要求的分选指标来截取的，可以分为 2~4 种产品。中矿一般要进行再处理。当操作条件变化时，分带情形会随之变化，此时接取的位置也必须进行相应的调整，才能保证选别指标的稳定。因此，摇床操作人员要坚守岗位，严密监视分带情况，随时进行必要的调整。

222. 溜槽选矿过程是如何进行的?

溜槽选矿是利用斜面水流的方法进行分选的过程。将矿粒混合物给入倾角不大（一般为 3°~4°，不超过 6°）的斜槽内，矿粒在水流的冲力、重力、离心力、摩擦力的综合作用下按密度进行分层。由于水流在槽中的速度分布是上层大下层小，密度较大的矿粒集中在下层，受到较小的水流冲力及较大的槽底摩擦力，沿槽底缓慢向前运动；密度小的矿粒集中在上层，被水流携带，以较快的速度从槽内流出。然后，按层分别截流即可得到密度不同的两种产物精矿和尾矿。

223. 溜槽有哪几种，各有哪些应用？

溜槽的种类很多，按矿粒所受的作用力可分为重力溜槽、离心力溜槽，按入选粒度可分为粗粒溜槽、矿砂溜槽和矿泥溜槽。粗粒溜槽由于需要大量人工操作，常被跳汰机所取代。常用溜槽见表4-3。粗粒溜槽和矿砂溜槽主要用于金、铂、锡的砂矿以及其他稀有金属矿砂矿，如独居石、锆英石等砂矿的选别。矿泥溜槽常用于钨、锡等矿石的选别。

表4-3　常用溜槽

溜槽种类	溜槽名称	适宜的入选粒度范围/mm	适用作业	工作情况	操作方法
粗粒溜槽	选钨粗粒溜槽	10 ~ 1.0	粗　选	间　断	人　工
	选金粗粒溜槽	10 ~ 1.0	粗　选	间　断	人　工
矿砂溜槽	扇形溜槽	2.5 ~ 0.037	粗、扫选	连　续	机　械
	圆锥选矿机	2.5 ~ 0.037	粗、扫选	连　续	机　械
	螺旋选矿机	2.0 ~ 0.037	粗、扫选	连　续	机　械
矿泥溜槽	匀分槽	0.074 ~ 0.027	粗、扫选	间　断	人　工
	铺布溜槽	0.074 ~ 0.027	粗、扫选	间　断	人　工
	螺旋溜槽	0.074 ~ 0.030	粗、精、扫选	连　续	机　械
	皮带溜槽	0.074 ~ 0.010	精　选	连　续	机　械
	离心选矿机	0.074 ~ 0.010	粗、扫选	连　续	机　械
	振动皮带溜槽	0.074 ~ 0.020	粗、精、扫选	连　续	机　械
	莫兹利翻床	0.074 ~ 0.010	粗、扫选	连　续	机　械
	横流皮带溜槽	0.040 ~ 0.010	精　选	连　续	机　械

224. 选金用粗粒溜槽的结构和富集过程是怎样的？

选金用粗粒溜槽作为低品位砂金矿的粗选设备，具有结构简单、投资少、无药剂污染等优点。但劳动强度较大，回收率较低（约为50% ~ 60%）。这种粗粒溜槽的结构如图4-8所示，槽体为钢板或木板制成的长槽，长度在4m以上，宽为0.4 ~ 0.6m，高为0.3 ~ 0.5m。在槽底有钢制或木制横向或网格状挡板，有的还在挡板下面铺置一层粗糙铺面，如苇席、毛毯、毛毡、长毛绒布等。槽的安装坡度一般为5° ~ 8°。

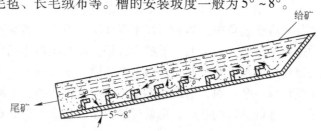

图4-8　选金用粗粒溜槽

矿浆自高端给入，在槽内作快速紊流流动，旋涡的回转运动不断地将密度大的金粒及其他重矿物转送到底层，形成重矿物层并被挡板挡住留在槽内；上层轻矿物则被水流推动，排出槽外。经过一个时期槽底精矿较多时，停止给矿，加水清洗，再去掉挡板进行冲洗，最后，冲出槽底精矿。有铺面的还要对铺面进行清洗，洗出物并入精矿。

225. 铺面溜槽的结构是怎样的？

铺面（布）溜槽的结构如图 4-9 所示，可用木板或铁板制作。槽宽 1 ~ 1.5m、长 2 ~ 3m。头部有分配矿浆用的匀分板，槽底面不设挡板，而采用表面粗糙的棉绒布、毛毯、棉毯、尼龙毯等作铺面。工作时槽面坡度为 7° ~ 8°，匀分板角度为 20° ~ 25°。选金时的入选粒度小于 1mm。可用于处理给矿浓度为 8% ~ 15% 的混汞或浮选的尾矿。

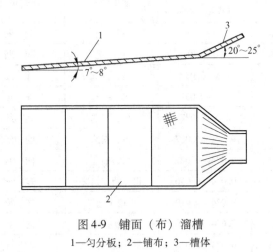

图 4-9　铺面（布）溜槽
1—匀分板；2—铺布；3—槽体

铺面溜槽的工作方式为间歇式。矿浆自匀分板上部给入进入槽底后形成均匀流层，重矿物沉积在槽面上，轻矿物随矿浆流排出。当沉积物积累到一定数量后（比如经过一个或几个班时间），停止给矿，将铺布取出，在容器中清洗回收重矿物。然后将铺布铺好，进行下一周期的工作。

226. 扇形溜槽的工作原理是什么？

扇形溜槽的形状如图 4-10 所示。它的给矿端较宽，越接近排矿端，截面越小。

当固体含量占 50% ~ 60% 的矿浆由前面宽的一端进入溜槽，流向尖缩的排矿端。由于溜槽的倾斜度不太大（一般 15° ~ 18°），但矿浆的浓度较大，可以得到很平稳的矿流，与其他溜槽一样，矿浆在流动过程中固体物料按密度分层，最下层的重矿物与溜槽底面发生摩擦，因而流动的速度很缓慢，而上面几层矿物较轻，随水流动速度很快。随着溜槽的逐渐尖缩，所形成的液流层便垂直地分开，其结果是速度差越来越大。由于各层矿浆排出速度不同，在排矿端便形成一个扇面，借助截矿板可以得到重产品、中间产品和轻产品。

扇形溜槽广泛用于处理低品位的砂矿，也处理细粒级铁矿石、钨矿石和锡矿石，但处理效果较差。

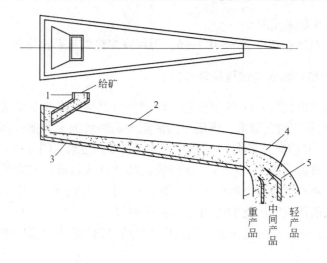

图 4-10　扇形溜槽

1—给矿嘴；2—侧壁；3—槽底；4—扇形板；5—分割器

227. 影响扇形溜槽分选过程的操作因素有哪些？

影响溜槽分选过程的操作因素有：

（1）扇形溜槽的坡度一般比平面溜槽要大（常用 16°~20°），目的是提高矿浆的运动速度梯度。

（2）给料浓度的变化也对分选过程有重要影响，在扇形溜槽中，保持较高的给料浓度是其分层的重要条件。

影响溜槽分选过程的结构因素有：

（1）尖缩比是指排料端宽度与给料端宽度之比，一般介于 1/10~1/20 之间。

（2）溜槽长度主要影响矿物在溜槽中的选矿时间，以 1000~1200mm 为宜。

（3）槽底材料应有适当的粗糙度，以满足分选过程的需要。常用的槽底材料有木材、玻璃钢、铝合金、聚乙烯塑料等。

228. 扇形溜槽和圆锥选矿机有哪些应用和特点？

扇形溜槽和圆锥选矿机的工作原理相同，都属于固定斜面溜槽，它们主要用于选别海滨砂矿或陆地砂矿。

扇形溜槽和圆锥选矿机的选矿具有如下特点：

（1）处理能力大。按每平方米占地面积计的生产能力可达数百千克到数吨。例如，规格为 $300mm \times 13mm \times 1000mm$ 的扇形溜槽的单槽处理能力为 0.9~1.4 t/h；一台重2.5t 的四段圆锥选矿机处理能力可达 60~75 t/h，故适合于处理矿石量很大且品位低的矿石。

（2）给矿浓度高，为 50%~70%，因此省水。

（3）作业成本低廉，设备本身无运转部件，不消耗动力和药剂。

（4）扇形溜槽结构简单、轻便，造价便宜（我国一般均用木板作溜槽），用水量比其他溜槽少，生产率高。

（5）单台选别的富集比低，难以产出最终精矿。为克服这一缺点，常把数台扇形溜槽或圆锥选矿机组合起来使用。

（6）入选粒度范围较宽，为 3～0.1mm，但回收细粒级效果较差。

229. 螺旋选矿机的结构和分选过程是怎样的？

螺旋选矿机的结构如图 4-11 所示。它是溜槽绕垂直轴线弯曲成螺旋状而成的，螺旋有 3～5 圈，固定在垂直的支架上，螺旋槽的断面为抛物线或椭圆的一部分，槽底在纵向（沿矿流流动方向）和横向（径向）均有一定的倾斜度。由第二圈开始，大约在槽底中间部位设有重产物排料管（共 4～6 个），排料管上部装有截料器，它能拦截重矿物流使之进入排矿管排出，截料器的两个刮板压紧在槽面上，且其中的可动刮板可以旋转用来调节两刮板的夹角，从而调节重矿物的排出量，如图 4-12 所示。为提高重产物的质量，在槽内缘设有若干个加水点，称为洗涤水，它由中央水管经过阀门给入槽内缘。

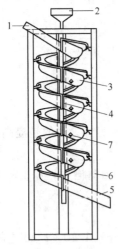

图 4-11　螺旋选矿机

1—给矿槽；2—冲洗水导槽；3—螺旋槽；
4—螺旋槽连接法兰；5—尾矿排出溜槽；
6—机架；7—重矿物排出管口

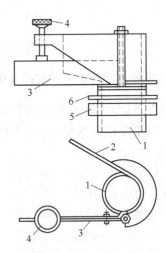

图 4-12　截料器

1—排料管；2—固定刮板；3—可动刮板；
4—压紧螺钉；5—螺母；6—垫圈

分选时，矿浆自槽上部匀矿器沿槽宽均匀给入，矿浆在沿槽流动过程中发生分层，重矿物进入底层，并在各种力的综合作用下向槽的内缘运动；轻矿物则在快速的回转运动中被甩向外缘。于是，密度不同的矿粒即在槽的横向展开了分带，如图 4-13 所示。沿槽内缘流动的重矿物被截料器拦截，通过排料管排出，由上方第一至第二个排料管得到的重产物质量最高，以下重产物质量降低。槽内缘所加洗涤水把重产物夹杂的部分轻矿物冲向外缘，有利于提高精矿的质量。尾矿由最下部槽的末端排出。

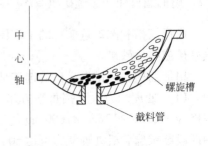

图 4-13　矿粒在螺旋槽内的分带
（黑色颗粒表示重矿物，白色为轻矿物）

230. 螺旋选矿机的操作要点有哪些?

螺旋选矿机的操作要点如下:

(1) 给矿粒度最大为6mm。有过大矿石进入时,会扰动矿流和阻塞精矿排出管。片状大块脉石也对选别不利。所以入选前要用筛子算出大块。入选物料含泥多也会使分选效果变差,因此含泥多时要预先脱泥。

(2) 控制好给矿量。当精矿含泥多又较细时,给矿量可小些;精矿粒度粗含泥少时,给矿量可大些。对给矿浓度要求不严格,可在10% ~ 30%范围内变化对选别指标影响不大。

(3) 洗涤应从内缘分散供给,以免冲乱矿流。洗涤水量大,精矿品位高,但回收率降低;洗涤水小,对提高回收率有利,洗涤水由上往下应逐次加大。

(4) 精矿产率是通过转动截取器的活动刮板来调整的,截取的精矿太多时,精矿品位会降低。活动刮板的适宜位置应通过取样考查来确定,有了经验后再灵活掌握。

231. 螺旋溜槽和螺旋选矿机有什么区别?

螺旋溜槽和螺旋选矿机的外形和工作原理基本相同,但两者在结构、性能和使用方面有较大区别。

(1) 螺旋选矿机的槽底断面线为二次抛物线或椭圆的一部分,而螺旋溜槽的槽底断面线为三次抛物线。因此,螺旋溜槽的槽底宽而平缓,更适合于处理细粒物料。

(2) 螺旋溜槽是在槽末端分别接取精、中、尾矿,而螺旋选矿机是在上部截取精矿,在槽末端接尾矿。

(3) 螺旋溜槽没有洗涤水,而螺旋选矿机加有洗涤水。

(4) 螺旋溜槽的入选粒度比螺旋选矿机小,螺旋选矿机的最宜入选粒度为2 ~ 0.074mm,而螺旋溜槽适宜的处理粒度为0.3 ~ 0.04mm。

(5) 螺旋溜槽要求给矿浓度高 (一般不低于30%),而螺旋选矿机给矿浓度要求不严格,下限可到10%。

232. 螺旋溜槽有哪些优缺点?

螺旋溜槽在选别赤铁矿、回收尾矿中的重矿物、选别稀有金属、有色金属矿物中得到广泛应用,这是因为它具有如下优点: (1) 本身无运转部件,不消耗动力; (2) 设备占地面积小,处理能力大; (3) 给矿浓度高又不加洗涤水,因此省水; (4) 操作方面要求的条件 (如给矿粒度、浓度等) 不苛刻,选别指标较稳定。

缺点是设备高差较大,往往需要砂泵提升矿浆才能给矿,精矿品位稍低。

233. 离心选矿机的结构和分选过程是怎样的?

离心选矿机是利用离心力场进行选矿的设备,其结构如图4-14所示。它的主要分选部件是一个卧式截锥形转鼓,圆锥面内侧为分选面,坡度为3° ~ 5°,转鼓由电动机通过皮带传动以350 ~ 500r/min的速度绕主轴旋转,上下两个给矿嘴伸入到转鼓内。矿浆由给矿嘴喷出顺切线方向附着在鼓壁上,在随转鼓旋转的同时,沿鼓壁的斜面向低端流动,两

种运动合成为螺旋线运动。矿浆在沿转鼓内壁流动
过程中，重矿物因受到较大的离心力而趋向于矿浆
流的外围（即贴在鼓壁上），而轻矿物则进入矿流
表层。贴在鼓壁上的重矿物较少移动，而表层的轻
矿物则随矿浆流由转鼓的低端排出。当重矿物在鼓
壁上沉积到一定厚度时，停止给矿，位于转鼓小直
径端内壁的冲矿嘴喷出高压水，冲洗下沉积的精矿。
离心选矿机的给矿、排出尾矿、冲水、排出精矿均
是由自动控制机构自动进行的。

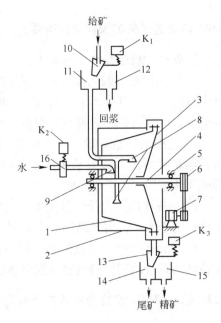

234. 离心选矿机的操作要点有哪些？

离心选矿机的操作要点如下：

（1）控制好入选粒度。适宜的粒度范围为
0.074～0.010mm，大于0.074mm的粗粒精矿难以
冲洗，影响分选效果；而小于0.010mm的细泥太多
时，对选别也不利，泥多时应预先脱泥。

（2）给矿体积要适当。因为给矿体积直接决
定矿浆流速和流膜厚度，给矿体积增大，设备处
理量增大，精矿品位上升，但精矿产率和回收率
下降。如果给矿体积过大，会造成无精矿。当选
分赤铁矿石时，给矿体积应控制在流膜厚度小于
0.7mm为宜。

图4-14　离心选矿机结构示意图
1—转鼓；2—防护罩；3—底盘；
4—主轴；5—轴承；6—皮带轮；
7—电动机；8—给矿嘴；9—冲洗水嘴；
10—给矿分配器；11—给矿槽；12—回浆槽；
13—排矿分配器；14—尾矿槽；15—精矿槽；
16—高压水阀门；K_1，K_2，K_3—控制机构

（3）给矿浓度要适当。给矿浓度越高，矿浆黏度越大，矿浆的流动性越低，此时
尾矿量小，精矿量大，但精矿品位低。过大的给矿浓度会使分层难以进行，甚至不能
分选。给矿浓度的适宜值与转鼓的长度和坡度有关，在选赤铁矿石时，$\phi400\text{mm} \times$
300mm、$\phi800\text{mm} \times 600\text{mm}$和$\phi1600\text{mm} \times 900\text{mm}$三种离心选矿机的适宜给矿浓度分别
为8%、16%和24%。

（4）防止给矿嘴和冲矿嘴堵塞，并经常检查控制机构的动作是否灵活，分矿、断矿、
冲水、排矿是否准确协调，发现问题时及时停车检修。

235. 离心选矿机与平面溜槽相比有哪些优缺点？

离心选矿机与平面溜槽相比有如下优点：

（1）离心选矿机对微细矿泥的处理比较有效，对37～19μm的粒级回收率高达90%
左右。因为矿粒在离心选矿机中的分选是借离心力和横向流膜的联合作用，所以其富集比
高于平面重力溜槽。（2）由于离心选矿机利用离心力的作用，因而强化了重选过程，缩
短了分选时间。因此其处理能力大，为自动溜槽的10倍左右。（3）占地面积小，自动化
程度高。

其主要缺点是：（1）耗水、耗电比平面溜槽大。（2）鼓壁坡度不能调节。（3）生产
过程为间断作业，不能连续给矿。

离心选矿机在我国目前已成为钨锡矿泥重选的主要设备之一，近年来又试用于贫铁矿的选矿。离心选矿机还在不断地改进和完善中，在提高选矿设备分选指标的同时，向大型化和连续化方向发展。

第三节　重介质分选和风力分选

236. 什么是重介质选矿？

重介质选矿就是把粉碎到一定粒度的矿石，放入到密度大于水的流体（即重介质）中，根据浮力原理，密度小于介质的矿粒就会浮起，而密度大于介质的矿粒就会沉下，分别截取两种产物，就实现了重介质选矿。

这种分选方法主要决定于矿粒的密度，而矿粒的粒度和形状的影响较小，所以分选精度比较高，可以分选密度差很小（如 $0.1g/cm^3$）的矿物，入选物料的粒度范围可以很宽，处理能力大。

237. 常用的重介质有哪些？

重介质分为两大类：重液和重悬浮液。重液是一些密度大的有机液体或无机盐类的水溶液，可用有机溶剂或水调配成不同的密度。常用的重液有：（1）三溴甲烷（$CHBr_3$）或四溴乙烷（$C_2H_2Br_4$），最大密度为 $2.9 \sim 3.0g/cm^3$。（2）杜列液是碘化钾（KI）与碘化汞（HgI_2）按 $1:1.24$ 配成的水溶液，最大密度为 $3.2g/cm^3$。（3）二碘甲烷（CH_2I_2），最大密度为 $3.3g/cm^3$。（4）克列里奇液，系甲酸铊（HCOOTl）和丙二酸铊 $[CH_2(COOTl)_2]$ 配成的水溶液，最大密度为 $4.25g/cm^3$。这些重液一般都价格昂贵，有些还对人体有伤害，故只限于实验室使用。工业上采用重悬浮液作为重介质，重悬浮液是由细粉碎的密度大的固体颗粒与水组成的两相流体，大密度颗粒起着加大介质密度的作用，故又称作加重质。选矿用的加重质主要是硅铁、磁铁矿、方铅矿和黄铁矿等，它们的性质见表4-4。

表 4-4　常用加重质的性质

加重质名称	密度/g·cm⁻³	摩氏硬度	配成悬浮液密度/g·cm⁻³	回收方法
硅　铁	6.9	6	3.8	弱磁选
磁铁矿	5.0	6	2.5	弱磁选
方铅矿	7.5	2.5 ~ 2.7	3.3	浮　选
黄铁矿	4.9 ~ 5.1	6	2.5	浮　选

加重质应该密度大，价格便宜，容易回收再利用，而且不产生有害作用。硅铁是一种较好的加重质，其含硅量在 13% ~ 18% 较好，磁性强又便于粉碎，但价格较高。磁铁矿、方铅矿和黄铁矿作加重质是用这些矿物的精矿，细度要求小于 200 目的占 60% ~ 80%。方铅矿密度大，但硬度小，易泥化；磁铁矿和黄铁矿价格低，硬度大，但密度小。目前，磁铁矿应用较为广泛，这是因为用磁选回收比浮选回收方便且费用较低。

238. 重介质选矿有哪些应用，应用条件是什么？

由于重介质选矿的介质密度不能配得很高，同时重介质选矿入选粒度粗，故重介质选矿在处理密度大的金属矿石时主要作为预选作业，用以除去密度小的单体脉石或采矿过程中混入的围岩。例如，有用矿物为集合体嵌布的铅锌矿、铜硫矿等矿石在中碎后即有大量单体脉石产出，可用重介质选矿将其除去，使之不再进入磨选作业。弱磁性铁矿石和锰矿石中混入的围岩，也可用重介质选矿法除去（注：磁铁矿中混入的废石多用磁滑轮除去，而不用重介质）。重介质选矿还在低品位稀有金属矿石、非金属矿石的选别中得到应用。此外，在选煤厂，重介质选矿用来选出块煤中的矸石。

重介质选矿的应用条件是必须使要分选的矿粒有合适的粒度下限和粒度上限。

因为粒度很小的矿粒特别是矿粒密度接近于重介质密度时，矿粒沉降速度很小，因而分离过程很慢，分选效率将大大降低。所以，在工业生产上，为了保证矿粒分离有较快的速度和较高的精确性，粒度下限是有一定限制的，即粒度不能太小。因此，在应用重介质分选前，常常筛去细粒部分。目前金属矿在利用重介质选矿时粒度下限一般为 2 ~ 3mm，如果采用重介质旋流器时，粒度下限可降低 0.5mm。

入选粒度上限主要根据设备条件和矿石的浸染特性而定。对金属矿选矿来说，一般是 70 ~ 100mm。目前常用重介质选矿来处理粗粒嵌布或集合体嵌布的矿石。

用重介质选矿可以除去大量单体脉石，使进入下一工序的矿石量大大减少，从而可以提高选矿厂生产能力，节省选矿费用。由于重介质选矿有这样的优点，所以重介质选矿在金属矿选矿厂常用来作为一种预先选别作业。

239. 常用重介质选矿设备有哪些，各有哪些应用？

常用重介质选矿设备及其应用举例见表4-5。

表 4-5　常用重介质选矿设备及其应用

设备名称	入选粒度/mm	处理量/t·h⁻¹	应用举例	优缺点
深槽圆锥形重悬浮液选矿机	50 ~ 5	25（φ2400mm 型）	某铅锌矿选厂用 φ2.4m 圆锥分选机对矿石预选，可选出约 70% 的废弃尾矿，回收率大于 90%	分选面积大，工作稳定，分选精度高，介质循环量大，需配备专门的压气装置
浅槽式重悬浮液选矿机	40 ~ 42	20（φ1800mm×1800mm 型）	某矿用 φ1800mm×1800mm 鼓形分选机处理锑矿石可选出产率 30% ~ 45% 的废弃尾矿，回收率大于 95%	结构简单，便于操作，介质循环量小，分选面积小，搅动大，不适宜处理细粒级矿石
重介质振动溜槽	15 ~ 6	每 100mm 槽宽处理量达 7t/h	某矿用 φ400mm×5000mm 重介质溜槽处理鲕状赤铁矿石在原矿品位 35% 时，可选出产率约 40%、品位 15% 的尾矿	处理能力大，适应性强，介质循环量大，不适宜处理细粒矿石

设备名称	入选粒度/mm	处理量/t·h⁻¹	应用举例	优　缺　点
重介质旋流器	20 ~ 0.5		用 $\phi30\text{mm}$ 重介质旋流器处理钨矿石，可丢弃约 50% 的废弃矿石，回收率为 97%	可处理较细物料，单位占地面积处理能力很大，设备磨损快

240. 重介质选矿有哪些操作要点？

重介质选矿的操作要点如下：

（1）入选前要把矿石粉碎到重介质选别要求的粒度范围。因为重介质选矿不能有效地选别细粒级，故入选前要筛除细粒级。矿泥会严重干扰重介质选矿过程，故入选前要洗掉矿泥。一般情况下，在筛分时向筛面喷水洗矿即可，但当矿石被黏土胶结时，要设置专门的洗矿机进行脱泥。

（2）加重质要求磨至一定的细度，当加重质为块状时，要进行破碎粉磨，然后按要求的悬浮液密度加水配制成悬浮液。一般加重质的密度 δ、要求悬浮液的物理密度 ρ 都是已知的，固液质量比按下式计算

$$\frac{m_\text{质}}{m_\text{水}} = \frac{\delta\,(\rho-1)}{\delta-\rho}$$

然后即可按此比例随意配制成任何体积的悬浮液。例如，用密度 5.0g/cm^3 的磁铁矿配制密度 2.5g/cm^3 的悬浮液，固液比为

$$\frac{m_\text{质}}{m_\text{水}} = \frac{\delta\,(\rho-1)}{\delta-\rho} = \frac{5.0\times(2.5-1)}{5.0-2.5} = 3$$

即磁铁矿质量：水质量 = 3：1，取 3 份质量的磁铁矿加 1 份质量的水配成悬浮液即满足要求。

（3）用重介质选矿机进行分选时应保持给矿量稳定和悬浮液的密度稳定，尤其是悬浮液的密度波动范围应不超过 ±0.02。为此，需要经常取样进行测定或安装自动控制装置对悬浮液密度进行控制。

（4）加重质的回收和再生是重介质分选的关键作业。由分选机中排出的轻重产物都带有大量重悬浮液，最简单的方法是用振动筛筛出介质。常分为两段筛分，第一段筛分机脱出的介质仍保有原来的性质，可直接返回使用。第二段筛分则需进行喷水，才能洗掉矿石上黏附的加重质，由此得到的悬浮液质量分数变小，且含有较多污染物，根据加重质的性质，可分别采用磁选法、浮选法、重选法进行提纯，然后再用水力旋流器、倾斜板浓缩箱等设备进行脱水，再重新调配后返回流程中使用。

241. 影响重介质选矿效果的因素是什么？

影响重介质分选效果的因素，主要是悬浮液的密度、黏度和稳定性。悬浮液的密度随悬浮质的容积浓度增大而增大，当容积浓度增大时，悬浮液的黏度也逐渐增大，就会使矿粒在其中运动阻力增大，从而使分选精确性和设备生产效率降低。入选矿石粒度越小时，

要求的悬浮液黏性应越低，以利于矿粒迅速而精确的分选。因此，悬浮液的浓度要有一个合适的范围。

　　保持悬浮液的稳定性也是很重要的。因为稳定性是保持其密度恒定的关键。由于悬浮质颗粒受自身的重力作用，将发生沉降使悬浮液密度发生变化，上层变小，下层变大，影响分选过程的正常进行。生产中经常采用机械搅拌或振动、利用上升或水平水流、加入适当的稳定剂等方法防止悬浮质沉降。

242. 什么是重介质悬浮液固体容积浓度？

　　悬浮液固体容积浓度即悬浮液中悬浮质的体积占整个悬浮液体积的百分数。

$$固体悬浮液容积浓度 = \frac{悬浮液中悬浮质的体积}{悬浮液的体积} \times 100\%$$

　　常用的重介质选矿机的悬浮液容积浓度一般控制在 35% 以下。但在重介质溜槽分选过程中由于采用低密度的细粒磁铁矿作为悬浮质，所以它的容积浓度在 55% ~ 60% 时，分选过程仍能顺利进行。

243. 什么情况下要进行洗矿？

　　在以下几种情况下往往需要洗矿作业：

　　（1）含黏土较多的赤、褐铁矿，如果胶结物黏土中含铁矿物很少，在洗矿之后可将泥作为最终尾矿丢弃，所得矿石品位就得到提高。

　　（2）砂锡矿经洗矿可分离出粗粒不含矿的废石，所得细粒部分再脱泥入选。

　　（3）矿石需经手选或光电选，而矿泥沾污矿石表面，使之难以识别，此时在手选或光电选前要洗矿。

　　（4）矿石含泥多，经常堵塞破碎机、筛子和矿仓口，使生产难以持续，可用洗矿法处理。

　　（5）有些矿石的原生矿泥和矿石在可选性方面（如可浮性、磁性等）有很大差别，经过洗矿将泥、沙分开，分别处理，可以获得更好的选制指标。

244. 什么是风力选矿和风力分级，各有哪些应用？

　　风力选矿是以空气为介质进行不同密度（或粒度）颗粒的分选，按密度不同进行分选时称为风力选矿，按颗粒粒度进行分选时称为风力分级。

　　风力选矿目前主要用于部分非金属矿石的选别，如石棉、云母等与脉石的分离。风力分级则主要用于干式闭路磨矿、干式选别前的细粒的分级、干式集尘等。

　　风力选矿因空气介质密度小，故分选效率不高。适宜的入选粒度一般在 1.5 ~ 0.005mm，个别纤维状、片状的粒度可大些，如云母最大粒度可至 3mm。物料中水分对分选效率有严重影响，物料越干燥对分选越有利，因此生产中粉尘大，对环境造成污染，必须有复杂的集尘系统。但风力选矿具有产品不必脱水的优点，可省去对微细粒状或片状产品脱水干燥这道非常麻烦且费用高的工序。另外，对于严重缺水地区，风力选矿就显示出优越性。

　　常用的风力分选设备见表4-6。

表 4-6 常用风力分选设备

设备名称	用 途
沉降箱	用于风力管道运输途中使气流中粗颗粒沉降
旋风集尘器	用于集尘
离心式分离器	干式闭路磨矿中细粉分级
离心式风力分级机	(1)干式分选前的分级;(2)干式闭路磨矿细粉分级
风力跳汰机	粗粒煤与矸石分离
风力摇床	选制金属矿石
干式尖缩溜槽	煤与矸石分离,金属矿物与脉石分离

第五章 磁 电 选 矿

第一节 磁选的基本原理

245. 什么是磁选?

磁选（也称为磁场分选）是基于被分离物料中不同组分的磁性差异，采用不同类型的磁选机将物料中不同磁性组分分离的选矿方法。磁铁的磁力所作用的周围空间称为磁场。表示磁场强弱的物理量称为磁场强度，常用符号 H 表示，单位是 A/m。

矿物磁性差异是磁选的依据。矿物的磁性可以测出，根据其磁性强弱程度可把矿物分为三类：强磁性矿物、弱磁性矿物、非磁性矿物。在磁选机的磁场中，强磁性矿物所受磁力最大，弱磁性矿物所受磁力较小，非磁性矿物不受磁力或受微弱的磁力。.

在磁选过程中，矿粒受到多种力的作用，除磁力外，还有重力、离心力、水流作用力及摩擦力等。当磁性矿粒所受磁力大于其余各力之和时，就会从物料流中被吸出或偏离出来，成为磁性产品，余下的则为非磁性产品，实现不同磁性矿物的分离。

246. 磁选机的磁选过程是什么?

磁选是按矿物颗粒磁性的差别来进行分选的。图 5-1 所示为矿粒在磁选机中进行分离的示意图。当矿物颗粒和脉石颗粒通过磁选机磁场时，由于矿粒的磁性不同，在磁场的作用下，它们运动的方式不同。磁性矿粒受磁力的吸引，附着在磁选机的圆筒上，被圆筒带到一定的高度后，脱离磁场从筒上利用高压冲洗水冲落。非磁性颗粒（脉石颗粒）在磁选机磁场中不受

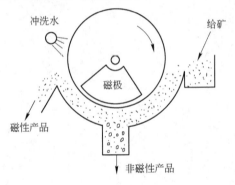

图 5-1 磁选过程示意图

磁力的吸引，因而不能附着在圆筒上。磁选机得到两种产品，一种是磁性产品进入精矿箱，另一种是非磁性产品进入尾矿箱。

247. 磁选有哪些应用?

磁选是铁矿石的主要选矿方法。常见铁矿物有磁铁矿（属于强磁性矿物）、赤铁矿、褐铁矿、镜铁矿、菱铁矿（属于弱磁性矿物）等，它们是钢铁工业的原料，我国的铁矿石品位都偏低，杂质含量多数偏高，故 80% 以上需要进行磁选。

锰矿物如硬锰矿、软锰矿、菱锰矿等也都具有弱磁性，常用磁选法回收。

钛铁矿、黑钨矿、独居石（磷铈镧矿）、铌钽矿物都是弱磁性矿物，也常用磁选法回收。

如果以上例子都是把磁性矿物作为目的矿物加以回收（即把磁性矿物作为精矿）的话，那么非金属矿物的选矿中则都把铁、钛等矿物杂质作为有害成分，一般都用磁选方法

剔除。例如，高岭土、蓝晶石、石英、长石、电气石等的选矿中一般都采用磁选法除去其中的铁、钛矿物。

如果在重介质选矿中采用硅铁或磁铁矿作加重质，那么磁选是回收加重质的简单有效的方法，这种应用在选煤厂常见到。

在破碎矿石时，如果细碎破碎机的破碎腔内进入铁器，破碎机就会被损坏，常用磁选法除去物料中的铁器。

在废渣、废水、废气等"三废"处理中，综合利用其中的有用成分，保护环境，磁选也可得到应用。例如，钢铁厂回收钢渣，发电厂处理粉煤灰，钢厂处理废水等，都有磁选的方法。

磁流体分选法是一种磁选的新工艺，利用具有磁性的液体在磁场中产生的"似加重"作用，对浸入其中的物体产生很大的磁浮力，可以把不同密度的物体分开。美国、日本等国采用磁流体分选法处理汽车垃圾，我国则主要用于金刚石的选矿。

248. 永久磁铁和电磁铁区别是什么?

磁铁分天然磁铁和人造磁铁。人造磁铁又分成两种，一种是永久磁铁，另一种是电磁铁。两者的区别在于永久磁铁是由磁性材料（如磁性合金、陶瓷磁铁等）做成的，而电磁铁是在铁芯外面绕上线圈，通入直流电产生磁性，断电后磁性立刻消失。目前常用的是永久磁铁。由永久磁铁做成的磁选机称为永磁磁选机，是目前黑色选矿厂常用的选别设备，而电磁铁则常用于低场强的电磁设备，如磁筛、脉动电磁精选机。

249. 均匀磁场和不均匀磁场区别是什么?

磁选机的磁场是实现磁选分离的必要条件。磁场可分为均匀磁场和不均匀磁场。磁场的不均匀程度用磁场梯度来表示，磁场梯度就是磁场强度沿空间的变化率（即单位长度的磁场强度变化量）。磁场梯度越大，则磁场的不均匀程度越大，也就是磁场强度沿空间变化率大。磁性矿粒所受磁力的大小，与磁场强度和磁场梯度的乘积成正比。如果磁场梯度等于零（均匀磁场无论磁场强度多高，其磁场梯度均等于零），则磁性矿粒所受磁力为零，磁选就不能进行了。因此，磁选机都采用不均匀磁场。

在均匀磁场中，任何一点的磁场强度大小和方向都是相同的，如图 5-2a 所示。在均匀磁场中，作用在磁性矿粒上的磁力是均匀的，此时矿粒处于平衡状态，因此不能达到分选的目的。

在不均匀磁场中，磁场强度的大小和方向都不相同，如图 5-2b 所示。此时作用在磁性矿粒上的磁力是不均匀的，所以磁性矿粒在磁力作用下发生移动，达到分选的目的。

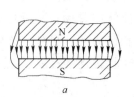
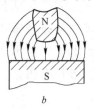

图 5-2　磁场示意图

第二节　矿物的磁性

250. 什么是矿物的比磁化系数？

矿石的磁性可以用比磁化系数 χ_0 表示。比磁化系数 χ_0 表示单位体积物质在标准磁场内受力的大小。例如，强磁性矿物磁铁矿的比磁化率 $\chi_0 = 80 \times 10^{-6}\,\mathrm{m^3/kg}$；而弱磁性赤铁矿的比磁化系数 $\chi_0 = 0.29 \times 10^{-6}\,\mathrm{m^3/kg}$。磁性强弱不同，比磁化系数相差很大。

251. 磁选中矿物按磁性分为哪几种？

磁选中按比磁化率 χ 分：

（1）强磁性矿物（用弱磁场磁选机回收）χ 值 SI 制 $\chi > 3.8 \times 10^{-5}\,\mathrm{m^3/kg}$；Gs 制 $\chi > 3 \times 10^{-3}\,\mathrm{cm^3/g}$，大多属于亚铁磁质。

（2）弱磁性矿物（用强磁场磁选机回收）χ 值 SI 制 $7.5 \times 10^{-6} \sim 1.26 \times 10^{-7}\,\mathrm{m^3/kg}$；Gs 制 $6 \times 10^{-4} \sim 10 \times 10^{-6}\,\mathrm{cm^3/g}$，一般为顺磁性物质。

（3）非磁性矿物（磁选不能回收）χ 值：SI 制 $\chi < 1.26 \times 10^{-7}\,\mathrm{m^3/kg}$；Gs 制 $\chi < 10 \times 10^{-6}\,\mathrm{m^3/kg}$，一般为磁性很弱的顺磁质或抗磁质。

252. 哪些矿物属于强磁性矿物或弱磁性矿物？

根据矿物的比磁化系数的不同，磁性矿物分成强磁性和弱磁性矿物。强磁性矿物包括磁铁矿、钛磁铁矿、锌铁尖晶石、磁黄铁矿等。弱磁性矿物包括赤铁矿、假象赤铁矿、褐铁矿、菱铁矿、钛铁矿、水锰矿、硬锰矿、黑云母、辉石等。

253. 强磁性矿物的磁性对分选过程有何影响？

以磁铁矿为代表的强磁性矿物属于亚铁磁性物质，具有磁畴结构（没有外加磁场时磁铁矿内部就存在的自发磁化小区域，它的体积约为 $10^{-15}\,\mathrm{m^3}$，包含约 10^{15} 个原子）。每个磁畴都有一定的自发磁化方向，但各磁畴的自发磁化方向不一致。从宏观上看，各磁畴的磁化作用相互抵消，故整体不显磁性。当外加磁场逐渐增强时，自发磁化方向与外加磁场方向相一致的磁畴就扩大，直至把另一些磁畴吞并，这时磁铁矿就显示出很强的磁性。磁铁矿被外磁场磁化后，撤掉外加磁场，其磁性并不完全消失，而是保留一部分剩磁。这是由于磁畴不能恢复原状造成的。另外，磁铁矿的磁性还与颗粒的形状和粒度有关。就形状来讲，长条状比球状磁性强；就粒度来讲，粗粒比细粒磁性强。

强磁性矿物的这些磁性特点对磁选过程的影响有以下几点：

（1）由于磁铁矿等强磁性矿物磁性强，用较低的磁场就可以回收它们。

（2）磁铁矿颗粒一经磁化就会保留剩磁，当粒度较细时，颗粒会相互吸引成磁团或磁链，磁团不易散开，其中若含有脉石颗粒，就会降低磁性产品的品位。如果在分级作业的给矿中存在磁团，分级效率就会降低。在这种情况下可采用脱磁器消除剩磁，破坏磁团。

（3）微细粒的磁铁矿颗粒磁性弱，回收时需要较大的磁力，而且易被水流冲走，造成金属流失。所以，磨矿过程要尽量减少过磨。

（4）如果磨矿过程的单体解离不够，会出现磁铁矿与脉石的连生体颗粒。虽然脉石多为非磁性矿物，但由于磁铁矿磁性很强，它受到的磁力足以把与其连生的脉石带到磁性产品中去，这就降低了磁性产品的品位。如果要把这部分连生体从磁性产品中分离出来，需采用细筛再磨、浮选、重选等其他选别方法。

254. 弱磁性矿物有哪些磁性特点？

弱磁性矿物大多属于顺磁性物质，不具磁畴结构，其磁性比强磁性矿物弱得多，与矿粒的形状和粒度等因素无关，只由其组成和结构决定。弱磁性矿物被磁化，撤销外磁场后无剩磁。但是，弱磁性矿物中如果含有强磁性矿物（即使是少量强磁性矿物）也会对弱磁性矿物的磁性产生显著的影响。

255. 根据磁性率大小如何划分铁矿石？

我国一些铁矿石选矿厂常采用磁性率来表示矿石的磁性。磁性率是矿石中氧化亚铁的质量分数和矿石中全部铁的质量分数的比值。

计算公式为

$$磁性率 = \frac{w（FeO）}{w（TFe）} \times 100\%$$

理论上纯磁铁矿的磁性率为 42.8%。一般将磁性率大于 36% 的铁矿石划为磁铁矿石，如果磁性率介于 28% ~ 36% 之间的铁矿石划为假象赤铁矿石，磁性率小于 28% 的铁矿石划为赤铁矿石。

但一定要注意：上面的公式是指纯磁铁矿和由磁铁矿氧化为赤铁矿这个氧化过程而言。实际上自然界中的铁矿石大多数是以共生矿物的形式出现，所以影响磁性率这个指标的因素是很多的。对于含硅酸铁、菱铁矿、黄铁矿、褐铁矿及镜铁矿的矿石，用磁性率就不能正确的反映矿石的磁性。因此，磁性率的使用是有条件的，但对磁铁矿和赤铁矿完全可以应用。

256. 磁铁矿氧化后其磁性有什么变化？

磁铁矿的化学组成为四氧化三铁（Fe_3O_4），其中的铁离子一个为 2 价，两个为 3 价，即 $FeO \cdot Fe_2O_3$。如果磁铁矿被氧化，就是 2 价铁被氧化为 3 价铁，即 Fe^{2+} 被氧化为 Fe^{3+}。于是 FeO 的量减少，磁铁矿的磁性下降。氧化程度越高，FeO 的含量越少，磁性下降越厉害。一般磁铁矿为黑青色，而氧化后的赤铁矿为红色，因此常把原生的未经氧化的磁铁矿称为"黑矿"，而把赤铁矿称为"红矿"。

257. 常见的铁矿物有哪几种?

常见的铁矿物有磁铁矿（Fe_3O_4）、赤铁矿（Fe_2O_3）、褐铁矿（$Fe_2O_3 \cdot nH_2O$）、菱铁矿（$FeCO_3$）等。磁铁矿为强磁性矿物，其余均为弱磁性矿物，它们磁性强弱的顺序为赤铁矿 > 褐铁矿 > 菱铁矿。另外，硫化铁（包括黄铁矿和磁黄铁矿）虽然也是铁矿物，但一般以其中的硫作为第一回收对象，故多把其划入硫矿物。

弱磁性铁矿物经焙烧可转化为强磁性。

（1）赤铁矿采用还原焙烧，常用的还原剂有煤炭、一氧化碳和氢气等。反应式为

$$3Fe_2O_3 + C \xrightarrow{570℃} 2Fe_3O_4 + CO$$

$$3Fe_2O_3 + CO \xrightarrow{570℃} 2Fe_3O_4 + CO_2$$

$$3Fe_2O_3 + H_2 \xrightarrow{570℃} 2Fe_3O_4 + H_2O$$

（2）褐铁矿亦采用还原焙烧，但在加热过程中首先排除化合水，转变为赤铁矿，然后再按（1）中的反应方程式被还原成磁铁矿。

（3）菱铁矿采用中性焙烧，为保持中性气氛，焙烧时不通入空气或通入少量空气，加热到 $300 \sim 400℃$。反应式为

不通空气时　　　$3FeCO_3 \xrightarrow{300 \sim 400℃} Fe_3O_4 + 2CO_2 + CO$

通入少量空气时　　　$2FeCO_3 + \dfrac{1}{2}O_2 \xrightarrow{300 \sim 400℃} Fe_2O_3 + CO_2$

$$3Fe_2O_3 + CO \xrightarrow{300 \sim 400℃} 2Fe_3O_4 + CO_2$$

经焙烧获得的磁铁矿称为焙烧磁铁矿或人工磁铁矿，可用弱磁选方法回收。

258. 我国铁矿石从工艺类型方面可分为哪几种?

我国铁矿石从工艺类型方面可分为以下六种:

（1）鞍山式铁矿床。其成因属于沉积变质型矿床，是我国主要的铁矿资源，约占已探明铁矿石储量的1/3，主要分布在辽宁的鞍山 - 本溪地区和河北东部，此外还分布在山西、山东、河南和江西等省。主要有用矿物为磁铁矿、假象赤铁矿、赤铁矿和少量褐铁矿。脉石矿物主要为石英，其次为角闪石、辉石和黑云母等。脉石以石英为主的称为含铁石英岩，以角闪石为主的称为含铁角闪片岩。矿石含铁一般为 $20\% \sim 40\%$，含 SiO_2 一般为 $40\% \sim 50\%$，含硫、磷及其他杂质较低。矿石多为条带状结构，磁铁矿嵌布粒度一般都较细。

（2）大庙式铁矿床。其成因有多种，以岩浆型的规模最大。主要分布在四川的攀枝花、西昌一带和河北省承德地区（大庙铁矿即是此类矿床，故此得名）。矿石特点为钒钛磁铁矿石。有用矿物为含钒磁铁矿、钛铁矿，其次为磁黄铁矿、黄铜矿、铬铁矿、镍黄铁矿、假象赤铁矿和褐铁矿。脉石矿物主要有拉长石、辉石、角闪石等。原矿含铁一般在20%～53%，含硫、磷较高。矿石多为致密块状。

（3）大冶式铁矿床。其成因属于接触交代矽卡岩型铁矿床。主要分布在湖北大冶和河北邯郸等地。除含磁铁矿、赤铁矿外，还伴生有以铜为主的有色金属矿物，如黄铜矿、黄铁矿、辉钴矿等。脉石矿物为石英、绿泥石、绢云母、方解石、白云石等。矿石含铁较高约35%～60%，含硫亦较高。矿石多呈块状和浸染状结构。

（4）宣龙式铁矿床。其成因属于沉积型，主要分布在河北省宣化龙烟（因此而得名）和湖北、湖南、云南、贵州、广西等地。矿石以鲕状结构的赤铁矿为主要特征。有用矿物以赤铁矿为主，其次为菱铁矿、少量褐铁矿。脉石以石英、绿泥石为主。矿石含铁25%～50%。矿石为鲕状、肾状或豆状构造。

（5）白云鄂博式铁矿床。成因属于气成高温热液矿床。主要分布在内蒙古地区的白云鄂博。矿石特点：为多金属复合矿石。主要铁矿物有赤铁矿、磁铁矿、假象赤铁矿等；铌矿物有铌铁矿、烧绿石、易解石、铌钙石等；稀土矿物有独居石、氟碳铈矿、磷镧镨矿、氟碳钙矿等；另外还有铁钍矿、锆英石、重晶石、磷灰石、重金属硫化物等。脉石主要为石英、玉髓、解石、白云石、云母、钠长石等。矿石构造主要为致密块状、浸染状及条状。

（6）镜铁山式铁矿床。成因属于沉积变质矿床。主要分布在甘肃境内。主要金属矿物为镜铁矿（化学组成也是三氧化二铁（Fe_2O_3），但具有片状晶体，呈光亮的钢灰色，故名为镜铁矿）、菱铁矿、少量赤铁矿和褐铁矿。脉石矿物主要为碧玉、铁白云石等。矿石呈条带状构造。

以上为我国主要的六种铁矿石。由于矿石性质各不相同，选别流程也是多种多样的。一般磁铁矿多采用弱磁选方法。其他弱磁性铁矿物，粗粒嵌布的多采用重选法，细粒嵌布的流程较复杂，如焙烧－磁选、弱磁－重选、浮选等。其中弱磁选及重选法较为经济，故均较常采用。

第三节　磁选设备

259. 常用磁选设备有哪些？

根据磁场强度的高低磁选设备分为弱磁场磁选设备和强磁场磁选设备两大类（也可分为弱磁场、中磁场和强磁场三大类）。磁场强度低于 240 kA/m 时为弱磁场，高于此值时为强磁场。弱磁场磁选设备主要用于分选强磁性矿物，而强磁场磁选设备用于分选弱磁性矿物。

　　根据选别作业是处理矿浆还是处理干矿，而把磁选设备分为干式和湿式两类。干式设备处理粗粒或大块物料，湿式设备处理细粒和微细粒物料。最后按磁选设备的结构特点、用途等进行细分类。常用磁选设备见表 5-1。

表 5-1　常用磁选设备

设备分类	选别方式	设备名称	用　　途	入选粒度/mm
弱磁场磁选设备	干式	悬挂磁铁（永磁）	一般安装于胶带运输机首轮上方，从非磁性物料中清除铁器，保护后续设备或使后续作业顺利进行	>50
		悬挂电磁铁	从非磁性物料中清除铁器，保护后续设备或使后续作业顺利进行 但电磁铁多与金属探测器配合使用，探测器有信号时，磁铁才接通电源工作	>50
		磁滑轮	代替胶带运输机首轮，用于磁铁矿石的预选，抛弃废石，还用于非磁性物料除铁	>10
		永磁筒式磁选机	用于粗粒嵌布的磁铁矿石的选别	>2
	湿式	永磁筒式磁选机（顺流型）	磁铁矿石的粗选和精选	6 ~ 0
		永磁筒式磁选机（逆流型）	磁铁矿石的粗选和扫选	0.5 ~ 0
		永磁筒式磁选机（半逆流型）	磁铁矿石的粗、精选	0.2 ~ 0
		永磁旋转磁场磁选机	磁铁矿精矿再选	0.5 ~ 0
		振动磁选机	磁铁矿精矿再选	0.5 ~ 0
		磁力脱泥槽	细粒磁铁矿石选别、磁选精矿矿浆浓缩	0.2 ~ 0
		磁团聚重选机	磁铁矿石选别	0.3 ~ 0
强磁场磁选设备	干式	盘式强磁场磁选机	分选稀有金属矿物，如黑钨矿、钛铁矿、锆英石等	-2
		电磁感应辊式	分选赤铁矿、软锰矿、菱锰矿等	20 ~ 5
		永磁对辊式	分选含多种矿物的稀有金属和有色金属矿石	-3
		永磁圆筒式	弱磁性矿物	
	湿式	电磁感应辊式	分选锰矿石，赤、褐、镜、菱铁矿，钨锡分离	5 ~ 0
		盘式（SHP 型）	分选弱磁性铁矿石	1 ~ 0
		平环式（SQC 型）	分选弱磁性铁矿石	1 ~ 0
		立环式	分选弱磁性铁矿石	1 ~ 0.02
		周期式高梯度磁选机	从非金属矿物中除去铁钛矿物杂质	-0.5
		连续式高梯度磁选机	从非金属矿物中除去铁钛矿物杂质	-0.5
		脉动高梯度磁选机	分选赤铁矿、假象赤铁矿	-0.5

260. 如何测量磁选设备的磁场强度？

测量磁场强度的仪表有特斯拉计（以前称高斯计）和磁通计。特斯拉计使用方法简单，测量精度较高，是目前最常用的仪表，因此主要介绍用特斯拉计测量磁场强度（或磁感应强度）。

特斯拉计由表头和探头构成。探头内装有半导体薄片，当磁力线 B 沿垂直于半导体片大面的方向穿过，同时沿长或宽度方向通过电流 I，则在与磁场和电流方向垂直方向的两个端面上产生电压 V，这个现象称为霍尔效应，如图 5-3 所示。当电流 I 恒定时，电压 V 与磁场 B 的强度成正比，测出电压 V，经转换，在表头刻度盘上刻出磁感应强度值，就可以直接读出探头所在处的磁感应强度值。

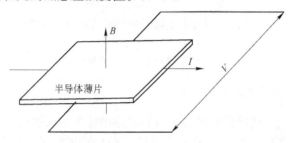

图 5-3　霍尔效应

测量方法：为使测点的位置准确，在测量前应根据磁极形状制作测点样板（用有机玻璃板或木板）。把各测点位置画在样板上，在测点位置钻孔以备探头伸入孔内进行测量。测量内容一般包括：磁系不同位置各断面的磁场强度、每一断面上要测出磁极表面各关键点的磁场强度和距磁极一定距离的空间点的磁场强度等。

永磁筒式磁选机的磁场强度的测量方法如下：

（1）沿圆筒轴向选 3 个断面：其中一个选在正中间，另两个断面分别取在距两端各 200mm 处。

（2）在每个断面上要测出圆筒表面若干关键点的磁场强度，一般每个磁极的边缘和中间共 3 个点（磁系边缘 2 点不测），极隙中间 1 个点。如果极数为 n，则测点数 $N = [3n - 2 + (n - 1)] = 4n - 3$。如 3 极磁系为 9 个点，4 极磁系为 13 个点，依次类推。

（3）每个断面上各关键点上方距筒面一定距离测 3~5 个点。如距筒面 10mm、20mm、30mm、40mm、50mm 各点，如图 5-4 所示。

（4）圆筒表面所测各点的磁场强度平均值代表圆筒表面的磁场强度，同理，距筒面一定高度各点的磁场强度平均值代表该弧面的磁场强度。

进行测量之前，先将圆筒（及磁系）支起，高度以便于测量为适宜。此时磁系垂直向下，但在圆筒外看不到磁极，测点位置定不准，可在圆筒外撒些铁粉，磁极边缘吸引铁粉较多，磁极形状就能显示出来。如果没有铁粉，亦可用铁钉找点，铁钉能直立于筒面的地方即是磁极中心（或极隙中心），找到准确位置后用粉笔或毛笔做上标记，再逐点进行测量。

特斯拉计（高斯计）的使用方法和注意事项在仪表所带的说明书中有详细说明，按其说明书进行操作即可。

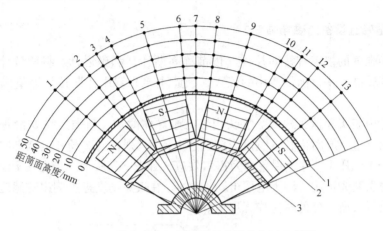

图 5-4　筒式磁选机磁场强度的测点位置示意图

(共 6 × 13 = 78 个测点)

1—鼓筒；2—磁极；3—磁导板

261. 磁滑轮的主要作用是什么?

　　干选磁滑轮一般用在原矿粗粒破碎之后和最终破碎产品入磨前的选别上，主要作用是甩掉无用的废石，提高进入磨矿机的矿石品位，减少磨矿机的入磨量，从而降低磨矿成本。要知道磨矿费用在整个选矿生产中所占比率达到 60% ~ 70%，而干选磁滑轮可预先抛掉尾矿产率高达 15% ~ 20%。图 5-5 为 CT 型磁滑轮。

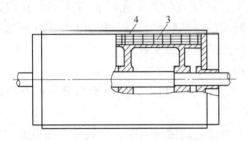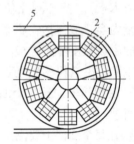

图 5-5　CT 型磁滑轮

1—多极磁系；2—圆筒；3—磁导体；4—铝环；5—皮带

262. 影响磁滑轮选别指标的因素有哪些?

　　影响磁滑轮选别的因素主要有：（1）矿石性质方面的因素主要有粒度、磁性率、水分含量等。（2）设备方面的因素主要有磁场强度、转速（或皮带速度）等。（3）操作方面的因素主要有分矿板的位置、给矿量、料层厚度等。

　　（1）矿石粒度由磁滑轮的磁场特性决定，磁滑轮规格越大，场强越高，磁场作用深度越大，则入选粒度越大。如唐钢石人沟铁矿自磨之前的大块磁滑轮，入选最大粒度为350mm，磁滑轮规格为 φ1250mm × 1400mm，磁系采用稀土永磁块，其筒面场强很高。类似情况还有歪头山、张家洼、西石门、玉石洼和漓渚等选矿厂。直径 800mm 以下的磁滑轮的入选粒度上限一般为 75mm，这样的磁滑轮遍布我国铁矿选矿厂。但磁滑轮选别细粒物料效果不佳，尤其对 0.5mm 细粉选别效果较差。矿石磁性率高，选别指标好。矿石磁性率低，废石量增大，废石品位升高，作业回收率下降。矿石水分高时（大于3%）选别效果不好，废石量减少，可能是由于水分高时物料之间黏结力增大，松散不好。实践证明，原矿水分不应超过2.5%。

（2）磁滑轮磁场强度越高，甩出废石的品位越低，作业回收率越高。近几年，随着矿产资源的减少，原矿显得非常宝贵，许多选矿厂纷纷改用高场强的磁滑轮，以降低废石品位。有的选矿厂对原磁滑轮选出的废石再用磁滑轮进行扫选，也收到同样效果。磁滑轮的转速决定胶带的速度，此速度越高，矿石受到的离心力越大，甩出的废石量越大；而速度过小时，废石甩出的抛射角小，废石产率降低。胶带速度范围一般为0.8~2.0m/s。

（3）分矿板位置应做成可调的，矿石性质不同或要求的分选指标不同，分矿板的位置也不同，其最佳位置需通过试验来确定。给矿量和料层厚度与入料最大粒度有关，料层越薄，选别效果越好，当料层厚度超过入料最大粒度的2倍时，分选指标变差。如果采用槽型胶带运输机运输矿石，在进入磁滑轮之前，应设置耙式机构将物料耙平成薄层状入选。否则矿石堆在胶带中间，磁滑轮的磁场大部分未能利用，且堆在一起的矿石互相干扰，选别效果不佳。

263. 永磁磁选机磁极采用什么材料制作？

目前我国生产的弱磁场磁选机广泛采用永久磁铁作为磁源。制造磁选机所用的磁极，目前生产的主要有三种材料，即锶铁氧体（分子式为（$SrO \cdot nFe_2O_3$））、钡铁氧体（分子式为（$BaO \cdot nFe_2O_3$））、锶铅铁氧体。这些磁性材料具有性能好、价格便宜、原料来源广、制造工艺简单等优点。

永久磁铁一般都制成一定尺寸（例如长×宽×高 = 85mm×65mm×21mm），因而习惯上称为永久磁块，简称磁头。

264. 常用磁块黏接材料和方法是什么？

主要有两种黏接磁块方法，一是常温固化法，二是聚氨酯黏合剂甲乙组（交联剂）。前者方法慢，后者可以直接黏接，较快。

（1）常温固化法：共有四种成分配方制成，黏接过程中需特别细心和认真。

1）环氧树脂100g加温至70℃。

2）二丁酯15~20g、三氧化二铝15g一起加入环氧树脂内，使温度降到55~60℃。

3）乙二胺6~8g，慢慢加入前三种混合物中搅拌冷却至35℃，无烟后再搅3min即可使用。

该种方法一次配量不能过多，因为配制后24h之内就会固化。黏接时磁块必须用丙酮洗涤，用胶皮、木板清扫磁块。如果配好的黏接剂鼓泡就不能使用了。

（2）聚氨酯黏合剂甲乙组，也称为甲乙胶。

配方比例：甲组3份，乙组1份。混匀后即可使用。

265. 如何进行磁选管试验？

磁选管是磁选厂应当具备的实验设备，它主要用来做强磁性矿石的磁分析。例如，铁矿石原矿中含有多少磁铁矿、选矿厂中间产物或尾矿中有多少强磁性成分等，都可以用磁选管进行分析。

目前使用的磁选管主要有 $\phi30mm$ 和 $\phi50mm$ 两种，磁系都是电磁的，磁场强度可调范围一般为 $0 \sim 250kA/m$。

磁选管的操作：取代表性矿样 $8 \sim 30g$ 放入小烧杯加水润湿待用，先打开给水管向玻璃管内充水，当水面超过磁极头时调节给水量和玻璃管下端胶管的排水量，使水面保持动态平衡，稳定在极头上方约10cm处。此时合上开关，使玻璃管摇摆，同时按要求给入激磁电流，在玻璃管排料端放置尾矿桶，然后开始给矿，用耳球将烧杯中的矿浆徐徐冲入磁选管。给矿完毕后，磁选管继续工作 $3 \sim 5min$，待管内水不再浑浊时，关闭加水管，排出管内水。再扼住排矿胶管，打开给水管向管内充满水，关闭给水管，排出管内水。如此重复 $2 \sim 3$ 遍，至尾矿冲净为止。把尾矿桶移走，换上精矿桶，断磁，打开加水管将精矿冲洗干净，选别结束。

将精、尾矿分别脱水烘干称重，取化验样送化验室化验，最后进行有关计算。

266. 盘式磁选机结构和工作原理如何？

盘式磁选机（俗名打捞机）是由传动装置、磁盘、给水装置、卸矿装置、矿浆槽（槽体有水泥结构及钢结构两种）构成，整机结构简单、运行可靠。

工作原理：在传动装置的推动下，磁盘逐渐浸入矿浆内，在磁力的作用下，磁性物料被吸附到磁盘两侧面，被吸附的矿物逐渐转入给水装置处，经喷水管冲洗后，夹杂的物料被冲回浆池；磁性矿物继续随磁盘旋转到卸矿装置处，在卸矿刮板和高压水的作用下，精矿被卸落到精矿槽而送到下一工序。

267. 脱磁器的用途有哪些？

脱磁器是磁铁矿选矿厂独有的一种辅助设备。它的作用是破坏磁团聚，消除磁铁矿的剩磁。磁铁矿属于亚铁磁性物质，具有磁畴结构，它进入磁选机的磁场后立即被磁化。由磁选机排出后，虽然离开了磁场，但仍保留一部分剩磁，剩磁的多少与矿石性质（如矿物组成、结构、粒度等）有关，有的矿石剩磁显著，有的矿石则不明显。具有剩磁的矿粒就好比是一个具有两个磁极的小磁铁，这些"小磁铁"的异性极相互吸引，就会形成"团"或"链"，此现象称为磁团聚。磁团或磁链的性质与单个矿粒不同，会对后续的筛分、分级和选别作业产生影响。

（1）磁选之后有磨矿分级作业。例如，磁滑轮预选之后进行磨矿分级或阶段磨选流程中磁选粗精矿的再磨分级。如果磁滑轮选别后的矿石或磁选粗精矿的剩磁较多，经磨矿机磨矿后进入分级机仍然存在磁团聚现象，磁团一般较为松散，其中含有较多水分，采用水力分级时磁团会进入溢流，用筛子分级时磁团会进入筛上产品中。应该进入返砂的颗粒随磁团进入了溢流（螺旋分级机或水力螺旋器），而应该进入筛下的随磁团进入了筛上，这都使分级效率降低。严重时螺旋分级机可能没有返砂，这种情况下就必须使用脱磁器消除磁团聚现象。

（2）磁选后面为细筛作业。如果没有磁团聚的影响，细筛的筛下产物应该粒度细，而且品位比筛上产物高，这是因为石英等脉石和连生体颗粒往往比磁铁矿颗粒粗、密度小，此时细筛既起分级作用又起选别作用。但如果磁铁矿颗粒因剩磁而团聚在一起，它们不能透过筛孔而是进入筛上产物中，使细筛筛分效率降低，选别作用变差。对细筛给矿进行脱磁就很有必要。

（3）连续磁选作业，即后续有一次或几次磁选精选作业。精选的目的是提高精矿品位，而磁团中往往裹挟脉石、连生体或矿泥，磁团不打开，这些杂质则选不出去，势必影响精矿质量。因此，在每次精选之前，都应当加脱磁器进行脱磁。当条件不允许时，最好在几道精选之前或之间至少加一道脱磁作业。当然，当磁团聚不明显或对精矿品位要求不高时可不用脱磁。

常用脱磁器有矿浆脱磁器和块矿脱磁器。其中矿浆脱磁器应用最多，目前都是电磁的，从激磁电流的性质分为工频（即50Hz）脱磁器、中频脱磁器、脉冲脱磁器、谐和波式脱磁器等。

塔形线圈脱磁器是一种工频脱磁器，在选矿厂应用较广泛。它的结构如图5-6所示。串联在一起的一组线圈呈塔形套在非磁性材料制成的矿浆管道外侧，线圈通50Hz交流电，矿浆由大线圈端进入，向前通过脱磁器激发的方向交替变化场强逐渐变弱的磁场，矿浆中的磁铁矿粒被反复脱磁，从小线圈端流出时已基本脱除了剩磁。

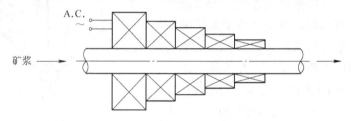

图5-6　塔形线圈脱磁器

268. 磁力脱泥槽使用特点是什么？

磁力脱泥槽又称为永磁脱水槽。它是一种重力和磁力联合作用的分选设备，广泛用在磁选工艺中，用来脱去矿泥和细粒脉石，也作为过滤前的浓缩设备。磁力脱泥槽由倒置的平底圆锥型槽体、磁系、给矿、排矿和给水装置组成。结构简图如图5-7所示。

永磁脱水槽的分选过程是：矿浆由给矿管沿切线方向给入分选槽，矿浆下旋均匀地撒布在塔形磁极上面。磁性矿粒在磁力和重力联合作用下，克服上升水流阻力，被吸在磁系上，吸得足够多就掉下来，变为沉砂，经排矿口流出。非磁性物中的粒度较小者，受上升水流作用向上运动，由溢流槽排出，而粒度大的非磁性物不易上升，因而也随磁性物排出。

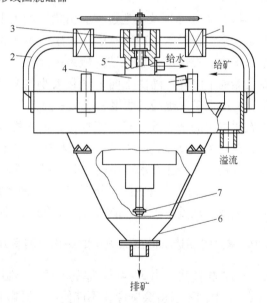

图5-7　永磁脱水槽的结构简图
1—磁体；2—磁导体；3—排矿装置；
4—给矿筒；5—空心筒；6—槽体；
7—返水盘

永磁脱水槽主要用来脱除细粒矿石和矿泥，而不能脱掉大粒脉石，抛弃粗粒尾矿能力不如磁选机。为了造成上升水流，给水装置要始终给水，耗水量较大。永磁脱水槽精矿品位没有磁选机高，但回收率比磁选机高。

269. 磁团聚重选机的基本结构和工作原理是怎样的？

磁团聚重选机是选别磁铁矿石的一种设备，它在磁选工艺流程中一般处于中间位置，选别产物不是最终产品。磁团聚重选机是磁力脱泥槽的一种改进型，其结构如图 5-8 所示。

（1）基本结构。槽体上部为圆柱形筒体，下部为锥形，锥角 90°。锥体部位有上升水流装置，锥顶为排矿口，排矿口大小可通过电动执行器提起或放下胶塞来调节，筒体中央为给矿筒，筒体上部周边为溢流堰。该机最为关键的是点阵式磁系，它由永磁块组成，分为内外两层，每层上下有四圈，内磁系位于给矿筒内侧，外磁系位于槽体与给矿筒之间，每圈都由若干个磁体沿圆周等距离排列，在槽体内造成不均匀磁场，内外磁系相对的空间场强较高，约 $10 \sim 20 \mathrm{kA/m}$，上下两层之间的空间磁场则很弱。

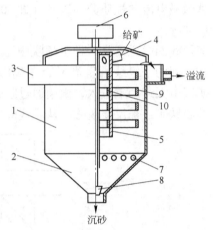

图 5-8　磁团聚重选机结构示意图
1—圆柱筒体；2—圆锥槽体；3—溢流槽；
4—给矿管；5—给矿筒；6—排矿口调节执行器；
7—上升水管；8—排矿胶砣；9—外磁系；
10—内磁系

（2）工作原理及分选过程。由槽底给入上升水，水流在槽内呈旋转状态，矿浆经给矿桶给入槽内，磁性矿粒首先被内磁系磁化，产生磁团聚向下沉降，随由上向下场强大小的交替变化，磁性矿粒也经过团聚－松散－团聚的交替变化。矿粒团聚时会加速沉降，松散时，裹在磁团中的杂质被上升水流冲走，使磁性物品位提高。槽内矿浆浓度由上至下逐渐加大，产生类似重介质的作用，脉石和连生体随上升水流上浮，最后由溢流堰排出。磁团在重力作用下克服上升水流作用，下沉到槽底，最后由排矿口排出。

（3）磁团聚重选机的操作要点。1）磁聚机必须保持给矿量和水量稳定，给矿量不稳时，要及时调整排矿口，使溢流大小合适，不跑黑。2）供水压力稳定。

270. 常见的磁选机筒皮保护层的保护材料有几种？

磁选机筒皮是由 $3 \sim 4 \mathrm{mm}$ 厚的不锈钢板制作的。如果筒皮表面没有保护层（也称为耐磨层），时间不长就会磨穿，不能使用。既影响生产又增加设备维修费用。因此，磁选机筒皮都要选用一种保护层进行保护，现有磁选机筒皮耐磨层保护材料有如下几种：

（1）硫化橡胶皮。选用优质耐磨橡胶，按筒皮长度和直径尺寸包在筒皮上，厚度为 $1 \sim 3 \mathrm{mm}$ 左右。这种材料，耐磨，寿命长，但成本高。

（2）涂环氧树脂层。这种方法使用比较复杂，故使用不广泛。

（3）筒皮缠铜丝或铝丝。目前有的选厂利用废铝线缠绕筒皮做耐磨层，效果较好，成本不高。

（4）筒皮喷涂沥青。此法简便易行，成本极低，效果也很好。喷涂时一定要使表面厚度均匀，防止薄厚不均，影响磁场强度不均。

271. 永磁脱水槽操作中应注意什么？

永磁脱水槽操作比较简单，只要熟练控制排矿阀门和给水阀门便可以获得满意结果。但在操作时必须注意：为了降低尾矿品位（即溢流品位），单纯加大排料口不行，这样会使排矿品位降低，甚至使脱水槽形成大漏斗，起不到应有作用。上升水流也不能过大，否则会把磁性矿粒带到溢流槽，造成金属损失。操作脱水槽的原则应该是：在符合溢流品位（即保证尾矿品位）要求的情况下，给水量适中或稍大点，使矿浆中非磁性物溢流最多，尽可能提高精矿品位。

272. 如何配置使用脱水槽？

脱水槽一般用于一次分级后脱水或二次分级后脱水，但主要用于二段磨矿后。因为二段磨矿后，小于 200 网目的矿粒占的比例较大，铁矿石与脉石基本上呈单体分离，用脱水槽就可以脱去细粒脉石。由于脱水槽脱泥效果好，而磁选机抛弃粗粒脉石效果好，两者配合效果较好。

一般情况下，在选矿流程中先经脱水槽脱水、脱泥后再将它的排矿给入磁选机的配置为最好。

273. 磁选机本身影响磁选效果的因素有哪些？

影响磁选效果的因素很多，就其磁选机本身来说有磁选机筒体旋转速度、磁系偏角、工作间隙（即圆筒与槽底的间隙）、排精矿处间隙等。

（1）磁选机转速。一般地说磁选机直径小的采用高转速，例如 $\phi600mm$ 直径采用 40r/min；直径大的采用低转速例如 $\phi750mm$ 直径采用 36r/min。磁选机转速的大小主要对处理能力影响较大，转速高处理能力大，转速低处理能力低。磁选机转速对精矿质量有一定的影响。转速高的磁选机中，磁性小的连生体和脉石上来的机会就少，只有那些磁性较高的矿粒才可能选上来，因而精矿质量较高。反之，转速低，速度相对较慢，由于磁感应作用使磁性弱些的矿粒也有机会选上来，造成精矿质量受到影响。

（2）磁系偏角。由国家正式生产的磁选机，在靠传动侧的轴头上都装有磁系偏角指示装置，转动调整螺母就可调节磁系偏角的大小。磁偏角的角度过小过大都不好，过小影响精矿质量，使磁性较小的颗粒有机会选别上来，但会降低尾矿品位，增加回收率；角度过大，对提高精矿质量有好处，因为只有磁性大的颗粒才有机会被选上来，磁性小的就没有机会上来而进入尾矿，使尾矿品位增高，降低回收率。所以，磁系偏角的大小必须根据作业要求来确定，生产现场磁系偏角一般为 15°～20°。调整好的磁系偏角，如果生产中操作条件及要求没有变化，不要轻易改变。

（3）磁选机工作间隙。磁选机的工作间隙，就是圆筒与槽体的间距。这个间隙的大小是影响选别精矿质量的因素之一。间隙过小（即筒皮与槽体的距离太近），矿浆通过时不但不畅通影响处理量，而且会使不论磁性大小的颗粒都会被吸附到筒皮上。主要是由于矿浆距磁场太近，磁场强度很高造成的。然而对降低尾矿品位提高回收率是有好处的。如果间距过大，只能使磁性较强的颗粒选上来，弱一些的就选不上来了，虽然精矿品位提高了，但尾矿品位也增加了，降低了回收率。所以调整好工作间隙是很重要的。现场生产中，工作间隙一般根据需要在 35 ~ 60mm 范围内调整。工作间隙可以通过支架角钢下边的垫片来调整改变间隙大小。

274. 高压冲洗水管喷水角度及压力对磁选效果有什么影响？

湿式永磁磁选机主要操作因素是高压冲洗水和给矿吹散水的调节。我们知道给矿吹散水太大，矿浆流速增大，选别时间短，尾矿损失多；吹散水太小，矿浆得不到充分搅拌，矿粒打团，影响精矿质量。高压冲洗水主要是用来卸矿的，它应该使被选上来的磁性矿物全部卸掉。但是，由于喷水角度掌握不好或压力过大过小，对磁选效果都会产生不良影响。如果喷水冲洗角度过低，不但卸矿不完全，还会造成将已选上来的磁性颗粒又冲洗下去了，造成重新选别。喷水冲洗角度过高，也同样会使已选上来的精矿卸不干净，影响质量，同时水花四溅，又影响文明卫生。所以，必须调整好高压冲洗水喷水角度。可以通过观察慢慢用管钳调整水管角度，直到喷水效果满意为止。水的压力不能低于 0.1MPa。如果低于这个压力，不足以克服磁场对已选上来的颗粒的吸引会使磁性颗粒有相当一部分仍然随筒体作圆周转动而排不到精矿箱中。压力过大，则纯属浪费。

275. 矿浆浓度大小对磁选效果有什么影响？

矿浆浓度主要是指分级机溢流浓度大小。矿浆浓度过大，造成分选浓度过高，就会严重影响精矿质量。因为此时精矿颗粒容易被较细的脉石颗粒覆盖和包裹，分选不开，一起选上来，使品位降低。矿浆浓度过小，分选浓度过低，还会造成流速增大，选别时间缩短，使一些本来有机会应该选上来的细小磁性颗粒落入尾矿，使尾矿品位增高，造成损失。

所以，矿浆浓度要根据需要调整，在磁选机处主要是靠给矿吹散水的大小来调整。分级溢流浓度必须根据磁选要求来完成。给入矿浆浓度要根据实际情况具体确定，最大不能超过 35%，一般控制在 30% 左右。

276. 磨矿粒度粗细对磁选效果有什么影响？

影响磁选机磁选效果最重要的因素就是给入磁选的给矿粒度。对大部分矿石来说，给矿粒度的粗细标志着矿石单体分离度的大小（即磁性矿粒与脉石颗粒分离的程度）。如果给矿粒度小，说明矿物单体分离度高，能够获得满意的选别指标；如果给入矿石粒度比较粗，说明矿物没有充分解离，单体分离度不高，相反连生体较多（即磁性颗粒与脉石仍然有相当部分结合在一起）。由于连生体也具有相当磁性，相当部分可以选上来，使精矿品位降低。因此，要求给入磁选机矿物必须充分达到单体分离。对于嵌布粒度较粗的矿石，只要矿物与脉石已达到单体分离就行了，不一定粒度过细。这样的矿石有时粒度虽然粗些，但选别质量却不低，其主要原因是矿石嵌布粒度粗，磨到一定程度有用矿物与脉石就分开了。

277. 湿式弱磁场永磁筒式磁选机的磁系结构是怎样的？

湿式弱磁场永磁筒式磁选机的磁系由磁极和磁导板构成。磁极最少是 3 个（小筒径磁选机如 $\phi600mm \times 900mm$ 为 3 个磁极），每个磁极都是用永久磁块"砌"成的，磁块即相当于"砌墙"所用的"砖"。国产铁氧体永磁铁的规格一般为 $85mm \times 65mm \times 17mm$、$85mm \times 65mm \times 20mm$、$85mm \times 65mm \times 22mm$ 等，呈扁平形状，两个 $85mm \times 65mm$ 的大面为磁极，当然，一面为 N 极则另一面必为 S 极。磁选机的磁系各部尺寸设计是结合磁块尺寸考虑的，磁极的宽度可用若干块磁块并列来达到，而磁极的高度是若干块磁铁摞合形成的。比如磁极面宽为 260mm，可用 $65 \times 4 = 260$，即 4 块磁块沿 65mm 尺寸并列；如果磁极高为 85mm，可用 17mm 厚的磁块 5 块摞合起来即可。磁块两个极面大小稍有差别，向上的极面稍大些，这样摞起来的磁极上面宽些，放在导板上的底面稍窄。磁极沿筒式磁选机轴向的长度比圆筒长度小些，即在两端筒内留有一定间隙，其余则是磁极的长度。例如 $\phi600mm \times 900mm$ 的磁选机，磁极沿轴向长度为 850mm 时，用 10 块磁块沿 85mm 方向并列即可。磁极尺寸为 $850mm \times 260mm \times 85mm$，即轴向为 $85mm \times 10$、极面宽为 $65mm \times 4$、极高为 $17mm \times 5$，一个磁极用磁块数为 $10 \times 4 \times 5 = 200$ 块，这个磁极就是一个大磁铁，上表面为一个磁极，底面为另一磁极。其他的磁极也是这样构成的。为使整个磁极成为一个整体，一般用黏合剂将所有磁块黏接在一起，有的磁块中心穿孔，用铜螺栓固定在磁导板上。

几个磁极构成磁系，是由马鞍状磁导板连接在一起的。磁导板用低碳钢或纯铁做成，既起支撑磁系的作用，又提供了优良的磁通路。各磁极底面发出的磁通绝大部分在磁导板内流动。磁极黏接在磁导板上，磁块中心有孔的通过铜螺栓固定在磁导板上。

磁极的排列方式为沿圆周极性交替，这样排列的好处是选别过程中磁性矿粒通过磁场时会产生磁搅动作用（或称磁翻），对提高精矿品位有利。

磁导板连同磁极组成的整个磁系由与磁导板相连的两块轮辐状铁筋固定在磁选机的轴上。

278. 湿式弱磁场永磁筒式磁选机有哪几种？

湿式弱磁场永磁筒式磁选机根据槽体形状不同可分为顺流型、逆流型和半逆流型三种。

它们在结构方面的区别主要是槽体形状不同，三种槽体结构如图 5-9 所示。另外，半逆流型槽底设有喷水管，顺流型和逆流型则没有喷水管。顺流型的磁性产品的运动方向与矿浆流动方向相同（故名顺流型），逆流型的磁性产品的运动方向与矿浆流向方向相反（故名逆流型），半逆流型的磁性产品的运动方向与底部矿浆流动方向是相同的，而与上部矿浆流动方向是相反的，这种磁选机槽内矿浆流动呈早型。这三种磁选机性能和应用方面的区别见表5-2。

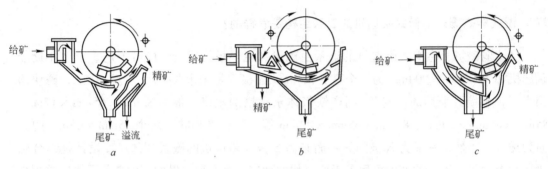

图 5-9　三种槽体结构示意图

a—顺流型；*b*—逆流型；*c*—半逆流型

表 5-2　三种筒式磁选机性能和应用方面的比较

槽体形状	选别指标比较	原　　因	入选粒度/mm	适合作业
顺流型	精矿品位 β 高，回收率 ε 低	β 高的原因：精选带长、磁翻作用强 ε 低的原因：扫选带长短	6 ~ 0	粗选 精选
逆流型	精矿品位 β 低，回收率 ε 高	β 低的原因：精选带短、磁翻作用差 ε 高的原因：扫选带长，矿浆总是与清洁的圆筒面接触，充分回收磁性矿粒	0.6 ~ 0	粗选 扫选
半逆流型	精矿品位 β 高，回收率 ε 高	槽底吹散水把矿浆吹散呈松散悬浮状，既利于提高品位，又利于提高回收率 扫选带较长，精选带稍短，但比逆流型带长	0.5 ~ 0	粗选 精选 扫选

因为半逆流型槽体底部有吹散水，所以尾矿浓度较低。尽管槽底吹散水量可以调节，但如果吹散水过小，易在槽底发生沉淀。当要求磁选尾矿浓度高时，宜选用逆流型或顺流型磁选机。

279. 半逆流型湿式弱磁场永磁磁选机的工作原理是什么？

半逆流型湿式弱磁场永磁磁选机结构如图5-10所示。矿浆由圆筒下部给入槽内，磁性矿粒被圆筒带到一定高度后落到精矿槽中，非磁性矿粒被运动的矿浆沿着与圆筒转动方向相反的方向带到尾矿槽中。

该槽体特点是扫选区比逆流槽短些，脱水区比顺流槽长些。所以，它兼有可以获得回收率高和精矿品位高的优点，选别指标较好。该种槽体磁选机在选矿厂中应用最普遍，主要用于精选作业，尤其适用选别粒度小于 0.15mm 的矿物。

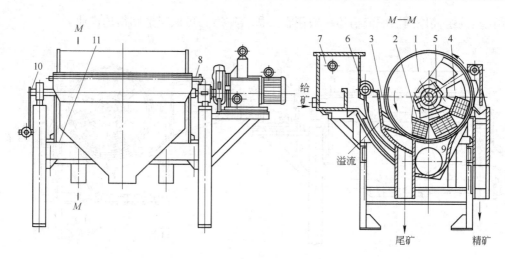

图 5-10 永磁筒式磁选机

1—圆筒；2—磁系；3—槽体；4—磁导板；5—支架；6—喷水管；7—给矿箱；

8—卸矿水管；9—底板；10—磁偏角调整装置；11—支架

280. 逆流型湿式弱磁场永磁磁选机的工作原理是什么?

逆流型湿式弱磁场永磁磁选机的结构如图 5-11 所示。逆流型槽体的矿浆流动正对着转动的圆筒，这就给非磁性矿粒的清洗创造了良好的条件。非磁性部分在全部过程中都是和圆筒的清洁表面相遇，这样磁性矿粒将被吸在最强的磁场区域内。这种槽体扫选区较长，在处理能力很大的情况下，仍能获得品位较低的尾矿，有较高的回收率，所以适用于粗选作业、扫选作业和重介质回收作业。

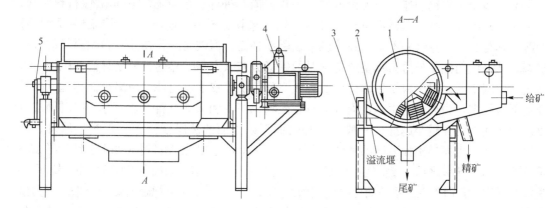

图 5-11 CTN 永磁筒式磁选机

1—圆筒；2—槽体；3—机架；4—传动部分；5—磁偏角调整装置

281. 顺流型湿式弱磁场永磁磁选机的工作原理是什么?

顺流型湿式弱磁场永磁磁选机的结构如图 5-12 所示。矿浆流动方向和圆筒转动方向一致。尾矿排出处的圆筒上堆积有很多磁性产物，所以尾矿品位一般比较高，回收率较低。适合处理矿石粒度较粗或者处理磁化系数较低的矿石。它的脱水区较短，这是造成尾矿品位高的主要原因。顺流槽体一般用在一段磨矿后，可做粗选和精选作业。

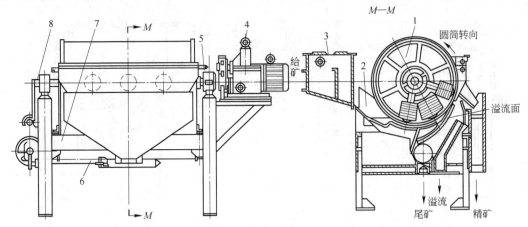

图 5-12　CTB 型永磁筒式磁选机

1—圆筒；2—槽体；3—给矿箱；4—传动部分；5—卸矿水管；6—排矿调节阀；7—机架；8—磁偏角调整装置

282. 鼓筒式磁选机的鼓筒和筒皮外的保护层各起什么作用？

鼓筒式磁选机的鼓筒把磁系和物料（或矿浆）隔开，但又不影响磁场的分布，它把吸出的磁性产物携带到磁场之外卸下，所以是重要的工作部件。为防止筒皮磨损并增大与矿粒的附着力，在筒皮外常敷加一层耐磨材料。

湿式筒式磁选机的鼓筒多用非磁性的不锈钢板或铜板卷制，端盖多为铝或铜铸成。其外面敷加的保护层一般用橡胶、树脂，或绕一层铜线，干式筒式磁选机的鼓筒为防止产生涡电流，多用玻璃钢制作。但无论干式、湿式鼓筒其外保护层都必须用非磁性材料制作，而不能用铁磁性材料。非磁性材料（如铜、铝、橡胶、树脂、玻璃钢、不导磁不锈钢等）的磁导率与真空或空气差不多。鼓筒虽罩在磁系外面，但鼓筒的存在并不影响磁场的分布状态，就是说与磁系外边为真空或空气时的磁场分布状态是一样的，只是它们在磁极附近占去了一层空间，对矿粒发生磁作用的有效空间是从筒皮表面向外，距离极面越远，磁场强度下降越多。为充分利用磁极附近的较强磁场，筒皮和保护材料不能太厚，同时筒皮与磁极面之间的间隙越小越好，一般筒皮外表面至磁极面的总厚度（包括保护层厚度、筒皮厚度和筒内表面到磁极表面的间隙）不超过 8~10mm。铁磁性材料（如钢、铁和导磁不锈钢等）的磁导率比真空或空气大得多，一般为数百至上千倍。鼓筒及其耐磨保护层若用钢铁材料制作，它们罩在磁系外面会改变磁场的分布状态，严重时会把磁场屏蔽起来。因为磁通由 N 极发出，遇到导磁很好的铁磁性材料就会沿着材料内部流动，发生磁短路，筒皮外磁通量就少了，选别空间的磁场就被削弱了。

283. 什么是磁系包角？

鼓筒式磁选机为放射状磁系，即磁极沿半径方向配置。磁系外层两边缘所夹的圆心角称为磁系包角（α），如图 5-13 所示。湿式筒式磁选机的磁系包角一般在 106°~128° 之间，干式筒式磁选机的磁系包角一般为 270° 或 360°，磁滑轮的磁系包角为 360° 或 150° 左右（150° 包角的磁系固定不旋转）。磁系包角在设备设计时确定，出厂后，磁系包角则固定不可调整。

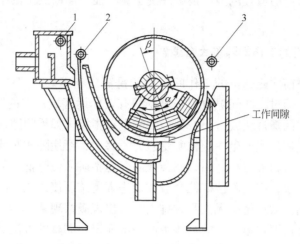

图 5-13 半逆流型永磁筒式磁选机
1—给矿补加水管；2—槽底吹散水供水管；3—精矿冲洗水管

284. 磁系偏角的大小对选别指标有何影响？

当磁选机工作时，磁系不是自然下垂，而是向精矿排出端偏离一定角度。磁系中心线（或对称轴）偏离铅垂线的角度称为磁系偏角（β），如图 5-13 所示。磁系偏角可随意调整，其正常值在 15°~20°之间。磁系偏角在正常值范围内变化对分选指标没有大的影响，但过大或过小，都会产生较大影响。如果磁系偏角过大，导致磁系上边缘超过精矿冲矿水的冲洗位置，则精矿冲不掉，同时选别带也变短了，回收率降低；如果磁系偏角过小，磁系上边缘过低，距排精矿点有较大距离，吸住的精矿可能还未到槽外就又被吸回槽内，以致排不出精矿，一部分磁性矿粒从尾矿管排出，使尾矿品位升高，同时因磁性物在槽内堆积，磁选机将给不进矿，造成满槽。

磁系偏角通过磁选机一端的调整机构进行调整，用扳子调整螺杆，磁系连同主轴就会一同旋转，有的磁选机轴端装有一个角度显示器，调整就更方便了。磁系偏角一经调好，不再经常调整。

285. 半逆流型永磁筒式磁选机水管的作用是什么？

半逆流型湿式弱磁场永磁筒式磁选机有三种加水管给矿箱内的给矿补加水管、槽底的吹散水管和精矿冲矿水管，如图 5-13 所示。给矿补加水用来调整给矿浓度；槽底吹散水把给入磁选机的矿浆吹散，使之呈松散悬浮状态进入分选区；精矿冲矿水起冲卸精矿的作用。给矿水的大小应视给矿浓度大小而定，磁选机的给矿浓度为 20%~40% 的范围内变化对选别指标影响不大。给矿矿浆浓度过高时，矿浆黏度较大，流动状态不佳，可补加给矿水来稀释。矿浆浓度不高（如在 40% 以下）时可不加给矿水。槽底的吹散水大小对选别指标影响较为明显。吹散水大些对提高精矿品位有利，吹散水小些对提高回收率有利。如果吹散水过大，矿浆在分选空间的流速过大，会把部分磁性矿粒冲入尾矿，使尾矿品位超过允许值，造成较大损失；而吹散水过小，矿浆不能充分松散，精矿品位会低于允许值，选别效果不佳。适宜的吹散水量应根据矿石性质、给矿量和作业要求来确定，最好通过单机考查，找出水量的适宜范围。精矿冲洗水量以能冲净筒皮上的精矿为度，过大则只能造成水的浪费。

286. 永磁筒式磁选机的工作间隙多大合适？

湿式弱磁场永磁筒式磁选机的工作间隙指的是筒皮和底板之间的距离，如图 5-13 所示。矿浆就由此间隙通过，此间隙也正是磁场的有效作用区域，它的厚度可在 30～60mm 之间进行调整。工作间隙过大或过小，都会影响分选指标。如果间隙过大，底板附近的磁场力小，此处的磁性矿粒或连生体颗粒所受磁力不够大，可能随矿浆流入尾矿，造成尾矿跑黑，回收率降低；若距离减小，回收率会提高，但精矿品位降低。如果距离过小，矿浆在间隙中的流速会很快，有些磁性矿粒会被冲走进入尾矿而使回收率降低，此时如果给入的矿浆量很大，因间隙太小尾矿无法及时排出，易出现满槽现象。

工作间隙的适宜值要根据各厂的具体生产情况而定，调整的方法是在机架支撑槽体的四个支点上加减垫片。因为圆筒的位置是固定的，加垫片后槽体升高，工作间隙就变小了；减少垫片，工作间隙变大。工作间隙大小沿轴向应是均匀的，如果两端间隙大小不同，将造成矿浆流速不等，间隙大的一端槽体内因矿浆流速低可能产生矿砂沉积，甚至堵塞。槽体一端堵塞时，可以观察到的现象是堵塞端筒皮表面吸不上精矿。

工作间隙的测定可以在检修时进行，在底板接近两端处各放一块橡皮泥，然后将槽体装上，加好垫片，再放下槽体，拿出橡皮泥测量其被压扁的厚度即是工作间隙的准确值。打开槽体两端的放矿孔，用手摸到间隙，可知其粗略值。

287. 永磁筒式磁选机常见故障有哪些？

湿式弱磁场永磁筒式磁选机常见故障有以下几种：

（1）磁选机内进入障碍物，轻者将筒皮划出痕迹，重者卡住圆筒或将筒皮划破，出现此现象时应立即停车取出障碍物。平时应严禁将螺栓、螺母、铁丝及其他金属物品掉进磁选机，为防止大块矿石随矿浆进入磁选机，应在给矿处加筛板挡住大块和杂物，并经常清理。

（2）筒内磁块脱落，此时圆筒有咔咔的响声，严重时把筒皮划破，此时应立即停车检修。防止磁块再次脱落，在检修时可用薄铜片将磁系兜住。

（3）半逆流型槽底吹散水管口有时因结钙而堵塞，造成管口处矿砂沉积或工作间隙堵塞，怀疑有此问题时应停车检查。有时吹散水管口未堵，但因工作间隙某处有杂物使该处工作间隙堵塞，故障现象是该处筒皮无精矿，此时可用高压水冲掉堵塞物。

（4）槽体某处磨出漏洞，如半逆流型槽体中间一层板或尾矿管磨漏，原矿会短路进入尾矿，使尾矿品位升高。如果出现尾矿品位突然升高并居高不下的现象时，可以怀疑是槽体漏矿。

（5）如果磁选机已使用多年，在原矿性质未发生变化的情况下，发现尾矿品位逐渐升高，可能因为是磁块性能退化，磁场强度降低。可对磁选机的场强进行测量，若磁场强度降低过多时应进行充磁。

（6）机械方面的故障，如传动齿轮磨损、螺丝松动和错位、电机故障等，应及时发现及时维修。

288. 磁选设备用的永磁材料有哪几种?

磁选设备用的永磁材料主要有两种:合金磁铁(也称为铸造磁铁)和铁氧体磁铁(也称为陶瓷磁铁)。合金磁铁多为钴、镍、铁等元素与其他元素的合金,如铝镍合金、钐钴合金、铈钴铜合金、钕铁硼合金等。铁氧体磁铁是三氧化二铁与某些二价金属氧化物按一定比例混合后经烧结等工艺制成的类似于陶瓷的永磁材料。其化学组成通式为 $MO \cdot nFe_2O_3$,式中的 n 为摩尔比,MO 代表二价金属氧化物,常用氧化锶(SrO)、氧化钡(BaO)和氧化铅(PbO)等,形成的铁氧体分别称为锶铁氧体、钡铁氧体和铅铁氧体,目前最常用的为锶铁氧体。

磁铁的性能一般用剩余磁感应强度(B_r)、矫顽力(H_c)和最大磁能积($BH)_{max}$ 等三个参数来表示。剩余磁感应强度是表示磁铁剩磁量大小的一个重要标志,其值越大,表示磁铁散发的磁通密度越大,这样的磁铁磁性强。矫顽力是表示磁铁磁稳定性的一个重要标志,其值越大,说明磁铁越不易脱磁,这样的磁铁的磁性可长期保持。最大磁能积是表示当磁铁的尺寸比(一般用 $l/\sqrt{S}$ 表示,其中 S 为极面面积,l 为两极之间的长度)适当时磁铁提供的磁能量的大小,其值越大,则单位体积的磁铁向空间散发的磁能量越大,这样的磁铁效率高,做成的磁系体积小,质量轻。

综合上述可知,磁铁的三个性能指标(剩余磁感应强度、矫顽力和最大磁能积)都是越大越好,常用永磁材料的磁性能见表5-3。

表5-3　常用永磁材料性能

永磁材料名称	化学成分	矫顽力 H_c /kA·m^{-1} (Oe)	剩余磁感应强度 B_r/T(Gs)	最大磁能积 $(BH)_{max}$ /J·m^{-3}(GsOe)
钡铁氧体	$BaO \cdot 6Fe_2O_3$	152 (1900)	0.36 (3600)	1.8×10^4 (2.25×10^6)
锶铁氧体	$SrO \cdot 6Fe_2O_3$	180 (2250)	0.38 (3800)	2.51×10^4 (3.5×10^6)
铝镍钴合金 LNG8	7.6Al14.5Ni34.5Co3.0Cu5.1Ti1.0Nb	133 (1660)	1.13 (11300)	10.7×10^4 (13.4×10^6)
钐钴合金	$SmCo_5$	696 (8700)	0.98 (9800)	19.1×10^4 (24.0×10^6)
钕铁硼	$Nd_2Fe_{14}B$	1600 (2000)	1.0 (10000)	32×10^4 (4.0×10^6)

289. 铁氧体永磁块有哪些特点?

铁氧体永磁块与合金磁铁相比有以下特点:
(1)铁氧体磁铁的剩余磁感应强度和最大磁能积都较小,但矫顽力较大。
(2)铁氧体磁铁的原料来源广、不含有钴镍等贵重金属,价格便宜。
(3)铁氧体磁块像陶瓷一样坚硬耐氧化、耐腐蚀;但质脆,容易破损。
(4)铁氧体磁块的剩余磁感应强度随温度变化而变化,特别是经过6℃以下的低温冷冻后磁感应强度下降较多，当温度恢复至室温时，磁感应强度不能恢复，需重新磁化。

290. 永磁磁块如何进行充磁？

未经磁化或磁化后又退了磁的磁块，需用充磁机进行充磁，目前采用的充磁方法有直流充磁和脉冲电流充磁两种。

（1）直流充磁使用的设备为电磁铁充磁机，其结构如图 5-14 所示。工作时线圈给入直流电，两铁芯之间的间隙大小可通过螺母进行调整。充磁前先用清水洗净磁铁表面，将磁铁放入充磁机铁芯间隙中夹紧，向激磁线圈通入直流电达最大值，稳定 3~4s 切断电流，磁铁就被磁化。由于单块磁铁充磁后剩余磁感较低，而磁摞组合充磁剩余磁感较高，故一般是先进行单块磁铁充磁，然后再摞合成磁摞进行充磁。充磁机的磁场强度应为磁铁矫顽力的 5~7 倍。

（2）脉冲电流充磁。所用设备为脉冲电流充磁装置，它主要由脉冲装置和充磁线圈组成。它的磁场强度很高，可直接对磁摞进行充磁，工作时强大的脉冲电流通过充磁线圈，产生瞬间强大磁场，使充磁线圈中的磁摞磁化。直流电磁铁充磁能力低，但结构简单，设备费用低，适用于中小型磁选厂。脉冲电流充磁装置的充磁能力大，装置本身较复杂，费用也高，适用于大型磁选厂和磁选设备制造厂。

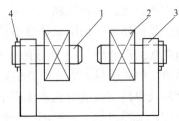

图 5-14　直流充磁机
1—可动铁芯；2—激磁线圈；
3—轭铁；4—螺母

291. 永磁磁力脱泥槽常出现哪些故障？

永磁磁力脱泥槽发生的事故主要有：（1）排矿砣脱落，排矿口被砣堵死。故障现象是不排矿，旋转丝杠不起作用，脱泥槽溢流面翻花跑黑。（2）迎水帽磨掉或脱落。故障现象是槽内水面局部翻花或跑黑，出现这种现象时应及时停车检修。

292. 常用强磁场磁选机有哪几种？

常用强磁场磁选机有三种，电磁环式磁选机、永磁环式磁选机、$\phi560mm \times 400mm$ 永磁对辊强磁干选机。

（1）电磁环式强磁选机适用于湿式选矿，分选矿物粒度在 0.1~0.043mm 之间，微细颗粒的矿物用该机分选尚有困难。磁场强度为 800~1200 kA/m。生产能力较大，但受磁场强度大小、环的宽度、转速以及磁极对数等因素影响较大。该机存在着介质球之间孔隙容易堵塞的缺点。一旦发生堵塞，分选指标就恶化，一直恶化到不能工作为止。这一致命的缺点严重的影响环式磁选机的使用。

（2）永磁环式磁选机在结构和原理上基本与电磁环式磁选机相同。磁场强度较低（560~640kA/m），生产能力较大可达 16t/（台·h），入选粒度较粗在 0.15mm 以下。磁场稳定、结构简单，节约电能。磁场强度有待进一步提高。

（3）$\phi560mm \times 400mm$ 永磁对辊强磁干选机磁场强度很高，可达 1760~1920kA/m，生产能力大。磁系由锶铁氧体永久磁铁组成，因此它具有永磁磁选机的优点。

293. 弱磁场磁选机与强磁场磁选机的磁系结构有哪些不同？

弱磁场磁选设备多采用开放型磁系，而强磁场磁选设备多采用闭合型磁系。所谓开放型磁系，就是磁极并列相邻配置，而且磁极之间不加任何感应铁磁介质的磁系。筒式磁选机的放射状磁系、脱泥槽的塔形磁系、带式磁选机的平面磁系都是开放型磁系，如图5-15所示。由于磁通从N级出发，要绕过较长的空间回到S极，磁通较分散，气隙的磁阻大，因此选别空间的磁场强度较低，磁场梯度也较小。与开放型磁系相反，强磁场磁选设备多采用闭合型磁系，即磁极面与面相对配置，同时还常常在磁极间放置各种形状的感应铁磁介质（如铁盘、铁辊、齿板、铁球及钢毛等），它们成为铁磁路的一部分。这样的磁系的选别间隙或为单层或为多层，但间隙都很小，磁通大体是直行的，受到的阻力小，且磁通较集中，磁通密度大，磁场强度高；同时感应磁极表面曲率较大，形成较高的磁场梯度。因为对磁性矿粒产生的磁力等于磁场强度与磁场梯度的乘积，所以强磁场磁选机能产生很大的磁力。

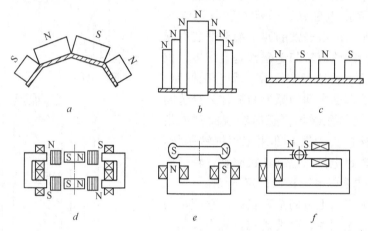

图5-15 开放型磁系和闭合型磁系

a，b，c—开放型磁系；d，e，f—闭合型磁系

弱磁场磁选设备多采用永磁铁作磁源，主要是从节能出发。而强磁场磁选设备多采用电磁磁源，这是因为电磁磁源的磁场强度可以设计得很高，而一般永磁铁的磁场强度较低，可能达不到要求的磁场强度。采用永磁铁的强磁场磁选机，需采用新型高效永磁铁。

294. 强磁选工艺有哪些特点？

（1）强磁场磁选工艺选别的对象是弱磁性矿物，在我国主要是选别赤铁矿。我国的赤铁矿品位低、嵌布粒度细，磨矿过程很难使赤铁矿与脉石全部单体解离，总存在大量的连生体颗粒。在强磁场磁选中，连生体的大多数会被回收进入磁性产品中，降低了精矿品位。如果降低磁场强度，势必造成金属大量流失，因此强磁选作业一般都不能兼顾精矿品位和回收率。这样，强磁选机就很难作为一个独立的选别工艺，而是要有其他选矿方法相配合。一般来讲，强磁选作业用作抛尾脱泥，具有其他工艺不能比拟的优点，获得的强磁精矿需用重选或浮选方法进行再选，才能达到市场要求的品位。

（2）强磁场磁选设备价格昂贵，投资多，费用高，小规模选矿厂不宜采用。

（3）在进行强磁选之前，如果矿石中含有5%以上的强磁性矿物，必须先经弱磁选把强磁性矿物选出来，否则，强磁性矿物会在强磁机的分选间隙中产生"磁搭桥"造成磁短路或堵塞分选间隙，使强磁选难以进行。

（4）强磁场磁选机的分选间隙一般都很小，为防止杂物及大粒矿石堵塞分选间隙，在入选前要对矿浆进行筛分除渣。

（5）为满足强磁机对入选浓度的要求，选前还往往设置浓缩作业。

295. 湿式电磁感应辊式强磁场磁选机的分选过程是怎样的？

湿式电磁感应辊式强磁场磁选机的型号规格较多，在工业上广泛应用的是CS-1型湿式电磁感应辊式强磁场磁选机。其基本结构如图5-16所示，主要由磁系、给矿箱和产品收集箱等组成。

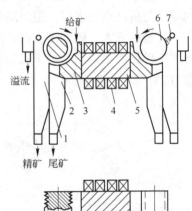

该机的磁系由电磁铁、磁极头和分选辊组成。两个互相平行的电磁铁的四个端部都装有磁极头，两个平行的感应辊与电磁铁垂直配置，位于磁极头斜上方，构成"口"字形闭合磁回路。感应辊与磁极头凹面之间的弧形间隙称为分选间隙。为产生不均匀强磁场，感应辊表面制成齿状。感应辊、磁极头和铁芯都用工程纯铁制作。感应辊在工作时由电机通过减速机驱动，转速为40~50r/min。电磁铁和磁极头固定不动。

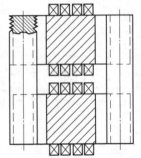

分选时，矿浆由上方的给矿箱给入感应辊与磁极头之间的分选间隙，磁性矿粒在磁力作用下被吸到感应辊齿上，并随辊一起旋转至外侧非磁场区，被水冲下落入精矿箱中；非磁性矿粒，随矿浆流通过梳齿状筛板，漏入尾矿箱中。

图5-16　CS-1型湿式电磁感应辊式强磁机
1—精矿（磁性产品）接矿槽；2—尾矿接矿槽；
3—磁极头；4—激磁线圈；5—铁芯；
6—感应辊；7—冲洗水管

CS-1型湿式电磁感应辊式强磁场磁选机在选锰矿物和赤铁矿中获得较好指标。

296. 湿式盘式强磁场磁选机的分选过程是怎样的？

湿式盘式强磁场磁选机可分为单盘、双盘两种，以转盘直径表示其规格，有$\phi800mm$、$\phi1000mm$、$\phi2000mm$、$\phi3200mm$等多种。

该机的基本结构如图5-17所示。整机安装在一个钢制框架内，由两个U形电磁铁和两个转盘构成"口"字形闭合磁回路，磁包角为90°。铁芯焊接在结构钢框架上，在铁芯上有铝扁线绕制的激磁线圈，工作时通直流电，线圈浸在密闭的油箱内，靠油的循环冷却带走线圈的热量。转盘的周边设置若干个分选室（$\phi2000mm$型为27个分选室），每个分选室内装有数块导磁不锈钢齿板，其中两边的齿板为单面齿，中间数块为双面齿，齿尖与齿尖相对安装，两齿尖之间的距离称为极距，其宽度约为最大给矿粒度的2~3倍，齿板在分选室内排列情况如图 5-18（此图为俯视，并只表示其中一个分选室，黑色为齿板）所示。每个转盘有两个给矿点，分别位于转盘进入磁场区的铁芯边缘位置。在铁芯另一边缘位置设有中矿冲洗水，而在转盘远离磁场区的两处设有精矿冲洗水。在给矿点、中矿冲洗水和精矿冲洗水处转盘下方分别设有尾矿接矿斗、中矿接矿斗和精矿接矿斗。工作时磁系固定不动，转盘由电机通过减速装置驱动，转速为 $3\sim5\mathrm{r/min}$。

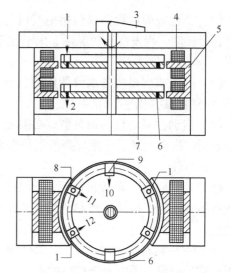

该机的分选过程如下：矿浆出给矿箱经管道在给矿点处注入分选室，被转盘携带进入磁场区，齿板被磁化，在齿尖处产生不均匀强磁场，非磁性矿料不受磁力，随矿浆沿齿板间的间隙漏下，进入尾矿接矿斗；矿浆中的磁性矿粒被捕收到齿尖上。齿尖吸住的磁性矿粒在中矿冲洗水作用下，冲刷掉夹杂的脉石颗粒和部分连生体颗粒，品位得到提

图 5-17　湿式盘式强磁场磁选机

1—给矿；2—排矿；3—传动机构；
4—励磁线圈；5—U 形磁轭；6—分选箱；
7—转盘；8—中矿冲洗；9—磁性产品冲洗；
10—磁性产品；11—中矿；12—非磁性产品

高，待随转盘运动至磁场区外的精矿卸矿点时，在冲洗水的作用下从齿板上卸下流入精矿斗。转盘的两边同时完成上述选别过程。上下两盘可以完成相同的工作，下盘也可进行精选或扫选。

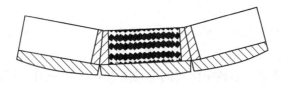

图 5-18　齿板在分选室内安装示意图

该机操作要点：（1）入选矿浆要用筛子除渣，并用弱磁或中磁除去矿浆中的强磁性矿物，防止堵塞齿板间隙。（2）给矿最大粒度与齿板极距要匹配，一般极距为最大给矿粒度的 $2\sim3$ 倍。（3）磁场强度可根据入选物料的性质进行调整。（4）中矿清洗水根据需要设置，不出中矿时可不加中矿清洗水，需要中矿时清洗水压和水量都不宜过大，通常水压为 $0.2\sim0.3\mathrm{MPa}$。精矿冲洗水压力要高些，这样精矿冲洗得干净，还可消除堵塞现象，一般水压在 $0.4\sim0.5\mathrm{MPa}$。（5）齿板齿尖磨损后，极距增大，场强下降，回收率降低，此时需更换齿板。

297. SHP 型（仿琼斯型）强磁机开机和停机时有哪些注意事项？

SHP 型（仿琼斯型）强磁机是目前应用较多的一种强磁设备，其开机、停机的注意事项如下：

（1）开机前首先对设备进行全面检查，弄清上次停机的原因，如果是因机器故障而停机，必须排除故障才能开机。

（2）经检查确认设备（包括电气设备）无误后，先对运转设备（如泵和主机）进行盘车，经转动一周发现转动灵活、无卡住现象，说明运转部位无障碍，否则要检查、排除障碍。

（3）开主机前要将各水管的阀门打开，观察水嘴是否有堵塞现象，检查水压表，表示压力必须达到规定要求的数值。

（4）启动油泵。启动油泵前，必须先开冷却水管，将油路各部的阀门打开，然后再启动油泵。启动油泵后注意检查油压是否正常、油路各处是否有漏油现象等，务必使油路保持正常循环。

（5）启动主机，运转正常后，加激磁电流，注意不要一次加到额定值，而应由小到大逐步加到规定的电流。严禁先转主机后给水，严禁先激磁后转主机，严禁主机带负荷启动。

（6）主机运转及激磁正常后才能给矿，注意给矿中不能有木渣等杂物，不能有大于齿板间隙的矿粒，不能有强磁性的矿物。一般在强磁选之前应经弱磁选除去强磁性矿物，并用筛子除去杂物及大矿粒，以防止齿板间隙堵塞。给矿浓度要适宜，给矿量要均匀。

综合上述六点可得开机顺序如下：全面检查—给水—启动润滑油泵—启动线圈冷却油泵—开动主机—激磁—给矿。

停机分为正常停机（即有准备的停机）和事故停机（即无准备因事故突然停机）两种，正常停机时一定要将强磁机内的负荷处理干净后再停机，停机顺序与开机顺序相反。

298. 湿式强磁场盘式磁选机在设备维护及安全生产方面有哪些要求？

湿式强磁场盘式磁选机一般都价格昂贵，应注意设备的维护保养，强磁机的维护应注意如下事项：

（1）介质板要求不串不堵，保持20～30天清洗一次，定期更换介质板（比如一年或半年视其磨蚀情况而定），并注意压盖螺丝要拧紧。

（2）定期更换润滑油，运转中注意润滑油和冷却油的温升，过高时要报告给车间主任，以便采取必要措施，如停机检修。

（3）减速机的温升超限时要立即上报车间领导，停车检查处理。

（4）注意观察各油压表、水压表、电压表、电流表的指针是否灵活、读数是否符合要求，发现问题及时找有关人员处理。

（5）注意与强磁机相联系的前后设备的工作情况，尤其是前面的弱磁、除渣等作业必须工作正常，才能为强磁作业创造良好的工作条件。

为使强磁机安全工作，应注意以下几点：

（1）主机运转过程中严禁用铁器或其他磁导体接触转盘及磁极。

（2）岗位工人不得擅自改变激磁电流。

（3）电气设备要保持干燥、清洁，防止水溅到电气设备上。

（4）开机应注意先给水后给矿，而停机则应注意先停矿后停水。

299. 平环式湿式强磁场磁选机有哪几种？

我国设计制造的平环式湿式强磁场磁选机以 SQC 型机为典型产品，该机磁系结构合理，结构紧凑，磁路短，漏磁少，磁场强度高，工作可靠。

　　SQC 型平环式湿式强磁场磁选机有三种规格：ϕ1100mm、ϕ1800mm 和 ϕ2770mm，以环直径表示规格。它们的主要技术参数见表 5-4，SQC-6-2770 型的基本结构如图 5-19 所示，主要由给矿箱、磁系、分选环、冲洗装置和接矿槽等部件构成。

表 5-4　SQC 系列平环式湿式强磁场磁选机技术参数

项　　　目	SQC-6-2770	SQC-4-1800	SQC-2-1100
磁极对数	6	4	2
分选环直径/mm	2770	1800	1100
分选环转速/r·min^{-1}	2~3	3~4	4~5
处理能力/t·h^{-1}	25~35	8~12	2~3
最高场强/T	1.6	1.6	1.7
激磁功率/kW	36	16	14.6
传动功率/kW	10	7.5	3.0
给矿粒度/mm	-0.8	-0.8	-0.8
给矿浓度（质量分数）/%	35	35	15~20
冲洗水压/MPa	0.3~0.5	0.3~0.5	0.3~0.5
冷却水压/MPa	0.1~0.2	0.1~0.2	0.1~0.2
机重/t	35	15	7
外形尺寸/mm×mm	ϕ4000×3435	ϕ2800×2717	ϕ2100×2235

　　磁系由内、外同心环形磁轭及放射状铁芯构成，形成环形链状闭合磁路。线圈套在铁芯上，采用直流低电压大电流激磁，水内冷散热。两磁极之间有分选环旋转通过，分选环为非磁性材料制成，沿环周分割成数十个分选室（SQC-6-2270 型为 79 个分选室）。每个室内装有导磁不锈钢齿板，齿板排列方式及所起的作用与盘式强磁机相同。分选环靠轮辐支撑，由电机通过减速机构驱动旋转。在分选环上部刚要进入两极间磁场区的边缘位置设置给矿管，其下部为尾矿接矿槽；在分选环上相邻两对磁极之间无磁场区设置精矿冲洗水管，其下部为精矿接矿槽。

　　分选时，矿浆自机器上方的分矿斗经管道分别在各给矿点给入分选环，随着分选环的旋转进入磁场区，非磁性矿粒不受磁力影响，随矿浆由齿板缝隙直接漏下进入尾矿槽；而磁性矿粒则被吸在齿板的齿尖上，并随环转动进入无磁场区，被精矿冲洗水冲下进入精矿槽。

　　该机的操作要点与盘式强磁机相同。

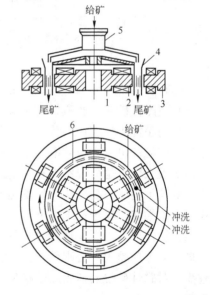

图 5-19　SQC-6-2770 型平环式强磁选机
1—内环形铁芯；2—激磁线圈；
3—外环形铁芯；4—分选环；
5—给矿箱；6—分选室

300. 立环式强磁场磁选机结构是怎样的？

　　立环式强磁场磁选机有单环的和双环的，有电磁的，也有永磁的。其中，ϕ1500mm 双立环电磁强磁场磁选机性能较好，用于分选赤铁矿获得较好指标。

　　ϕ1500mm 双立环磁选机由给矿器、磁系、分选环、接矿槽、冲洗水管和传动机构等部件构成，如图5-20 所示。磁系由磁轭（底座1、支板2 和主轴5 共同构成磁轭）、铁芯3（两边各有一个，中间有一个）和激磁线圈4 组成，形成"日"字形闭合磁路。三个铁芯之间的两个空气隙为磁场区，分选环的分选室就由该处通过。分选环为两个，垂直安装在水平主轴上，整个分选环由非磁性材料分隔成40 个分选室，室内装 ϕ6 ~ ϕ20mm 铁球作为分选介质，装球率为85% ~ 90%。环的内外周边（即分选室的上下底）是不锈钢筛箅，进入磁场区时，上底进矿并防止粗粒及杂物进入分选室，下底排出尾矿。

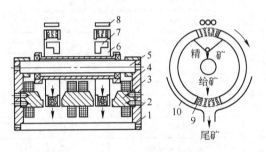

图 5-20　双立环式强磁场磁选机

1—底座；2—支板；3—铁芯；4—线圈；5—主轴；6—分选立环；7—磁性产品接矿槽；
8—冲洗水管；9—铁球介质；10—非磁性产品接矿槽

　　工作时矿浆给入分选室内，此处的铁球被磁化，球与球接触点附近产生不均匀强磁场，能吸住磁性矿粒；非磁性矿粒不受磁力，随矿浆由球之间缝隙迂回流出，漏入尾矿槽。吸住的磁性矿粒随环旋转，上升至顶部无磁场区，此时分选室倒置，顶部的高压冲洗水把磁性矿粒冲出流入精矿槽。选别就如此连续进行。

　　该机最大优点是分选室不易堵塞，因分选室内装的是可以松动的球介质，每个分选室由给矿到卸下精矿，都是从环底部运动到环顶部，分选室旋转了180°，球在分选室内得到松动，磁性矿粒易于被水冲下。

　　该机操作要点主要是选择球介质的直径，因为矿粒由球之间缝隙通过，给矿粒度越粗，球间缝隙应越大，否则矿粒将不能通过。缝隙越大，球径越大，加球数越少，球接触点越少，对磁性矿粒的捕收点就越少，对选别不利。一般球直径为最大给矿粒度的7 倍较为适宜。

301. 干式强磁场盘式磁选机的结构及其工作原理如何？

　　干式强磁场盘式磁选机，广泛用于分选小于2 ~ 3mm 的弱磁性矿物和稀有金属矿石的再精选，分为单盘（ϕ900mm）、双盘（ϕ576mm）和三盘（ϕ600mm）三种。磁场强度可达 880 ~ 1440kA/m。其中以 ϕ576mm 的双盘式应用较多。

双盘磁选机主要由给料斗、永磁分选筒、偏心振动给矿盘、磁盘传动装置、电磁系统和机架等部件组成，如图5-22所示。电气控制箱为该机的附属设备。磁系由"山"字形电磁铁和旋转钢盘构成，圆盘好像一个翻扣的带尖齿的碟子，其直径比给矿皮带的宽度约大二分之一，圆盘采用蜗杆蜗轮减速传动，通过手轮可调节圆盘与电磁铁间的极距（调节范围0～20mm）。

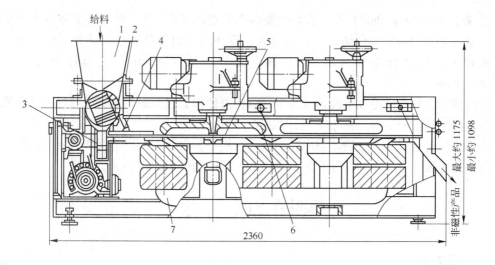

给料

图5-21 干式强磁场双盘磁选机
1—给料斗；2—给料圆筒；3—强磁性产品接料斗；4—筛料槽；5—振动槽；6—圆盘；7—磁系

分选过程：入选矿石经给矿槽的下部进入永磁分选筒，强磁性矿物被分选出来，其余经斜槽落入首端接矿斗中，弱磁性矿物在重力和离心力的作用下，落到筛子上。筛上物（少量）由筛框一侧排出送其他工序，筛下物（弱磁性矿物）由给矿盘送到回转的磁盘下面的强磁区进行分选，吸到磁盘上的矿物被带到侧面的弱磁区，矿物在重力和离心力的作用下，落到两侧的接矿斗中，未坠落的矿物，由卸矿刷强迫脱落，经磁盘四次分选后，非磁性矿物沿给矿盘，被送入尾矿的接矿斗中。为了防止堵塞，在给矿圆筒内装有一个弱磁场磁极，可预先排出给料中的强磁性矿物。

302. 高梯度磁选机的分选原理是什么？

高梯度磁选机的分选原理是在包铁螺线管所产生的均匀磁场中，设置钢毛、钢板网等聚磁介质，使之被磁化后径向表面产生高度不均匀的磁场，即高梯度的磁化磁场。因此，在背景场强不太高的情况下，可产生较高的磁场力，顺磁性物料在这种磁场中将受到一个与外加磁场和磁场梯度的乘积成比例的磁引力，利用此高梯度不均匀磁场，可以分离一般磁选机难以分选的磁性极弱的微细粒物料，并大大降低分选粒度下限（可降至1μm），改善分选指标。

303. 高梯度磁选机用途和分类有哪些？

高梯度磁选机主要用于从非磁性材料中除去微细的磁性杂质（如由高岭土中除去铁、

钛等染色杂质)、废水处理、从煤中脱除硫铁矿等。

根据分离的持续性和连续性,高梯度磁选机可分为周期式和连续式两种。周期式高梯度磁选机主要用在高岭土提纯、钢铁厂水净化等过程中。连续式高梯度磁选机用于处理弱磁性矿物含量高、生产量大的多种矿石。

304. 什么是磁流体分选及其分类?

磁流体(magnetic fluid)是在磁场中能够产生磁效应的流体。当把磁流体置于不均匀磁场(或磁场和电场的联合场)中作为分选介质利用其似加重的性质进行不同物质分离的方法称为磁流体分选法,分为磁流体静力分选法(MHSS)、磁流体动力分选法(MHDS)两种。

磁流体静力分离法是在不均匀磁场中,以磁流体作为选介质,根据矿物之间的密度和磁化率不同而进行分离(上浮或下沉)的一种分离法。

磁流体动力分选法是在磁场与电场的联合作用下,以强电解质溶液作为分选介质,根据矿物之间密度、磁化率和电导率的差异而使不同矿物分离的一种选矿方法。

第四节　电　　选

305. 什么是电选?

电选是利用矿物电性的不同而分离矿物的选矿方法。电选在电选机的电场中进行,不同电性的矿粒因荷电不同而受到不同的电场力作用,从而产生不同的运动轨迹,最后实现分离。适应于电选的一些矿石:(1)有色金属矿石:白钨与锡石的分离,锡石是导体矿物;(2)稀有金属矿石:金红石钛铁矿导电性较好,可从海滨砂矿中用电选回收铌钽矿物;(3)黑色金属矿石:铁矿物与石英等脉石的分离,铁矿物为导体;(4)砂金:金作为导体分出。

306. 电选机的基本原理是什么?

矿物电性可用介电常数、电阻、比导电度和整流性来描述。一般地讲,凡介电常数较小、电阻较大、比导电度高的矿物都是不易导电的,在电选中常作为非导体矿物产出;与此相反,凡介电常数较大、电阻较小、比导电度低的矿物往往容易导电,在电选中常作为导体矿物产出。

矿物电性差异是电选的内因,而要分离它们,还必须创造合适的外部条件。电选机提供适当的电场,加上重力场和离心力场。这样,在电选过程中,电场作用力、重力、离心力以及摩擦力等共同作用在矿粒上,这些力的合力决定矿粒的去向。要实现电选分离必须满足以下条件:

非导体矿粒所受的电场作用力 > 矿粒所受重力、离心力等力的合力 > 导体矿粒所受的电场作用力。

矿粒所受电场力的大小跟矿粒携带的电量有关。导体矿粒由于其导电性好,在与电极接触过程中易放电,即使其起始获得再多的电荷,最终也只能剩下少量电荷,它所受的电场力是很小的，上面不等式的右边条件是容易满足的。为满足不等式的左边的条件，就必须提高非导体矿粒所受的电场作用力。静电场和电晕电场的复合电场可使非导体矿粒带更多的电量。同时，为提高电场强度，采用高电压，这样非导体矿粒受到很大的电场作用力，能够克服重力、离心力等竞争力，实现电选分离。

以常用的鼓筒式电选机为例说明电选过程和原理。鼓筒式电选机的主机结构如图5-22所示，图中1为接地鼓筒电极，用普通钢管制成，表面镀铬，工作时按箭头所示方向旋转，转速可调。2为电晕电极，以0.5mm镍铬丝4～6根拉紧与鼓筒平行配置。3为静电极，为铝管，与电晕丝平行且接通高压负电源。

当高压直流负电通至电晕极和静电极后，由于电晕极直径很小，其附近形成很高的电场强度，于是电晕极向鼓筒方向放出大量高速运动的电子，这些电子撞击空气分子使之电离，正离子飞向负极，负离子飞向鼓筒产生电晕放电。这样，靠近鼓筒一边的空间都带负电荷，静电极则只产生高压静电场而不放电。

矿粒由给矿斗经振动槽均匀地给到鼓筒表面上并随之进入电场，开始时导体和非导体矿粒都吸附负电荷，导体矿粒很快把负电荷通过鼓筒传走，同时又受到高压静电场的感应，靠近静电极的一端感生正电荷，靠近鼓筒的一端感生负电荷，迅速地被鼓筒传走，最终只剩下正电荷，受

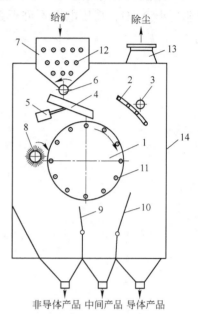

图 5-22　鼓筒式电选机的主机
1—鼓筒电极；2—电晕极；3—静电极；
4—给矿板；5—振动器；6—给料辊；
7—给料斗；8—毛刷；9，10—分矿板；
11，12—加热管；13—风筒；14—机壳

到高压负电极的吸引，加上矿粒本身重力和离心力的作用，使它脱离鼓筒落下而成为导体产品；非导体矿粒所获负电荷很难传走，受到鼓筒的吸引而紧贴于鼓筒表面，随鼓筒转动至电场背面刷子刷下，成为非导体产品；中等导电的颗粒则在中间落下，成为中矿。

307. 鼓筒式电选机操作要点有哪些?

（1）入选物料要经过筛分分级，最适宜的入选粒度为0.1～1.0mm。如果粒度过粗，非导体矿粒所受的电场力不足以克服重力和离心力，会过早地落入导体产品中；而如果物料过细，颗粒互相裹挟，分散不开，难以进行分选。

（2）入选物料需进行干燥，因为水分会使导体与非导体矿粒的电性差异缩小或消失，使分选效果变差，甚至不能分选。有的电选机在给矿斗和鼓筒内都有电加热干燥装置，但其干燥能力有限，入选之前仍应有单独的干燥作业。

（3）入选物料性质不同，电选条件也应随之改变，应对电压、电极位置、鼓筒转速及分矿板位置进行调整。一般情况下，电压高些分选效果好；电晕极和静电极在接地鼓筒斜上方45°角位置较好，距离60～80mm，太近时易产生火花放电，烧毁电晕极，电极位置调好后不再经常调整；鼓筒转速视矿石性质和要求的指标进行调整，物料粗时转速应低

些，导体为精矿时，如果要求高品位，转速应低些，如果要求高回收率，转速应高些；分矿板位置改变，产品产率和品位随之改变，因此分矿板位置应根据要求的分选指标通过试验确定。

（4）电选机采用高电压，安全问题应引起高度重视，电选机必须有专门的地线，接地电阻应小于 2Ω，高压电极不许裸露在外边，停机时要将放电棒与高压电极接触使之放电。

第六章 浮游选矿

第一节 浮选基本概念

308. 什么是浮选，浮选的基本过程是什么？

浮选全称浮游选矿，主要指泡沫浮选，是根据矿物颗粒表面物理化学性质的差异，从矿浆中借助于气泡的浮力实现矿物分选的过程。

现代的浮选过程一般包括以下作业：（1）磨矿。先将矿石磨细，使有用矿物与其他矿物（或脉石矿物）解离。（2）调浆加药。调整矿浆浓度适合浮选要求，并加入所需的浮选药剂，以提高效率。（3）浮选分离。矿浆在浮选机中充气浮选，完成矿物的分选；（4）产品处理。浮选后的泡沫产品和尾矿产品进行脱水分离。泡沫浮选的过程如图 6-1 所示。

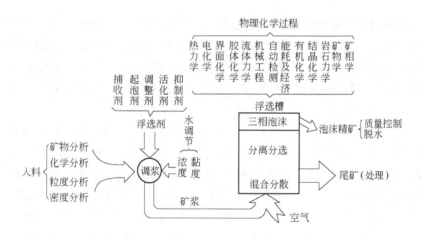

图 6-1 浮选过程

固体矿物颗粒和水构成的矿浆（矿浆通常来自分级或浓缩作业）首先要在搅拌槽内用适当的浮选药剂进行调和，必要时（在选煤厂）还要补加一些清水或其他工艺的返回水（如过滤液）调配矿浆浓度，使之符合浮选要求。用浮选药剂调和矿浆的主要目的是加入捕收剂或活化剂使欲浮的矿物表面增加疏水性，或加入抑制剂使不欲浮的矿物表面变得更加亲水，抑制它们上浮，或加入起泡剂促进气泡的形成和分散。调好的矿浆被送往浮选槽，矿浆和空气被旋转的叶轮同时吸入浮选槽内。空气被矿浆的湍流运动粉碎为许多气泡。起泡剂促进了微小气泡的形成和分散。在矿浆中气泡与矿粒发生碰撞或接触，并按表面疏水性的差异决定矿粒是否在气泡表面上发生附着。表面疏水性强的矿粒附着到气泡表面，并被气泡携带，升浮至矿浆液面形成泡沫层，被刮出成为精矿；而表面亲水性强的颗粒，不与气泡发生黏附，仍然留在矿浆中，最后随矿浆流排出槽外，成为尾矿。

浮选槽内的浮选过程如图 6-2 所示。

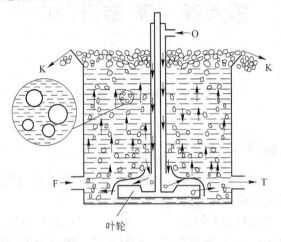

图 6-2　浮选槽内的浮选过程

F—入料；K—泡沫精矿；T—尾矿；O—空气；o—矿粒

309. 浮选在选矿生产中的意义是什么？

浮选是细粒和极细粒物料分选中应用最广、效果最好的一种选矿方法。由于物料粒度细，粒度和密度作用极小，重选方法难以分离；而对一些磁性或电性差别不大的矿物，也难以用磁选或电选分离，但根据它们的表面性质的不同（即根据它们在水中与水、气泡、药剂的作用不同），通过药剂和机械调节，可用浮选法高效分离出有用矿物和无用的脉石矿物。

浮选在各种选矿方法中占主要地位，应用范围极广。不仅可以处理有色金属矿物（如铜、铅、锌、钼、钴、钨、锑矿等），也可以处理非金属矿物（如石墨、重晶石、萤石、磷灰石、长石、滑石等）。还可以处理黑色金属矿物（如赤铁矿、锰、钛矿等）。

相对其他选矿方法而言，浮选的分选效率是比较高的，它能将品位很低的原矿选成品位高的精矿，从而扩大了矿物资源范围，使一些过去认为不能开发的低品位矿床变成有工业价值的矿床；浮选对于处理细粒浸染的矿石特别有效，解决了许多微细矿粒中有用成分的回收问题；浮选还可以获得高质量精矿，回收率较高，例如钼矿的原矿品位很低，只有 0.1% 左右，但通过浮选，可以得到精矿品位 45% 以上；浮选法的应用也使矿物资源得到充分的综合利用。

310. 判断矿物可浮性好坏的标准是什么？

判断矿物可浮性好坏的标准是矿物表面的润湿性（即亲水性和疏水性）。如图 6-3 所示。当某种矿物表面不易被水润湿（疏水）时，就认为这种矿物（如石墨、硫）是易浮附或可浮的；当另一种矿物表面被水润湿（亲水）时，就认为这种矿物（如石英）是难浮的或不可浮的。

矿物自然表面亲水或疏水，主要是由矿物破碎后露出新表面的作用力（如键能）的性质决定的。矿物表面所谓亲水、疏水之分是相对的。为了判断矿物表面的润湿性大小，

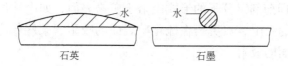

图 6-3　润湿现象

常用接触角 θ 来度量，如图 6-4 所示。浸入水中的矿物表面上附着一个气泡，平衡时气泡在矿物表面形成一定的接触周边，称为三相润湿周边。在任意二相界面都存在着界面自由能，σ_{SL}、σ_{LG}、σ_{SG} 分别代表固 - 水、水 - 气、固 - 气三个界面上的界面自由能。固 - 水与水 - 气两个界面自由能所包之角（包括水相）称为接触角，以 θ 表示。不同矿物表面接触角大小是不同的，接触角可以标志矿物表面的润湿性：如果矿物表面形成的 θ 角很小，则称其为亲水性表面；反之，当 θ 角较大，则称其为疏水性表面。亲水性与疏水性的明确界限是不存在的，只是相对的。θ 角越大说明矿物表面疏水性越强，θ 角越小说明矿物表面亲水性越强。

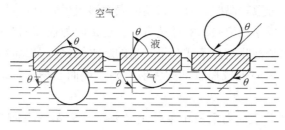

图 6-4　气泡在水中与矿物表面相接触的平衡关系

311. 矿物的表面电性与可浮性有何关系？

离子的优先吸附、优先解离和晶格取代等作用，可以使溶液中的矿物的表面带电。矿物的表面电性对某些矿物的可浮性会产生影响。

影响较大的是那些与捕收剂以静电物理吸附作用的氧化矿物和硅酸盐矿物（如针铁矿、刚玉、石英等）。这些矿物的表面电性的符号与矿浆的 pH 值有关。使矿物表面电位为零时的矿浆的 pH 值称为这种矿物的零电点。如针铁矿的零电点为 pH = 6.7，刚玉的零电点为 pH = 9.1，石英的零电点为 pH = 3.7 等。当矿浆的 pH 值小于零电点时，矿物表面呈正电，可用阴离子捕收剂进行捕收。当矿浆的 pH 值大于零电点时，矿物表面呈负电，可用阳离子捕收剂捕收。

必须指出，用黄药类捕收剂捕收的铜、铅、锌等硫化矿，捕收剂与矿物的作用主要靠化学亲和力而不是静电力，所以，这类矿物表面的电性对浮选作用影响很小，甚至没有意义。另外，一些通过化学作用力与捕收剂作用的非硫化矿、用烃油类等分子型捕收剂捕收的矿物，进行浮选时，也基本上不受表面电性的影响。

312. 浮选药剂在矿物表面有哪些吸附形式？

许多浮选药剂是以吸附的方式作用于矿物表面的。浮选药剂在矿物表面的吸附形式有如下几种：

（1）分子吸附，即药剂以分子的形式吸附于矿物表面，如中性油在非极性矿物（石墨、辉钼矿等）表面的吸附、双黄药在硫化矿表面的吸附、某些起泡剂（如松醇油、脂肪醇等）在气 – 液界面的吸附。

（2）离子吸附，即药剂以离子的形式吸附于矿物表面，如黄药在方铅矿表面的吸附、羧酸类捕收剂在萤石、白钨矿表面的吸附。

（3）离子交换吸附，指溶液中某种离子与矿物表面上另一种相同电荷符号的离子发生当量交换吸附在矿物表面上。例如，当用 Cu^{2+} 活化闪锌矿时，Cu^{2+} 从溶液中吸附于闪锌矿表面，而闪锌矿表面的 Zn^{2+} 被交换溶解到溶液中。

（4）电性吸附，靠静电力的吸附，如十二烷基硫酸盐在针铁矿表面的吸附、十二胺在石英表面的吸附。

（5）半胶束吸附。当溶液中长烃链的捕收剂的质量分数较高时，它们的分子或离子吸附在矿物表面后，在范德华力的作用下，非极性基会互相缔合，这种吸附称为半胶束吸附。例如十二胺在质量分数较高时，可在石英的表面形成半胶束吸附。

在有些情况下，形成半胶束吸附对浮选有利，这是因为捕收剂在矿物表面形成半胶束所产生的疏水性要比单个捕收剂离子或分子产生的疏水性强。但此时如再增加捕收剂质量分数，则有可能在矿物表面形成捕收剂的多层吸附，反而会使表面疏水性下降、回收率降低。

（6）特性吸附，矿物表面对溶液中某种组分有特殊的亲和力而产生的吸附。这种吸附不受矿物表面电性的影响，带电离子也可以靠特性吸附作用于带同符号电荷的矿物表面上。

利用这种特性吸附，可以为某些药剂在某些矿物表面产生吸附创造条件。例如，在 pH = 6 时，由于刚玉表面带正电（刚玉的零电点为 pH = 9.1），不能用阳离子捕收剂胺来捕收。但刚玉表面通过特性吸附吸附了 SO_4^{2-} 后，表面可以由正电改变为负电，便可以用阳离子捕收剂胺来捕收了。

313. 矿物的氧化对其可浮性有何影响？

矿物在堆放、运输、破碎、浮选过程中都受到空气的氧化作用。矿物的氧化对浮选有重要影响，特别是对金属硫化矿，影响更加显著。研究和实践表明，对于某些硫化矿，在一定限度内，矿物表面轻度氧化，矿物的可浮性会变好。但过分氧化，则使可浮性下降。试验证明，新鲜的纯方铅矿（即未受氧化的）的表面是亲水的，与黄药的作用能力很弱；但其表面初步氧化后，与黄药的作用能力增强，变为易浮；如过分氧化，可浮性反而会降低。除方铅矿外，像黄铁矿，还有铜、锌、镍等硫化矿的可浮性也深受其表面氧化程度的影响。

为了控制矿物的氧化程度以调解可浮性，采取的措施有以下几点：

（1）调节搅拌矿浆及浮选时间。实践证明，充气搅拌的强弱与时间长短，是控制矿物表面氧化的重要因素。

（2）调节矿浆槽和浮选机的充气量。短期适量充气，对一般硫化矿浮选有利。但长期过分充气，可使某些硫化矿，如黄铁矿、磁黄铁矿可浮性下降。

（3）调节矿浆的 pH 值。在不同的 pH 值范围内，矿物的氧化速度不同，所以调节矿浆的 pH 值可以调节其氧化程度。

（4）加入氧化剂（如高锰酸钾、二氧化锰、双氧水等）或还原剂（如 SO_2 等）促使或抑制矿物表面氧化。

314. 选择絮凝的过程及操作要点是什么？

选择絮凝是处理细粒矿物的有效措施。它是在含有两种或多种组分的悬浮液中加入絮凝剂，絮凝剂选择性地吸附于某种矿物组分的矿粒表面，促使其絮凝沉降，其余矿物组分仍保持稳定的分散状态，从而达到分离的目的。矿物的选择絮凝可以分为以下四个阶段：

（1）使矿浆中的各种矿物组分充分分散，互不黏附联结，为选择性絮凝创造条件。为达此目的，往往需要向矿浆中加入分散剂，如水玻璃等。

（2）加药。根据被絮凝的目的矿物，加入适当的絮凝剂。絮凝剂配成 0.1% 的稀溶液加入，加入后，要使其在矿浆中充分弥散、分布均匀。为提高其选择性，必要时要加入适当的调整剂。

（3）选择絮凝。絮凝剂对目的絮凝矿物进行选择性絮凝。在此过程中要注意以下几点：1）搅拌一般是分阶段进行，先快搅，以利于药剂充分分散，然后慢搅，以利于絮凝剂对矿物进行选择吸附絮凝；2）矿浆要稀，以利于絮凝物干净，减少粘带其他矿物；3）絮团不能过大，防止夹带杂质。

（4）沉降分离。当絮团达到一定大小时，即进行沉降分离。在此阶段要注意沉降速度和沉降时间。1）沉降速度要慢，以防止杂质带入沉降物中。有时为了在沉降过程中使絮团释放出夹杂物，可以利用微弱的上升水流冲洗絮团；2）沉降时间要适当。沉降时间短，沉降的絮团较纯，但会影响回收率。沉降时间长，则杂质也沉降，絮凝矿物质量受到影响，这要根据对絮凝矿物产品的质量要求来定。如果经一次絮凝产品达不到要求，可将得到的絮团再分散和再絮凝。

315. 浮选矿浆中固相、液相、气相的特征是什么？

所谓固相就是指磨细的矿粒，液相就是指水和溶液，气相就是指弥散的气泡。

固相的特征是：

（1）矿物种类及组成形式较多，往往有几种有用矿物和脉石伴生在一起，矿粒形状有方形、柱状、片状及不规则棱角状。

（2）粒度范围宽，矿粒最粗时可达 0.8~1mm，细的则在 5μm 以下。

（3）粒数多，表面积大，每升矿浆可达几千万粒以至近亿粒。因为细粒数目多，所以固相的表面积就很大。

液相的特征是：

（1）水与矿浆中的固相和气相发生作用，矿石中常含有各种可溶性盐类溶解于水中。

（2）在工业用的天然水中，常含有可溶性盐。

（3）在水中溶有氧、氮、二氧化碳等，所以说浮选矿浆中的液相并不单纯是水，实质上是溶液，它对浮选有很大影响。

气相的特征是：

（1）空气在矿浆中呈微细弥散状的气泡，可以携带矿粒上浮。

（2）空气可以在矿浆中反复溶解和析出。

（3）空气中的氧对矿物的可浮性有很大影响。

316. 提高浮选速度的措施是什么?

浮选速度是指达到一定回收率（或浮选机单位生产能力）时，所需要的浮选时间。提高回收率和缩短浮选时间，就能提高浮选速度。提高浮选速度的主要措施有：

（1）合理的药方，特别要注意起泡剂的用量。一般说来，稍微增加些起泡剂就会促进浮选速度。但必须注意，过量的起泡剂会减低选择性。所以，在精选时和捕收剂量较大的情况下，起泡剂的用量更不能过量。

（2）在适当范围内，增加浮选机叶轮转速、减低槽子深度，使叶轮和盖板间隙缩小等增加充气量的措施，都可促进浮选速度。

（3）尽快使矿浆通过浮选槽。串联槽要比并联槽快，也有利于提高浮选速度。

（4）精选槽的大小必须适当。一般来说，精选槽尺寸不能太大，精选槽太大，使矿浆在槽中停留时间过久，不仅会使精矿泡沫贫化，而且也减低了浮选速度。

（5）控制适当的矿浆浓度，可以得到最大的浮选速度。

317. 什么是正浮选、反浮选，什么是优先浮选、混合浮选?

一般的浮选多将有用矿物浮入泡沫产物中，将脉石矿物留在矿浆中，通常称为正浮选。但有时却将脉石矿物浮入泡沫产物中，将有用矿物留在非泡沫产物中，这种浮选称为反浮选。

如果矿石中含有两种或两种以上的有用矿物，其浮选方法有两种：一种是将有用矿物依次选出为单一精矿，称为优先浮选；另一种是将有用矿物共同选出为混合精矿，随后再把混合精矿中的有用矿物分选开，称为混合浮选。

第二节　浮选药剂

318. 浮选药剂分为哪些类型?

浮选药剂主要分为捕收剂、调整剂和起泡剂。

（1）捕收剂是增强矿物疏水性和可浮性的药剂。硫化矿常用的捕收剂有黄药、黑药和硫氮类等，非硫化矿常用的捕收剂有羧酸（盐）类、磺酸（盐）类、硫酸酯类、肿酸、膦酸类、羟肟酸类、胺类，非极性矿物主要用中性油（如煤油、柴油）来捕收。

（2）调整剂是用于调整捕收的作用及介质条件的药剂，包括抑制剂、活化剂和 pH 值调整剂。1）抑制剂是用来增大矿物表面亲水性、降低矿物可浮性的药剂。硫化矿浮选常用的抑制剂有：石灰主要抑制黄铁矿，氰化物抑制闪锌矿、黄铁矿、黄铜矿，亚硫酸盐类抑制闪锌矿、黄铁矿，硫酸锌抑制闪锌矿，重铬酸盐抑制方铅矿。非硫化矿的浮选中，常用水玻璃来抑制石英、硅酸盐等脉石矿物。2）活化剂是用以促进矿物和捕收剂的作用或者消除抑制作用的药剂，当用黄药类捕收剂时，硫酸铜、硝酸银、硝酸铅可以作为活化剂；当用脂肪酸类捕收剂时，可用氯化钙、氯化钡作为活化剂。3）pH 值调整剂是用来调节矿浆酸度的药剂，常用的有石灰、碳酸钠、硫酸、盐酸等。

（3）起泡剂是促使矿浆中形成稳定泡沫的药剂。常用的有松油、松醇油、甲酚、脂肪醇等。

除以上几大类外，还有分散剂、絮凝剂、消泡剂、脱药剂等。

浮选药剂比较详细的分类见表6-1。

表6-1 浮选药剂分类

分 类	系 列	品 种	典型代表
捕收剂	阴离子型	硫代化合物	黄药，黑药等
		羟基酸及皂类	油酸，硫酸酯等
	阳离子型	胺类衍生物	混合胺等
	非离子型	硫代化合物	乙黄腈酯等
	烃油类	非极性油	煤油，焦油等
起泡剂	表面活性物	醇 类	松醇油，樟脑油等
		醚 类	丁醚油等
		醚醇类	醚醇油等
		酯 类	酯油等
	非表面活性物	酮醇类	（双丙）酮醇油
调整剂	pH 值调整剂	酸、碱	硫酸、石灰、碳酸钠等
	活化剂	某些金属阳离子，无机酸、碱，某些有机物	Cu^{2+}、Ca^{2+}、盐酸、草酸等
	抑制剂	某些无机物和有机物	石灰、氰化物、重铬酸盐、淀粉等
絮凝剂		天然絮凝剂	石膏粉、腐殖酸等
		合成絮凝剂	聚丙烯酰胺等
其 他	脱药剂，如活性炭、硫化钠等		
	消泡剂，如高级烃等		

319. 黄药有几种?

黄药是呈淡黄色结晶状粉末，易溶于水，受热、受潮、遇碱、遇酸易分解，有刺激性，点火燃烧，应储存在阴凉、干燥地点。

黄药，化学名称为烃基二硫代碳酸盐，分为乙基黄药、丁基黄药、戊基黄药等。烃基中碳原子数小于4的黄药，统称低级黄药；碳原子数在4以上的黄药，统称高级黄药。高级黄药的捕收能力大于低级黄药的捕收能力。

黄药是浮选方铅矿、黄铜矿、闪锌矿、黄铁矿、自然金、自然银、汞和孔雀石等硫化矿物常用的捕收剂。

320. 黄药的使用与保管应注意什么事项？

黄药是浮选硫化矿最常用的一种捕收剂，为了使其充分发挥药效，使用和保管时应注意以下几个方面：

（1）尽可能在碱性矿浆中使用。因为黄药在水中易解离，进而可以发生水解和分解。以钠黄药为例，反应式如下：

$$ROCSSNa \xrightleftharpoons{\text{解离}} ROCSS^- + Na^+$$

$$ROCSS^- + H_2O \xrightleftharpoons{\text{水解}} ROCSSH + OH^-$$

$$ROCSSH \xrightleftharpoons{\text{水解}} CS_2 + ROH$$

黄药的解离是我们所希望的，因为黄药起捕收作用的主要是黄药的阴离子（ROCSS⁻）。但若不加控制，任上述反应进行下去，黄药就会进而水解成黄原酸（ROCSSH），且最后分解成醇和二硫化碳而失效。从以上反应可以看出，只有矿浆保持碱性，即增加 OH⁻ 的质量分数，才能使水解反应向左进行，保持较高的黄药阴离子质量分数，提高捕收效果。所以，黄药一般应在碱性矿浆（pH 值大于 7）中使用。

如果有些情况需要在酸性矿浆中使用，则应使用高级黄药（因为高级黄药在酸性矿浆中比低级黄药分解得慢），再就是尽可能分段多次加药。

（2）黄药溶液要随配随用，由于黄药易水解、分解失效，因此不要一次配的太多。在生产现场黄药一般要配成 1% 的水溶液使用。更不能用热水配，因为黄药遇热会分解得更快。

（3）为了防止黄药分解失效，保管时应密闭保存，防止与潮湿的空气及水接触，应保存在干燥、阴凉和通风好的地方。不要受热，注意防火。

321. 黑药分为哪几种？

黑药的化学名称为烃基二硫代磷酸盐。常用的是甲苯基黑药，根据它在制造配料时加入的五氧化二磷的量不同，分为 15 号黑药、25 号黑药，31 号黑药。近年来又试制成功丁基铵黑药。黑药多用于浮选含黄铁矿的硫化铜矿、铅锌及铜锌等金属矿。

322. 黑药与黄药相比有哪些特点？

黑药也是硫化矿浮选较常用的一种捕收剂，与黄药相比，它捕收力比黄药弱，但选择性比较好。它的选择性主要体现在对黄铁矿的捕收力较弱，所以用于含有黄铁矿的其他硫化矿的浮选。例如，在要抑制黄铁矿浮选铅、铜的硫化矿物时，用它可以降低黄铁矿的抑制剂用量和提高精矿品位。

黑药的特征是：多呈暗绿色油状液体，有腐蚀性，微溶于水，遇热分解，除有捕收性能外，还有起泡性能，选择性好。黑药在酸性矿浆中不易分解，也较难氧化这是其优点。但又因其中溶有少量重金属氧化矿的硫化剂，因此用黑药选轻微氧化的硫化矿是适宜的。

323. 羧酸类捕收剂主要捕收哪些矿物?

常用的羧酸类捕收剂主要有油酸、氧化石蜡皂和妥尔油。由于它们都含有化学性质非常活泼的羧基,所以能够捕收许多矿物,主要是氧化矿物和其他一些非硫化矿物,这些矿物有碱土金属盐类矿物（如白钨矿、萤石、磷灰石、重晶石等),黑色和稀有金属氧化矿物（如赤铁矿、软锰矿、锡石、黑钨矿、钛铁矿等),钙、铁、铍、锂、锆等金属的硅酸盐矿物（如绿柱石、锂辉石、锆英石、钙铁石榴石、电气石等),铜、铁、锌的氧化矿（如孔雀石、蓝铜矿、白铅矿、菱锌矿等)。

油酸不易溶解和分散,实践中常常需加溶剂乳化或加温处理,使用时一般温度要高于18℃。其缺点是选择性差,不耐硬水。用量应严格控制,常采用分次添加,配合碳酸钠、水玻璃等调整剂使用。

氧化石蜡皂与油酸相比价格便宜,是目前工业上大量应用的一种药剂。它的主要缺点是温度较低时,浮选效果不好。常温下使用,需要乳化。在氧化铁矿浮选时,常将氧化石蜡皂和起泡力强的粗制妥尔油混合使用,取长补短,取得了较好的效果。

妥尔油有粗制和精制两种。精制妥尔油捕收性能好、耐低温,是一种良好的羧酸类捕收剂。在粗制妥尔油中,起捕收作用的有效成分稳定,因而浮选效果较好,起泡力强。用量大时,泡沫过多,造成浮选操作困难,指标下降,生产实践中常将它和氧化石蜡皂混用。

总起来说,羧酸类捕收剂捕收力较强,但选择性较差,使用时常常配合调整剂使用。

324. 石油磺酸盐和脂肪酸相比有哪些特点?

石油磺酸盐的化学通式为 RSO_3Na,是石油精炼时的副产品经磺化制得的。近些年的生产实践证明,在非硫化矿的浮选中,这是一种有很大应用前途的药剂。石油磺酸盐与脂肪酸相比耐低温性能好,抗硬水能力较强,起泡能力较强,捕收能力稍低,但选择性较好。

石油磺酸盐按其溶解性又分为水溶性和油溶性两大类。水溶性磺酸盐烃基分子量较小,含支链较多或含有烷基芳基混合烃链的产品,水溶性好,捕收力不太强,起泡性较好,可用作起泡剂（如十二烷基磺酸钠),也可用于浮选非硫化矿（如十六烷基磺酸钠)。油溶性磺酸盐烃基分子量较大,烃基为烷基时烃链中含碳 20 个以上,基本不溶于水,可溶于非极性油中,捕收性较强,主要用作非硫化矿的捕收剂,常用于浮选氧化铁矿和非金属矿（如萤石和磷灰石)。

石油磺酸盐由于其选择性能较好,在铁矿石的浮选中已引起重视。美国格罗兰选厂使用石油磺酸盐、妥尔油、燃料油作捕收剂,硫酸、水玻璃作调整剂,浮选采用一次粗选、二次精选流程,原矿品位为含 Fe 33.9% 时,得精矿品位为 60%,回收率达 85.8%。我国齐大山铁矿选矿厂也采用这种药剂制度,经一次粗选、三次精选,得到较好指标,原矿含 Fe 26.6% 时,得品位为 65%、回收率为 78% 的精矿。

325. 怎样有效地使用胺类捕收剂?

胺类捕收剂由于解离后能产生带有疏水烃基的阳离子, 故又称为阳离子捕收剂, 主要用于捕收石英、硅酸盐、铝硅酸盐、有色金属氧化矿及钾盐等, 还用于铁矿石反浮选除石英。为了更好地发挥其药效, 使用时应注意以下几点:

(1) 使用前先制成易溶于水的胺盐。胺是一种淡黄色的蜡状膏状物, 不溶于水。为了提高其水溶性, 使用前可以用盐酸和胺以1:1的比例配成胺盐, 胺盐易溶于水。加热水溶化后, 再用水稀释成0.1%~1%的水溶液使用。反应式如下:

$$RNH_2 + HCl \Longleftrightarrow RNH_2 \cdot HCl$$

(2) 要控制好矿浆的pH值。当矿浆的pH值大于10.65时, 胺在矿浆中呈分子状态(RNH_2)存在; 矿浆的pH值小于10.65时, 主要以阳离子状态(RNH^+)存在。有的矿物(如菱锌矿)主要与分子态的胺作用, 浮选时则要求矿浆的pH值为11; 而有的矿物主要与胺的阳离子作用(如铁矿石反浮选用胺捕收石英), 则要求矿浆pH值为8~9。因此, 在用胺类捕收剂时, 一定要针对不同的矿物确定不同的pH值范围, 才能起到好的捕收效果。

(3) 浮选前应当脱除矿泥。如果浮选物料中含有矿泥, 胺优先被矿泥吸附, 降低其选择性。另外, 由于胺兼有起泡性, 它与矿泥会形成大量黏性泡沫, 造成操作过程难以控制和脱水困难。因此, 浮选前应当脱除矿泥。

(4) 胺类捕收剂不能和阴离子捕收剂同时加入。因为这两类药剂的离子在溶液中会互相反应, 生成较高相对分子质量的不溶性盐, 降低了胺的捕收作用。

(5) 胺可以与中性油(煤油或柴油)共用, 这样可以提高捕收效果, 并且减少了胺的用量。

326. 常用起泡剂有几种?

起泡剂多为异极性的表面活性物质, 微溶于水, 成分比较稳定。常用的有以下几种:

(1) 2号浮选油(2号油)为深黄色油状液体, 有松木香味, 它是松脂用水蒸气蒸得的松节油, 加硫酸及酒精进行水合作用所得的产品。起泡性较强, 能产生大量的均匀的、黏度适当的泡沫。

(2) 桉树油是桉树叶的蒸馏产品, 主要成分为桉叶醇($C_{10}H_{18}O$), 它的起泡能力不如松节油, 泡沫性脆, 选择性较好。

(3) 樟脑油是樟树的枝叶及根经过蒸馏得到的原油, 提出樟脑后残余油分的总称。分为白色油、红色油及蓝色油三种。白色油可代替松节油使用, 选择性较好; 红色油生成的泡沫较黏; 蓝色油兼有起泡及捕收能力, 选择性较差。

(4) 甲酚酸是炼焦工业副产品。它的起泡能力比松节油弱, 泡沫性脆, 选择性较好。

(5) 高级醇类是化学石油工业副产品, 起泡性一般, 选择性良好。

(6) 合成起泡剂中的4号浮选油, 起泡性较松节油强两倍多, 选择性良好, 具有易溶、易洗落、不受pH值及水的硬度影响等特点。

327. 如何选择起泡剂?

（1）起泡剂是异极性的表面活性物质。它的极性基亲水，非极性基亲气。其分子能在空气与水的界面（气泡表面）上产生定向排列，能够强烈地降低水的表面张力。

（2）起泡剂应有适当的溶解度。起泡剂的溶解度对起泡性能有很大影响，如果溶解度很高，则耗药量大，或迅速发生大量泡沫，但不能耐久；当溶解度过低时，来不及溶解发挥起泡作用，就可能随泡沫流失。一般来说，起泡剂的溶解度以 0.2~5g/L 为好。

（3）用量低时，能形成量多、分布均匀、大小合适、韧性适当和黏度不大的气泡。

（4）无捕收性，对矿浆 pH 值变化及矿浆中的各种组分有较好的适应性。

（5）无毒，无味，无腐蚀性，便于使用，价格低，来源广。

328. 调整剂分几类?

在浮选过程中常使用调整剂来改变矿物表面的性质和改善浮选的条件。根据药剂的作用性质分为抑制剂、活化剂和介质调整剂及絮凝剂四类。

（1）抑制剂是降低矿物可浮性的一种药剂。当浮选一种有用矿物时，为阻止有害杂质上浮，就要加抑制剂；当混合出多金属后，再将它们一个一个分选开，也需要使用抑制剂来处理。

（2）活化剂主要是将矿物表面造成易于吸附捕收剂状态所使用的药剂。也可以从矿物表面除去阻碍捕收作用的抑制性薄膜。

（3）介质调整剂的主要作用是调整矿浆酸碱度、分散和团聚、消除有害离子等。

（4）絮凝剂。主要是消除矿浆中的细泥和有害离子影响，使其互相串联成絮状团和沉淀。

329. 常用活化剂有哪些?

常用活化剂药剂有硫酸、盐酸、硫酸铜、硫化钠、苏打等。硫酸、盐酸可以活化黄铁矿、黄铜矿，硫酸铜可以活化闪锌矿，硫化钠可以活化白铅矿，苏打可以活化白铅矿、孔雀石、方解石。

330. 常用抑制剂有哪些?

抑制剂药剂有重铬酸盐、石灰、硫酸锌、氰化物、水玻璃、硫化钠、一号纤维素等。重铬酸盐可以在方铅矿表面形成难溶而亲水的铬酸铅薄膜，是方铅矿的良好抑制剂；石灰是黄铁矿的良好抑制剂；硫酸锌与硫化钠等其他药剂配合使用，可以抑制闪锌矿；硫化钠是硫化矿的抑制剂，如抑制方铅矿、石英等；氰化物能抑制闪锌矿、黄铁矿、铜矿物等；水玻璃对硅酸盐和铝硅酸盐矿物有强抑制作用，如抑制绿柱石、锂辉石、长石、云母；一号纤维素是碳质碱性脉石、绿泥石等矿泥的有效抑制剂。

331. 石灰在硫化矿的浮选中有哪些作用?

石灰是硫化矿浮选中常用的一种调整剂。它可以调整矿浆呈碱性，抑制硫化铁矿，并对矿泥有凝结作用。它来源广、价格便宜，是硫化矿浮选主要的药剂之一。

当用黄药捕收硫化矿时，常要求矿浆呈碱性，一般采用石灰来调整矿浆的 pH 值。

石灰是硫化铁矿（黄铁矿、磁黄铁矿、白铁矿）的抑制剂。在硫化铜、硫化铅、硫化锌矿石中常伴生有黄铁矿、硫砷铁矿，为了更好地浮铜、铅、锌矿物，就要加石灰抑制硫化铁矿物。当被抑制的硫化铁矿物含量比较少时，可以用石灰把矿浆 pH 值调整到 9 以上。如果硫化铁矿含量比较高时，则要用石灰将矿浆的 pH 值调整到 11 以上。

应该注意，石灰对方铅矿、特别是表面略有氧化的方铅矿也有一定的抑制作用。因此，当从多金属硫化矿中浮选方铅矿时，一般用碳酸钠调整 pH 值而不用石灰。如果由于黄铁矿含量高，必须用石灰来抑制时，应注意控制石灰的用量，尽量减少对方铅矿的影响。

石灰本身又是一种凝结剂，能使矿泥聚沉，在一定程度上能消除矿泥对矿粒附着的有害作用。当石灰用量适当时，可使泡沫保持一定的黏度而有适当的稳定性。但如果用量过大，则促使微细粒凝结于泡沫中，使泡沫黏结膨胀，甚至跑槽，造成操作混乱，使分选指标下降，因此要控制好使用量。

在生产中石灰一般配成石灰乳添加，也可以以粉末状添加。一般用控制矿浆的 pH 值控制其用量。但石灰用量很大时，就需通过测定矿浆中游离的 CaO 含量来反映其用量。

332. 氰化物在浮选中起何作用?

氰化物是有色金属硫化矿浮选分离的重要的抑制剂。常用来抑制闪锌矿、黄铁矿、黄铜矿等硫化矿物。浮选常用的氰化物是氰化钠和氰化钾，有时也用铁氰化物。氰化物的抑制效果很好，但存在以下两大缺点:

（1）有剧毒，使用时应注意以下两点:

1）必须在碱性矿浆中使用。氰化物在水中解离后水解，会产生氢氰酸。反应式如下。

$$NaCN \xleftrightarrow{\text{解离}} Na^+ + CN^-$$

$$CN^- + H_2O \xleftrightarrow{\text{水解}} HCN + OH^-$$

氢氰酸的沸点很低，只有 26.5℃，在常温下就可以挥发成剧毒气体，严重危害人体。从水解反应可以看出，只有保证矿浆呈碱性，平衡才会向左转移，使氢化钠以 CN⁻ 离子状态存在，防止氢氰酸的生成。只有氰化物以 CN⁻ 状态存在，才能有效地发挥抑制作用。

2）必须对尾矿水进行处理。可以加强氧化剂（如氯气、漂白粉等）处理，使尾矿水中的氰化物分解失效，达到国家排放标准。

（2）溶解金、银等贵金属，会造成矿物中贵金属的流失。

鉴于氰化物有以上两种缺点，在浮选中尽可能不使用它或少使用它。可以用亚硫酸盐、硫代硫酸盐、硫酸锌等代替其抑制作用，但这些代用品的抑制效果往往比不上氰化物。

333. 使用氰化物进行矿物分选时应注意哪些问题?

在使用氰化物进行矿物分选时，应注意掌握以下几个具体问题:

（1）根据对不同的硫化矿抑制力不同，氰化物可以分为三类：第一类，对铅、铋、锡、锑、砷的硫化矿物基本没有抑制能力；第二类，对汞、镉、银、铜的硫化矿物有抑制力，但抑制力不是太强，使用氰化物抑制这些矿物时，氰化物的用量要大；第三类，对锌、镍、金、铁的硫化矿物抑制力强，用较少的氰化物即可抑制。这样，当第一类与第三类进行分选时，用较少的氰化物即可分离，效果最好，例如铅、锌分离时用氰化物抑制闪锌矿。第一类与第二类分选时，也可以采用氰化物，但用量较大，例如，铜铅混合精矿分离时用氰化物抑制铜矿物。第二类与第三类分选时，如果采用氰化物，则需要严格控制氰化物的用量，如果用量过大，则两者都受到抑制，例如，铜锌分离时。用氰化物抑制铜矿物。

（2）生产实践表明，氰化物对某种矿物的抑制作用与该矿物的成分、结晶构造、成因等因素有关。例如，高温、中温热液矿床中的黄铁矿，且硫与铁的比接近 2 时，容易被氰化物抑制。低温热液矿床中的黄铁矿，且硫与铁的比偏离 2 时，不易被氰化物抑制，有时甚至起活化作用。

（3）铁氰化钾（赤血盐）和亚铁氰化钾（黄血盐）是次生硫化铜矿物的抑制剂。在铜钼混合精矿分离中可以用来抑铜浮钼。在铜锌分离时，当闪锌矿被次生铜矿物产生的铜离子活化，用氰化钾（钠）抑制效果不好时，可采用亚铁氰化钾在 pH 值为 6 ~ 8 的矿浆中抑铜浮锌。其抑制作用是铁氰根（或亚铁氰根）在次生铜矿的表面生成铁氰化铜（或亚铁氰化铜）的络合物胶体，使得铜矿物表面亲水而受到抑制。

334. 采用亚硫酸及其盐类作为抑制剂应该注意什么事项？

亚硫酸及其盐类抑制效果不如氰化物，但它们具有无毒、不溶解贵金属的优点，且被它们抑制过的矿物容易活化，还有对硫化铜矿物抑制力弱、有利于铜锌分离，因此在生产中也常常使用。但在使用中应注意如下事项，才能保证抑制效果。

（1）亚硫酸及其盐类受 pH 值的影响比较敏感，严格控制矿浆的 pH 值。当 pH 值为 5 ~ 7 时，对闪锌矿、黄铁矿有较好的抑制效果。当 pH 值为 4 时，则铜、铅、锌的硫化矿都被抑制。当 pH 值为 8 时，对闪锌矿的抑制力就明显变差。因此使用这类药剂时，要严格控制矿浆的 pH 值范围。

（2）严格控制用量。用量小时，抑制作用不强；用量大时，不仅闪锌矿和黄铁矿被抑制，连方铅矿和黄铜矿也将受到抑制。对某种矿石适宜的用量需由试验确定。

（3）严格控制调浆时间。亚硫酸及其盐类易被氧化，如果调浆时间太长，会被氧化成硫酸盐而失效。但调浆时间也不能太短，太短则抑制作用不充分。在生产现场，为防止其氧化，一般采用分段加药的方法。

（4）为了提高它们的抑制效果，可与其他药剂配合使用。抑制黄铁矿时可配合石灰，抑制闪锌矿时可配合硫酸锌或硫化钠。

（5）当使用亚硫酸和二氧化硫气体时，矿浆呈酸性，黄药易被分解。尽可能改用不易在酸性矿浆中分解的捕收剂。如果用黄药，则尽可能使用高级黄药（它在酸性矿浆中分解的慢）。

335. 采用重铬酸盐抑制方铅矿应注意什么？

重铬酸盐是方铅矿有效的抑制剂，主要用于铜铅混合精矿分离时抑铅浮铜。常用的是重铬酸钾和重铬酸钠，其中又以重铬酸钾用得最广。在使用重铬酸盐抑制方铅矿时，应注意如下几点：

（1）重铬酸盐对于被铜离子活化了的方铅矿抑制力差。当铜铅混合精矿中含有次生的易氧化的硫化铜矿物（如辉铜矿、斑铜矿、铜蓝等）时，不能用重铬酸盐抑铅浮铜进行分离。因为这些次生的硫化铜矿物易被氧化，氧化后会向矿浆中溶解铜离子，对方铅矿产生活化，影响重铬酸盐对方铅矿的抑制力。在这种情况下可以改用氰化物抑铜浮铅，实现铜铅分离。

（2）搅拌时间要长。因为重铬酸盐只对表面氧化的方铅矿才有抑制作用，所以用重铬酸盐抑制方铅矿时，搅拌时间要长（30min 以上，有时需 1h 以上），促使方铅矿表面氧化，才能有效地抑制方铅矿。

（3）用重铬酸盐抑制方铅矿进行铜铅混合精矿分离时，因为重铬酸盐不能解吸方铅矿表面的黄药，所以分离前一般先对混合精矿进行脱药（可用活性炭），然后再加入重铬酸盐抑制方铅矿，提高抑制效果。

（4）用重铬酸盐抑制方铅矿，适宜的 pH 值一般为 7.4~8。

（5）由于重铬酸盐对方铅矿的抑制力很强，方铅矿一旦被其抑制，就很难活化。

336. 硅氟酸钠在浮选中有哪些作用？

硅氟酸钠（Na_2SiF_6）是白色晶体，微溶于水，与强碱作用分解为硅酸和氟化钠，若碱过量则生成硅酸盐，常用来抑制石英、长石、蛇纹石等硅酸盐矿物。用油酸浮选时，它可以抑制石榴石、独居石、电气石等；胺类作捕收剂时，少量的硅氟酸钠可使石英、长石、钽铌铁矿活化，多量则使它们被抑制；在硫化矿的浮选中，硅氟酸钠能活化被石灰抑制过的黄铁矿；它还可以作为磷灰石的抑制剂。

硅氟酸钠水解后产生的水化二氧化硅对硅酸盐脉石矿物产生抑制作用，其机理与水玻璃相似。它对石英的抑制力比水玻璃强，仅次于六偏磷酸钠。硅氟酸钠水解后解离出的 F^- 沉淀了对黄铁矿起抑制作用的 Ca^{2+}，从而活化了被石灰抑制过的黄铁矿。

337. 偏磷酸钠在浮选中起什么作用？

六偏磷酸钠有吸湿性，在空气中易潮解，并逐渐变成焦磷酸钠、最后变为正磷酸钠，其抑制力因此下降。故在选矿厂中使用六偏磷酸钠时，应该当天配制当天使用。

在浮选中，常用的是六偏磷酸钠（$(NaPO_3)_6$），它能够和 Ca^{2+}、Mg^{2+} 及其他多种金属离子生成络合物，从而抑制含有这些离子的矿物。它是磷灰石、方解石、重晶石和碳质页岩、泥质脉石的抑制剂。

用油酸浮选锡石时，常用六偏磷酸钠抑制含钙矿物。浮选含铌、钽、钛的烧绿石和含锆的锆英石时，也常用六偏磷酸钠抑制长石、霞石、高岭土等脉石矿物。它不仅抑制碳酸盐脉石，也能抑制石英和硅酸矿物，同时对矿泥有很好的分散作用，常常作为分散剂使用。

338. 哪些药剂可以作为活化剂？

活化剂可以促进捕收剂与矿物作用，主要有以下几种：

（1）某些金属离子。这些离子作为活化剂的条件是一方面要能够吸附在被活化的矿物表面上，另一方面要能够与捕收剂形成难溶盐。例如，当用黄药捕收闪锌矿时，可用 Cu^{2+} 作为活化剂，一方面，Cu^{2+} 可以通过离子交换吸附在闪锌矿上；另一方面，Cu^{2+} 可以与黄药形成难溶的黄原酸铜，促使了黄药在闪锌矿的吸附。当用黄药捕收硫化矿时，Cu^{2+}、Ag^{+}、Pb^{2+} 等都可以作为活化剂，使用的药剂有硫酸铜、硝酸银、硝酸铅等。当使用脂肪酸类捕收剂时，可以使用能与羧酸形成难溶盐的碱土金属离子，如 Ca^{2+}、Ba^{2+} 等作为活化剂，使用的药剂如氯化钙、氯化钡等。

（2）无机酸、碱。它们主要用于清洗欲浮矿物表面影响与捕收剂作用的氧化物污染膜或黏附的矿泥。常用的有盐酸、硫酸、氢氟酸、氢氧化钠等。例如，黄铁矿表面生成的氢氧化铁薄膜，可以用硫酸作用生成硫酸铁而溶于水，从而重新暴露黄铁矿新鲜的表面，以利于黄药的作用。

（3）有机活化剂。例如，工业草酸可以活化被石灰抑制过的黄铁矿。

第三节 浮 选 机 械

339. 对浮选机的基本要求是什么？

浮选机是直接完成浮选过程的设备，在浮选过程中，浮选机是通过对预先准备好的矿浆进行充气、搅拌、矿粒选择性地向气泡附着，从而达到矿物与脉石的分离。根据浮选工业实践经验、气泡矿化理论及对浮选机流体力学的研究，对浮选机提出如下基本要求：

（1）良好的充气作用，必须能够向矿浆中吸入或压入足量的空气并产生大量大小适中、均匀地分散在整个浮选槽内的气泡。充气性能越好，空气弥散越好，气泡分布越均匀，则矿粒与气泡接触的机会越多，浮选机的工艺性能也就越好。

（2）搅拌作用。为使矿粒在矿浆中呈悬浮状态，要有适当而均匀的搅拌，保持矿粒与药剂在槽内呈高度分散状态。另外，搅拌可以促使矿粒与气泡的接触和附着，有助于难溶药剂的溶解和分散。

（3）能在矿浆表面形成有一定厚度的、较平稳的矿化泡沫层，既能滞留目的矿物，又能使一部分夹杂的脉石从泡沫中脱落，以利于"二次富集作用"。可以通过调节矿浆水平面，控制矿浆在浮选机内的流量及泡沫层厚度。

（4）能连续工作及便于调节。工业上使用的浮选机必须有能连续受矿、刮泡和排矿的机构，以保证连续工作。另外还应有调节矿浆水平面、泡沫层厚度及矿浆流动速度的机构。

（5）在现代浮选机中，实现选矿厂的自动化，要求浮选机工作可靠，零部件使用寿命长，浮选机操纵装置必须有程序模拟和远距离控制能力。

340. 我国常用的浮选机有哪几种？

我国常用的浮选机有机械搅拌式浮选机、充气搅拌式浮选机和浮选柱。

（1）机械搅拌式浮选机。这种浮选机的特点是矿浆的充气和搅拌都是靠机械搅拌器来实现的，它属于空气自吸式浮选机。我国应用的最广泛的是 XJK 型机械搅拌式浮选机，在生产现场习惯上称它为 A 型浮选机。

这种浮选机除了能自吸空气外，一般还能自吸矿浆，因而在浮选生产流程中，其中间产品的返回一般无需砂泵扬送。因此，这种浮选机在流程配置方面可显示出明显的优越性和灵活性。由于它能自行吸入空气，因此不需要外部特设的风机对矿浆充气。机械搅拌式浮选机在国内外一直被广泛使用，在各类浮选机中保持着优势地位。

（2）充气搅拌式浮选机。这类浮选机与机械搅拌式浮选机的主要区别在于它属于外部供气式。它的搅拌器只起搅拌作用，空气是靠外部特设的风机强制送入的。我国的 CHF－X14m³、CHF－X8m³ 充气搅拌式浮选机即属此类。它具有如下特点：

1）由于它是通过外部鼓风机供气，可以根据浮选的需要，通过阀门调节充气量的大小。

2）由于叶轮只起搅拌作用不起吸气作用，所以转速较低，搅拌不甚强烈，对脆性矿物的浮选不易产生泥化现象。矿浆面比较平稳，易形成稳定的泡沫层，有利于提高选别指标。

3）由于叶轮转速较低，矿浆靠重力流动，故单位处理矿量电耗低，且使用期限较长，设备维修费用也低。

这类浮选机的不足之处在于，它不能自行吸入矿浆，所以中间产品返回需要砂泵扬送。另外还要有专门的送风设备，管理起来比较麻烦。所以，这种浮选机常用于处理简单矿石的粗选、扫选作业。

（3）浮选柱。浮选柱属于充气式浮选机的一种。这类浮选机在结构上的特点是没有机械搅拌器，也没有传动部件，矿浆的充气靠外部的空压机压入。

浮选柱具有结构及工艺流程简单、本机耗电较低、易磨损部件少、便于操作管理等优点，但其突出的缺点是在碱性矿浆中充气器因结钙形成堵塞而破坏生产过程。在这方面还应进一步研究，以改善其性能。

实践证明，浮选柱比较适合于处理组成比较简单和品位较高的易选矿石的粗选、扫选作业。

341. 浮选机的选型基本原则是什么？

（1）应该根据矿石的性质（如可选性、入选粒度、密度、品位和矿浆 pH 值等），在矿石较易选、要求充气量不大的情况下，可选用机械搅拌式，反之可考虑选用充气搅拌式。在入选矿石粒度较粗时，可选用适合粗粒的 KYF 型、BS－K 型浮选机和 CLF 型粗粒浮选机等。在矿石易选、入选粒度较细、品位较高、pH 值较低时，选用富集比大的浮选柱。

（2）应根据选厂的规模，一般来说，大型选矿厂应选用大规格浮选机，中小型选矿厂应选用中等和小规格的浮选机。

（3）精选作业主要是提高精矿品位，浮选泡沫层应薄一些，以便脉石分离出来，不宜采用充气量大的浮选机，故精选作业用浮选机应与粗选、扫选作业用浮选机有所区别。

（4）必须重视浮选机的制造质量及备品、备件供应情况。

342. 浮选机在操作过程中应经常检查哪些部位？

在操作浮选机过程中应经常检查以下部位：

(1) 电动机和叶轮体中滚动轴承的过热情况，一般轴承温度不得超过35℃，最高温度不得超过65℃。

(2) 检查传动皮带的拉紧情况，其松紧程度要合适，发现有严重磨损时，应选择长度、型号一致的皮带成组更换。

(3) 检查油封橡胶圈的密封性，特别应注意轴承体中的润滑脂不要漏到矿浆中，以免影响浮选工作正常进行。

(4) 检查各润滑点是否有足够的润滑油，如发现油少，应及时添加。

(5) 检查槽中有无其他杂物，如有应及时清理。

343. 浮选机检修后在试车时应注意什么？

浮选机检修后，在试车之前，应仔细检查和清理浮选槽，然后进行空车试运转，并逐渐加入清水运转。运转期间注意调整循环孔大小，同时应注意检查叶轮是否有偏动和冲击现象，还要注意各部位运转声音是否正常。在启动电机时，应检查电动机轴的旋转方向，必须保证叶轮轴按顺时针方向旋转（俯视看）。

344. 矿用叶轮式浮选机工作原理是什么？

矿浆由进浆管给入到叶轮上，被旋转的叶轮产生的离心力抛向槽中，于是在盖板下产生负压，进气管自动吸入空气。吸入的空气和给入的矿浆在叶轮上部混合一起又被抛向槽中，于是又产生负压，又吸入空气，如此连续地进行。经过药物作用的矿浆，欲浮矿物被气泡带至表面形成矿化泡沫层，并被刮板刮出得到精矿；而不上浮的矿物和脉石则经槽子侧壁上的闸门进入中间室并给入下一浮选槽内。每个或几个槽内矿浆水平的调节，可通过调节闸门上下来完成。矿浆在机内就是这样进行循环流动。

345. 机械搅拌式浮选机有什么特点？

机械搅拌式浮选机分自吸式和压气式两类。

自吸式具有如下特点：

(1) 搅拌力强，可保证密度、粒度较大的矿粒悬浮，并可促进难溶药剂的分散与乳化。

(2) 对分选多金属矿的复杂流程，自吸式可依靠叶轮的吸浆作用实现中矿返回，省去砂泵。

(3) 对难选和复杂矿石或希望得到高品位精矿时，可得到较好的稳定指标。

(4) 运动部件转速高、能耗大、磨损严重、维修量大。

压气式是压入空气来完成充气，具有以下特点：

(1) 充气量大，便于调节，对提高产量和调整工艺有利。

(2) 搅拌不起充气作用，故转速低、磨损小、能耗低、维修量小。

(3) 液面稳定、矿物泥化少、分选指标好，但需压气系统和管路。

346. 如何提高机械搅拌式浮选机的充气量?

实践和理论研究都证明,在一定范围内提高充气量,可大大提高浮选机的生产能力,改善浮选指标。影响浮选机充气量的因素很多,主要可以从以下几个方面进行调节:

(1) 叶轮与盖板之间的间隙。这一间隙的大小直接影响充气量,间隙过大,矿浆会从叶片前侧翻至叶片后侧,降低叶片后面的真空度,使充气量减小;间隙过小,叶轮和盖板易发生撞击和摩擦,并使充气量下降。试验证明,合适的间隙为 6 ~ 8mm。

(2) 叶轮的转速。在一定范围内叶轮的转速越大,充气量越大。但如果转速过大将导致叶轮盖板磨损加快、电耗增加、矿浆面不稳定。

(3) 矿浆浓度对充气量和弥散程度也有很大影响。一般情况下,矿浆浓度在一定限度内增加时,充气量和弥散程度也增加。但浓度不能过大,过大则充气量变坏。

(4) 进浆量。当进入叶轮中心的矿浆量最适当时,充气量最大。因为在一定范围内进浆量大时,矿浆被甩出时产生的离心力也大,形成的负压区真空度高,使充气量增加。但如果进浆量过大,造成叶轮上方的空气筒堵塞,造成吸气困难、充气量降低。

347. 机械搅拌式浮选机常见的故障有哪些?

为了使浮选机正常高效率运转,除了正常的操作与维护外,还必须适时检修,对设备运转中所发生的故障要及时处理和排除。机械搅拌式浮选机在运转中常见的故障及处理方法见表6-2。

表 6-2　浮选机常见故障及处理方法

故障现象	故 障 原 因	处理方法
局部液面翻花	叶轮与盖板安装不平。引起轴向间隙一边大,一边小,间隙大的一侧翻花	调整间隙
	盖板局部被叶轮撞坏	更换
	稳流板残缺	修复
	管子接头松脱	紧固
充气不足或沉槽	叶轮盖板磨损严重,间隙太大	更换
	叶轮盖板安装间隙大	重新调整
	电机转速不够	检查电机转速
	充气管堵塞或管口活阀关闭	清理或打开
	矿浆循环量过大或过小	关小或打开循环孔
吸力不够或前槽跑水	进浆管磨损破漏	更换
	给矿管过大,进浆量小	局部堵起给矿管
	中间室被粗砂堵塞	水管冲洗
	给矿管与槽壁接触不好(垫片损坏,螺钉松脱)	修理
中间室或排矿箱排不出矿浆	槽壁磨漏	修补
	给矿管堵塞或松脱	检修
	叶轮盖板损坏	更换

续表6-2

故障现象	故障原因	处理方法
液面调不起来	闸门丝杆脱扣，闸门底部穿孔或是锈死	更换、修理
	闸门调节过头（反向误调）	闸门复位
抽吸槽刮泡量大，直流槽刮不出	直流槽没打开循环孔闸门	打开
精矿槽跑槽	如果药量适当，则是管道堵塞	疏通管道
主轴上下音响不正常	滚珠轴承损坏	更换
	叶轮质量不平衡，主轴摆动，使叶轮盖板相碰撞	检修
	盖板破损	更换
	槽中掉进异物	取出
	主轴顶端压盖松动	紧固
	叶轮盖板间隙过小	重调
轴承发热	轴承损坏，滚珠破裂	更换
	缺少润滑油或油质不好	补加，换油
主轴皮带轮摆动及支架摆动	皮带轮安装不平	重装，调整
	支架螺栓松动	紧固
	座板没垫平	垫平
	叶轮各向质量不平衡	更换
电机发热，相电流增大	槽内积砂过多	加药，放砂
	轴损坏	更换
	盖板及给矿管松脱	上紧
	给矿管磨漏，循环量过大	更换
	空气筒磨穿，循环量过大	更换
	电机单相运转	检修

348. 浮选柱的工作原理是什么？

浮选柱工作时，将矿浆加入浮选药剂进行强烈搅拌，由中心给矿装置送入柱内。矿浆在重力的作用下，从柱内缓慢下降。压缩空气经过充气装置弥散成大量的微小气泡，均匀地分布在柱的整个断面上并徐徐上升。矿浆与气泡形成对流运动。在这种情况下，一部分可浮矿物附着于气泡而上浮至矿浆上面形成矿化气泡，从泡沫流槽自行溢出或用刮板将泡沫刮出，即为精矿。另一部分不浮的脉石不能附着于气泡上，从尾矿提升装置排出或进入下一作业处理，即为尾矿。

浮选柱的技术规格，常以浮选柱的直径 D 和高度 H 表示。目前有圆形和上方下圆两种。

349. 浮选柱应用范围及特点是什么？

浮选柱也称为柱式浮选机，是一种深槽型充气式浮选机，是我国新型浮选设备之一。

许多选矿厂经试验研究已用于各种浮选作业之中，并获得了较好的效果，在有些浮选流程中能基本代替机械搅拌式浮选机或与一些其他型浮选机联合使用。目前浮选柱主要是用在粗选作业上，而不太适用于精选作业。浮选精矿质量和回收率均不如浮选机。

浮选柱的优点是：结构简单，制造安装方便，生产维护容易，节省动力，占地面积小，基建费用低，投产快。

但浮选柱也有其缺点：主要是充气装置易结钙和堵塞，工作不稳定。这是值得研究和加以改进的主要问题。

350. 浮选柱在开停车时应注意哪些事项？

浮选柱在开车时，先向充气管送风。检查没有问题后，向柱内加清水，待清水盖住充气管后，打开尾矿连接管的闸门，见到清水能够流出后，方能给矿。同时停止给水，微开尾矿闸门形成尾矿流。随着矿浆液面的升高，尾矿闸门也逐渐打开。当发现溢流槽有精矿泡沫产出时，要仔细调整尾矿闸门，使尾矿排出量与进矿量达到平衡，保持液面稳定。

浮选柱停车时，要先停止给矿，同时将尾矿管闸门适当的关闭并注入清水。依靠补加水将矿化泡沫去除后，停止给药、注水。将尾矿闸门全部打开，放光矿浆，用水冲净（主要是避免空气管微孔堵塞），然后停风。在事故停车（包括突然停电）时，操作人员应马上将尾矿管闸门全部打开，关闭给矿管，使柱中矿浆迅速放完，然后用清水冲洗空气管。

351. 在浮选柱的操作中，会出现哪些异常情况？

为保证浮选柱正常运转并获得满意指标，在操作时要求严格控制给矿量、风量和风压，随时观察是否有下列异常现象，及时进行处理：

（1）翻花现象。如果操作中出现翻花现象，可能的原因有两个，一是给入空气的风压太高，二是空气管破裂。如果调整风压后，翻花仍没有消除，则需停车检查充气管是否破裂或存在未压紧现象，故障排除后，方可开车。

（2）尾矿管堵塞。这种现象在浮选柱的操作中出现较多，产生的原因：

1）给入的矿浆中矿石粒度太大，尾矿管出现的堵塞现象多数是由于这种原因造成的。

2）给矿量突然增大，尾矿管来不及排放，出现沉积堵塞。

3）浮选柱中落入其他杂物将尾矿管堵塞。

处理办法：应该事先在尾矿排放管最下端的适当位置安装高压水管或高压气管，一旦发生堵塞，可用高压水或高压空气来疏通，同时要查明原因，必要时调整给矿粒度和给矿量。

（3）泡沫少。主要原因有充气量小、起泡剂用量少、其他药剂制度存在问题。解决办法是增加充气量、调整药剂量、控制搅拌时间。

第四节　浮选工艺技术

352. 磨矿粒度对浮选有什么影响？

浮选时过粗的矿粒（大于 0.1mm）和极细的矿粒（小于 0.006mm）都浮得不好，回收率较低。

在浮选粗粒时，由于重力较大，使矿粒脱落力增加。则需要：（1）使用足量的最有效的捕收剂；（2）增加矿浆的充气，形成较大的气泡，并增加水中析出的微泡量；（3）矿浆的搅拌强度要适当；（4）要适当增加矿浆浓度；（5）刮板刮泡时要迅速而平稳。

在浮选极细粒（通常指小于 $5 \sim 10 \mu m$ 的矿泥）时，（1）矿泥质量很小，很容易黏附在粗粒表面上，使粗粒可浮性降低，使选择性变坏；（2）由于矿泥比表面较大，它们在矿浆中会吸附大量的浮选药剂，使矿浆中药剂浓度降低，破坏了正常的浮选过程，使浮选指标降低；（3）由于矿泥很细、表面积很大，因而使表面活性增大，易于与各种药剂起作用，不易分选，有很强的水化性，从而使泡沫过分稳定，精选时会造成困难，降低精矿质量，并使泡沫产物流动性及浓缩效率降低。

353. 磨矿矿浆中矿泥过多如何防止和减轻？

防止和减轻矿泥的常用办法有：

（1）减少和防止矿泥的生成：可采用多段磨矿流程，以及采用阶段选矿过程。要正确选择磨矿和分级设备，提高分级机效率；

（2）添加消除矿泥有害作用的药剂：常用有水玻璃、苏打、苛性钠等；可以减轻矿泥的絮凝附着作用。为了减轻矿泥大量吸附药剂的有害影响，可以考虑采用分段加药法；

（3）将磨好的原矿在浮选之前进行脱泥，作为尾矿抛弃。如果矿泥中有用成分含量较高，也可以将脱掉的矿泥单独浮选处理，或送水冶处理。

常用脱泥方法有分级机脱泥；水力旋流器脱泥；特殊情况下，可在浮选前加少量起泡剂，将易浮泥用浮选矿脱出。

354. 粗粒为何难浮，应采取什么工艺措施？

粗磨可以节省磨矿费用，降低成本。在处理不均匀嵌布矿石的浮选厂，在保证粗选回收率的前提下，有放粗磨矿细度的趋势。但是由于粗粒比较重，在浮选机中不易悬浮，与气泡碰撞的机会减少。另外，粗粒附着于气泡后，因脱落力大，易从气泡上脱落。因此，粗粒在一般工艺条件下浮选效果较差。为了改善粗粒浮选的效果，可采取下列工艺措施：

（1）采用捕收力较强的捕收剂，还可以补加煤油、柴油等辅助捕收剂，以强化对粗粒的捕收，增加矿粒与气泡的附着能力和固着强度，减少脱落。

（2）适当增加矿浆浓度，增加矿浆的浮力。在保证泡沫层稳定的前提下，适当地搅拌以促进粗粒悬浮，增加与气泡的附着机会。

（3）适当增加浮选机的充气量，造成较大的气泡和形成由大、小气泡聚集而成的"浮团"，这种"浮团"有较大的升浮力，可携带粗粒上浮。

（4）采用浅槽浮选机，以缩短矿化气泡上浮的路程，减少矿粒从气泡上脱落。或采用适宜于粗粒浮选的专用浮选机，如环射式浮选机和斯凯纳尔浮选机等。

（5）采用迅速而平稳的刮泡装置，使上浮的矿化泡沫及时刮出，以减少矿粒重新脱落。

355. 细粒浮选困难的原因是什么，应采取何种工艺措施？

细粒物料浮选分离比较困难，原因主要有以下两点：

（1）细粒比表面积大，表面能显著增加。在一定条件下，不同矿物的表面间容易发生非选择性的互相凝结。虽然细粒对药剂具有较高的吸附力，但是其选择吸附性差，使得细粒难以进行选择性分离。

（2）细粒体积小，与气泡碰撞的可能性小。细粒质量小，与气泡碰撞时，不易克服矿粒与气泡之间水化层的阻力，难以附着于气泡上。

解决细粒浮选的工艺措施如下：

（1）选择性絮凝浮选。采用絮凝剂选择性地絮凝目的矿物微粒或脉石细泥，然后用浮选分离。

（2）载体浮选。利用一般浮选粒级的矿粒作载体，使目的矿物细粒附着在载体上上浮。载体可以用同类矿物，也可以用异类矿物。例如，可以用黄铁矿作载体浮选细粒金，用方解石作载体浮去高岭土中的微细粒铁、钛杂质。

（3）团聚浮选，又称乳化浮选。细粒矿物经捕收剂处理后，在中性油的作用下，形成带矿的油状泡沫。可以将捕收剂与中性油先配成乳浊液再加到矿浆中，也可以在高浓度（固体含量达70%）矿浆中分别加入中性油和捕收剂，强烈搅拌，控制时间，然后刮出上层泡沫。此法已用于细粒锰矿、钛铁矿和磷灰石等。

356. 矿泥对浮选有何影响，如何解决？

如果浮选矿浆中含有较多的矿泥，会对浮选带来一系列的不良影响。主要影响有：（1）易夹杂于泡沫产品中，使精矿品位下降；（2）易附着于粗粒表面，影响粗粒的浮选；（3）吸附大量药剂，增加药剂消耗；（4）使矿浆发黏，充气条件变坏。

解决这一问题的工艺措施是：（1）采用较稀的矿浆，降低矿浆的黏性，可以减少矿泥在泡沫产品中的夹杂；（2）添加分散剂，将矿泥分散，消除矿泥附着于其他矿物表面的有害作用；（3）分段分批加药，这样可以减少矿泥对药剂的消耗；（4）对浮选物料预先脱泥后再浮选，常用的脱泥方法是旋流器分级脱泥。

357. 空气对浮选的主要影响是什么？

空气中除含有氧气、氮气和惰性气体外，还有 CO_2 和水蒸气。

空气对矿物可浮性的影响有：

（1）当矿物破碎露出新鲜表面，遇水发生水化作用，表现为亲水性。但当气体吸附到矿物表面时，就可削弱水化作用，造成表面的初步疏水性。

（2）气体与矿物表面作用是有选择性的，对矿物表面影响较大的是氧气。

（3）氧气的作用是对硫化矿的初步疏水性有利。但如果作用的时间过长，会使矿物表面变回亲水性。当气体吸附条件适当时，会造成矿物表面的疏水性，甚至在不加浮选剂情况下都可浮选（例如干燥的煤粉）。方铅矿亦只有经过氧气的初步作用，才能与黄药发生作用而上浮。

358. 矿浆的搅拌起什么作用？

矿浆的搅拌可以促进矿粒的悬浮及在槽内均匀分散；可以促进空气很好的弥散，使其在槽内均匀分布；可以促进空气在槽内高压地区加强溶解，而在低压地区加强析出，以造成大量的活性微泡。

加强充气和搅拌对浮选是有利的，但是不能过分，因为过分充气和搅拌会产生以下缺点：（1）促进了气泡的兼并；（2）降低了精矿质量；（3）增加了电能消耗；（4）增加了浮选机各部分的磨损；（5）槽内矿浆容积减少（因为槽的容积被气泡占据的部分增加了）；（6）过分搅拌还可能使附着于气泡上的矿粒脱落。

生产中最适宜的充气量和搅拌程度应根据浮选机的类型和结构特点通过试验来决定。

359. 矿浆浓度对浮选指标有什么影响？

矿浆浓度可以影响下列技术经济指标：

（1）影响回收率。当矿浆浓度小时，回收率较低。矿浆浓度增加，则回收率也增加，但超过限度回收率则又会降低（因为矿浆浓度过高，破坏了浮选机充气条件）。

（2）影响精矿质量。一般规律是在较稀的矿浆中浮选时精矿质量较高，而在较浓矿浆中浮选时，精矿质量就会降低。

（3）影响药剂消耗。当矿浆较浓时，处理每吨矿石的用药量较少，矿浆浓度较稀时，则处理每吨矿石的用药量就增加了。

（4）影响浮选机的生产能力。随着矿浆浓度增大，按处理量计算的浮选机生产能力也增加。

（5）影响水电消耗。矿浆越浓，处理每吨矿石的水电消耗越小。

（6）影响浮选时间。在浮选矿浆较浓时，浮选时间略有增加。

总之，矿浆浓度较浓时，对浮选过程有利。但过大，矿浆与气泡不能自由流动，则充气作用会变坏，从而降低质量和回收率。因此，浮选各种矿石都要根据矿石性质及有关技术要求，确定适宜的矿浆浓度。

360. 矿浆浓度与浮选条件和矿石性质有什么关系？

浮选时最适宜的矿浆浓度的确定与矿石性质和浮选条件有关，一般的规律是：

（1）浮选密度大、粒度粗的矿物，往往用较浓的矿浆。反之，当浮选密度较小、粒度较细的矿物时，则用较稀的矿浆。

（2）粗选和扫选作业采用较浓的矿浆，以保证较高的回收率、节省药剂。

（3）精选作业采用较稀的矿浆以利于提高品位。难分离的混合精矿的分离作业也应采用较稀的矿浆，以保证获得较高质量的合格精矿。

一般的金属矿物浮选矿浆的浓度为：粗选，25% ~ 45%；精选，10% ~ 20%；扫选，20% ~ 40%。粗选的最高矿浆浓度可达50% ~ 55%，精选时最低矿浆浓度为6% ~ 8%。

361. 怎样进行捕收剂试验？

在大多数情况下，可以根据生产实践和研究的经验预先选定捕收剂的种类，或者在预先试验中便可确定，不一定单独作为一个试验项目。

药剂用量可以通过两种方法进行试验。一种是固定其他条件，只改变捕收剂用量（例如可用 $20g/t$、$40g/t$、$60g/t$、$80g/t$），分别进行试验，然后找出合适的用量。第二种方法比较简便，是在一个单元试验中通过分次添加捕收剂和分批刮泡的办法，确定必须的捕收剂用量。先加少量捕收剂，刮出第一份泡沫，待泡沫矿化程度变弱后，再加入第二份药剂，第二份的量，可根据具体情况等于或少于第一次用量，再刮出第二份泡沫，按此法依次类推，直到浮选终点。然后对该过程的各产品进行化学分析，计算出累计回收率和累计品位，以考察为欲达到要求的回收率和品位，确定捕收剂用量，此法多用于预选试验。

若是几种捕收剂混合使用，可将捕收剂分成几个比例不同的组，再对每个组进行试验。

362. 怎样进行抑制剂试验?

抑制剂在多金属矿石及一些难选矿石优先浮选中起着决定性的作用。试验的方法也可以是固定其他条件，仅改变抑制剂的种类和用量，分别进行浮选，找出最有效的种类和最适宜的用量。

由于抑制剂与捕收剂、pH 值调整剂等因素有时存在交互影响。捕收剂用量少，抑制剂可能用的少。捕收剂用量大，抑制剂用量也大。硫酸锌、水玻璃、氰化物、硫化钠等抑制剂的加入，会改变矿浆的 pH 值。另外，在许多情况下都使用混合抑制剂，此时抑制剂品种之间也存在交互影响。此时研究的任务就比较复杂，要对不同抑制剂品种的组成比例，分组进行试验。例如，两种抑制剂 A 和 B，可分为 1∶1、1∶2、1∶4 等几个组，或者将抑制剂 A 的用量固定为几个数值，再分别改变抑制剂 B 的用量进行一系列的试验，以求出混合抑制剂最合适的组成比例。

363. 怎样进行 pH 值调整剂的试验?

pH 值调整剂试验的目的是寻求最适宜的 pH 值调整剂及其用量，使欲浮矿物具有良好的选择性和可浮性。

根据生产实际经验可确定多数矿石的调整剂种类和 pH 值。因为 pH 值与矿石物质组成及浮选用水的性质有关，所以仍需进行 pH 值试验。试验时，在最适宜的磨矿细度基础上，固定其他浮选条件不变，只进行 pH 值调整剂的种类和用量试验。将试验结果绘制成曲线图，以品位、回收率为纵坐标，pH 值调整剂用量为横坐标，根据曲线进行综合分析，找出 pH 值调整剂的最佳用量。

有把握根据生产经验确定 pH 值调整剂的种类和 pH 值，那么可以这样确定 pH 值调整剂的用量：将 pH 值调整剂分批地加入浮选机的矿浆中，搅拌一定时间后，测定矿浆的 pH 值，如矿浆的 pH 值未达到要求的值，可再加入一份 pH 值调整剂，直至达到所要求的 pH 值为止，最后总的用量即要求用量。

由于药剂间的交互作用，有时其他药剂用量的变化也会改变矿浆的 pH 值，在这种情况下，可以在各种条件试验结束后，再进行校核试验，或将 pH 值调整剂与对其有影响的药剂进行多因素组合试验。

364. 如何配制浮选药剂？

浮选药剂在使用前进行合理的配制，对提高药效有重要作用。配制方法主要根据药剂的性质决定，常见的有下列几种方法：

（1）配成水溶液。大多数溶于水的药剂都采取此法，一般配成 5%～10% 或者更稀一些的水溶液添加。溶液不宜配得太稀，太稀体积过大；但也不宜太浓，浓度太大对用量少的药剂很难正确控制用量，也不便输送。

（2）加溶剂配制。有些不溶或者难溶于水的药剂，可将其溶于特殊的溶剂中再添加。例如，把油酸溶入煤油中再添加，可以增强它在矿浆中的弥散性，还可以加强油酸的捕收作用；白药可以溶于邻甲苯胺中再使用。

（3）乳化法。脂肪酸类捕收剂、柴油经过乳化，可以增加其在矿浆中的弥散性，提高功效。常用的乳化法是：强烈机械搅拌、通入蒸汽或用超声波，若加入乳化剂效果更好。如妥尔油与柴油在水中可加乳化剂——烷基芳基磺酸酯。许多表面活性物质都可以作为乳化剂。

（4）皂化。脂肪酸类捕收剂常用此法配制。如铁矿石浮选时，常采用氧化石蜡皂与妥尔油作捕收剂。为提高其水溶性，可配入 10% 左右的碳酸钠，使妥尔油皂化，并用热水加温配成热的皂液添加。再如油酸，其水溶性差，但与碳酸钠作用生成油酸钠后，水溶性变好。

（5）配成悬浊液或乳浊液。如石灰可加水磨成石灰乳添加。

（6）酸化。在使用阳离子捕收剂（胺类）时，由于水溶性差，必须加盐酸或醋酸作用配成胺盐，才能溶于水中使用。

（7）原液添加。有些药剂在水中的溶解度很小，难以配成真溶液或稳定的乳浊液，如松醇油、甲酚黑药、煤油等，可不必配成溶液，而是直接将原液按用量添加。

水溶性药剂的配制方法，一般是先把药剂在容器内用少量水溶解，待溶解完后，再逐渐加水配成所要求的浓度。

在生产现场，为了配制方便，可在配药槽上刻上标示容积的刻度尺，把称好的已知药量的药剂放入槽内，加水至刻度标示的与浓度相符的位置，搅拌至完全溶解，即可使用。

药剂浓度是否达到标准，可用密度计测定。

365. 如何稀释高质量分数的药剂溶液？

在浮选厂中，有些药剂需要由高质量分数的溶液稀释成低质量分数的溶液，然后再添加使用，如硫酸、盐酸等。稀释时，可按下式来计算需要加入的水量

$$W = Q_2 \left(1 - \frac{R_2}{R_1}\right) = Q_1 \left(\frac{R_1}{R_2} - 1\right)$$

式中　W——溶液稀释后所加的水量，kg；

　　　Q_1——稀释前溶液的质量，kg；

　　　Q_2——稀释后溶液的质量，kg；

　　　R_1——稀释前溶液质量分数，%；

　　　R_2——稀释后溶液质量分数，%。

[**例**] 将质量分数为 86% 的硫酸 30kg，稀释成质量分数为 20% 的硫酸水溶液，需要加水多少 kg?

[**解**] 已知 $R_1 = 86\%$，$Q_1 = 30\text{kg}$，$R_2 = 20\%$，则所需要的水量为：

$$W = Q_1 \left(\frac{R_1}{R_2} - 1 \right) = 30 \times \left(\frac{0.86}{0.2} - 1 \right) = 99\text{kg}$$

应特别注意，用水稀释硫酸时，只能将硫酸缓缓倒入水中；如将水倒入硫酸中，则会因密度差异及大量放热而引起硫酸飞溅，造成严重事故。

366. 如何合理选择加药地点和加药方式?

为保证药剂能发挥最佳效能，应根据矿石性质、药剂性质及工艺要求合理地选择加药地点和加药方式。

加药地点的选择与药剂的用途和性质有关，通常是先加 pH 值调整剂，可加到球磨机中，一方面可使抑制剂和捕收剂在 pH 值适宜的矿浆中发挥作用，另一方面可以消除某些对浮选有害的"难免离子"。抑制剂应加在捕收剂之前，通常也加到球磨机中，让抑制剂及早地与被抑制矿物产生的新鲜表面作用。活化剂常加到搅拌槽中，在槽中与矿浆搅拌一段时间，促使和被活化的矿物作用。捕收剂和起泡剂加到搅拌槽或浮选机中，而难溶的捕收剂（如甲酚黑药、白药、煤油等）也常常加入磨矿机中（这是为了促使其分散、增长与矿物的作用时间）。

常见的加药顺序视情况而定。浮选原矿的加药顺序：pH 值调整剂—抑制剂—捕收剂—起泡剂。浮选被抑制的矿物的加药顺序：活化剂—捕收剂—起泡剂。

加药方式一般有两种，一种是一次性添加另一种是分批添加。一次性添加是在粗选作业前，将药剂集中一次加完。这样添加的药剂浓度高，添加起来方便。一般对于易溶于水的、不致被泡沫带走且在矿浆中不易反应而失效的药剂，常采用一次性加药，如石灰、苏打等。分批加药是沿着粗、精、扫的作业线分成几批几次添加。一般在浮选前加入总量的 60%～70%，其余的分几批加入适当地点。对下列情况，应采用分批添加：

（1）易氧化、易分解、易起反应变质的药剂，如黄药、二氧化硫气体等；

（2）难溶于水、易被泡沫带走的药剂，如油酸，脂肪胺类捕收剂；

（3）用量要求严格的药剂，如硫化钠。如果此类药剂局部用量过量，将会起反作用。

浮选厂根据上述原则设计好的加药地点和药剂添加量，在生产操作中是不允许轻易变动的。但在浮选作业线较长的现场，如果碰到浮选机"跑槽"、"沉槽"、精矿质量变坏或金属大量进入尾矿等紧急情况时，允许根据情况在适当的地点临时加入一些药剂以尽快减少损失。但要及时分析出不正常的原因，尽快调整，使生产转入正常。

367. 怎样控制浮选药剂的用量?

浮选药剂是调节矿物可浮性的主要因素。用量不足，达不到调节的目的，矿物难以分选；用量过多也会引起反作用，不但降低精矿质量，失去选择性，而且造成浪费。事实上，浮选中只需加入少量捕收剂就可以使矿物表面形成疏水性薄膜，同样抑制、活化某一矿物的药剂用量也是很少的，因此在实际使用中应特别强调"适量"和"选择性"。

由于不同的矿石的性质不同，药剂用量的波动范围也很大。即使属于同一类型的矿石，也因矿床形成的具体条件有差别、有用矿物及脉石含量的不同，药剂用量也不尽相同，大致的范围是：捕收剂用量为 20 ~ 1500g/t。一般来说，黄药类捕收剂用量较少，大约是每吨矿用几十克到一百克以上，脂肪酸类捕收剂用量较大，大约是每吨矿用几百克到一千克以上；起泡剂用量为 20 ~ 2000g/t；活化剂用量为 200 ~ 1000g/t；抑制剂用量为100 ~ 200g/t；介质调整剂为 500 ~ 3000g/t。分选具体矿石时，应根据试验结果选取较窄的用量范围。实际使用时，只要矿石的物质成分保持不变，就不应任意改变药剂的用量。

368. 浮选药剂过量有什么危害？

在浮选工艺中，药剂过量的危害往往容易被忽视。实践经验证明，浮选指标下降，有不少情况是浮选药剂过量造成的。浮选药剂过量的危害主要有以下几个方面：

（1）捕收剂过量的危害。1）破坏浮选过程的选择性。大量生产实践和试验证明，当捕收剂用量超过一定范围时，精矿品位就会明显下降。即使回收率略有提高，也是得不偿失。2）过量的捕收剂会给泡沫精矿进一步精选及混合精矿分离带来困难。在这种情况下，现场往往采取多加调整剂的办法来补救。由于多加了调整剂，含有过量药剂的中矿又返回流程中，造成浮选过程混乱，降低了浮选指标，形成恶性循环。另外，由于捕收剂过量，抑制剂用量也要增加（例如，黄药过量，抑制剂氰化物用量也要增加），这不仅浪费了药剂，还使尾矿中有毒药剂含量增高，造成公害。3）过量的捕收剂可使某些矿物的可浮性下降。例如，过量的脂肪酸类捕收剂会使氧化矿的可浮性下降。这是由于捕收剂在矿物表面形成了多层吸附的反向层，极性基反而朝外，使矿物表面亲水。4）过量的捕收剂还会形成大量泡沫而使精矿和尾矿不易脱水，给浓缩和过滤带来困难。

（2）抑制剂过量的危害。抑制剂过量时，欲浮的矿物也可能与被抑制的矿物同时受到抑制，导致回收率下降。此时，为了提高被浮矿物的上浮能力，必须加大捕收剂的用量。

（3）活化剂过量的危害。这不仅会破坏浮选过程的选择性，而且还可能与捕收剂作用生成沉淀，消耗大量的捕收剂。例如，当活化闪锌矿时，如硫酸铜过量，过量的铜离子会在矿浆中与黄药生成黄原酸铜沉淀而增加了不必要的消耗。

（4）起泡剂过量的危害。会造成大量黏而细的气泡，易使脉石矿物黏附在气泡上，降低精矿品位。如果原矿中含泥较多，则会形成大量黏性泡沫，容易引起"跑槽"事故，大量精矿就会溢出泡沫槽，造成生产操作混乱。

药剂用量的严格控制是提高浮选工艺指标的重要因素，过量的药剂破坏了浮选过程的选择性，增加了选矿费用，直接或间接地给浮选工艺的调节带来了困难。

369. 目前常用的强化药剂作用的方法有几种？

强化药剂的作用是可以提高浮选速度，改善浮选指标，降低稀贵药剂的用量。

目前常用的方法有混合用药、正确地控制其他工艺因素、正确的选择加药地点和加药方式、药剂的妥善保管等。

370. 为什么混合用药会改善浮选效果？

混合用药的良好效果与矿物表面的不均匀性及各种药剂之间的相互作用有关。矿物表面性质不均匀，氧化程度不同，不同的捕收剂可能存在有不同的活化区，混合用药就可能增加矿物表面捕收剂的覆盖密度，从而改善浮选效果；各种捕收剂之间的相互作用所产生的共吸附，也可增加药剂的捕收能力，提高浮选指标。

实践证明，几种捕收剂混合使用比一种捕收剂单独使用的浮选结果好得多。在浮选闪锌矿时，使用长链的黄药比短链的有效，而长链和短链混合起来使用更为有效。在浮选铜锌矿时，乙基和丁基黄药混合使用比单用丁基黄药，可使铜在尾矿中的损失减少 4%，锌的损失减少 1.5% 左右。

371. 气泡的大小对浮选效果有什么影响？

气泡的大小对浮选效果有一定影响。气泡小，则空气弥散的越好，也就增加了气泡表面积及其与矿粒接触的机会，因而对浮选有利，可以改善浮选指标。但是，如果气泡过小，升浮速度也很小，这样反而有害。所以，浮选时气泡不能过大，以小为好，但不能过小，否则会影响浮选指标，降低回收率和精矿质量。

372. 浮选工如何观察泡沫来判断浮选效果？

浮选操作最重要的一项技能是观察泡沫，并根据泡沫变化情况来判断浮选效果的好坏。

浮选工能否正确调节浮选药剂添加量、精矿刮出量和中矿循环量，首先取决于他对浮选泡沫外观好坏判断的正确程度。浮选泡沫的外观包括泡沫的虚实、大小、颜色、光泽、形状、厚薄、强度、流动性、音响等现象，这些现象主要是由泡沫表面附着的矿物种类、数量、粒度、颜色、光泽、密度、起泡剂用量等决定的。

泡沫的外观现象随浮选区域不同而不同，但特定的区域常有特定的现象。观察泡沫情况应抓住几个有明显特征的、对精矿质量和回收率有主要影响的槽，主要有最终精矿产出槽、作业的前几槽、各加药槽及扫选尾部槽等。

373. 矿化泡沫的虚与实反映了什么？

浮选厂操作工常把泡沫的"实"（也称为结）与"虚"（也称为空）作为矿化程度的反映因素。气泡表面附着的矿粒多而密，称为"实"；气泡表面附着的矿粒少而稀，称为"虚"。浮选工总是希望看到粗选槽内的矿化泡沫要"实"，扫选尾部槽的矿化泡沫要"虚"（表面有用矿物极少，表现为仅附着一层矿泥而显出较透明的空泡）。

对同一作业点来说，泡沫"虚"、"实"的变化，也反映浮选情况的变化。原矿品位高，药剂用量适当，粗选头部的泡沫将是正常的"实"，如果抑制剂过量，而捕收剂过少，泡沫就会变"虚"。在某些矿物的浮选中，捕收剂、活化剂用量过大、抑制剂用量过少，就会发生泡沫过于"实"的"结板"现象，这对浮选是不利的。

374. 矿化泡沫中气泡的大小与泡沫矿化的程度有什么关系？

泡沫中气泡的大小是浮选的重要表观特征之一。在生产现场中，浮选工凭经验调整选择适当的气泡尺寸，可以得到满意的矿化泡沫。不同的矿石、不同的浮选作业，泡沫气泡的大小各不相同。在一般硫化矿的浮选中，直径为 8~10cm 以上的气泡可看作大泡，直径为 3～8cm 的气泡可看作中泡，直径为 1～2cm 以下的气泡可看作小泡。

气泡的大小与气泡的矿化程度有关。气泡矿化程度良好时，气泡大小中等，故粗选区和精选区常见中泡；气泡矿化较差时，容易兼并成大泡；气泡矿化过度时，会阻碍矿化气泡兼并，形成不正常的小泡；气泡矿化极差时，小泡虽然不断兼并形成大泡，但它经不起矿浆面波动等破坏因素的影响，容易破灭，所以扫选的尾部常见小泡。

浮选药剂是调整泡沫气泡尺寸的主要因素。一般情况下，起泡剂用量越大，气泡越小；石灰用量越大，气泡越大；抑制剂用量越大，气泡越小。

375. 如何根据泡沫的颜色和光泽判断泡沫产品质量的好坏？

泡沫颜色是浮选的一个明显外观特征。浮选工可以根据各作业、区域泡沫颜色的变化，判断浮选是否正常进行、泡沫产品质量的好坏。

泡沫产品的颜色是由泡沫表面黏附的矿物的颜色所决定的。在泡沫中，辉铜矿呈铅灰色，黄铜矿呈金黄带绿色，孔雀石呈暗绿带黑色，方铅矿呈铅灰色（泡沫空虚时铅灰中略带黝黑），闪锌矿呈淡褐黄色，赤铁矿呈砖红色。扫选尾部泡沫常为白色水膜的颜色。若扫选区泡沫颜色变深，呈现出有用矿物的颜色，那就说明尾矿中金属的损失增多。在精选区，浮游矿物的颜色越深，精矿质量越好。

泡沫的光泽也是由附着的矿物的光泽和水膜的光泽决定的。硫化矿物往往呈现出较强的金属光泽，氧化矿物多呈半金属光泽或土状光泽。扫选区泡沫矿化差，呈现水膜的玻璃光泽，如果扫选泡沫出现半金属光泽，说明金属损失增多。矿粒粗，泡沫表面粗糙，光泽弱，给人以皱纹感；矿粒细，泡沫表面光滑。

376. 在浮选操作中如何控制泡沫层的厚度？

泡沫层的薄厚对回收率和精矿品位有直接影响。在浮选操作中，泡沫层的厚度通过浮选机的矿浆闸门调节。药剂及其质量分数等影响泡沫层厚度。

在浮选机中，泡沫层越厚，聚集的金属量越多；泡沫层薄，聚集的金属量则少。泡沫层有一定的厚度，有利于加强二次富集作用，提高精矿品位。要防止泡沫层过厚，因为泡沫层过厚，上层的气泡变大，总的表面积减少，有些已上浮的粗粒或较难浮的矿粒会从气泡上脱落。也要防止泡沫层过薄，过薄不仅减弱了二次富集作用，矿浆也容易被刮出来，影响精矿质量。

在精选作业中要求有较厚的泡沫层，以保证获得高质量的精矿；在粗、扫选作业中，要求有较薄的泡沫层，以保证可浮性较差的矿物和部分连生体尽量得到回收。

377. 如何控制泡沫的刮出量？

泡沫刮出量是浮选操作的一个重要方面。泡沫的刮出量直接影响浮选工艺的数量和质量指标。泡沫的刮出量除了取决于泡沫层厚度外，还与整个浮选工艺的平衡与稳定有关。应该保持粗选、扫选、精选泡沫刮出量的平衡和稳定，各作业都严格控制泡沫刮出量，才能最终获得合格的精矿，才能充分回收金属。

必须指出，片面地增大泡沫刮出量对浮选过程是不利的，这一点常被没有经验的操作工忽视。从表面上看，增大泡沫刮出量似乎提高了金属的回收率，但实际上，随着各作业泡沫刮出量的增加，不仅容易把大量脉石刮入产品，使产品质量下降，而且必然造成中矿循环量增加，破坏了浮选过程的平衡，使浮选效果变坏。

浮选中主要用浮选机的矿浆闸门来控制泡沫层厚度、泡沫刮出量，操作工可以进行适当调节，并用它作为对付各种急剧变化的应急手段。但是，调整矿浆闸门并不能根除导致各种急剧变化的因素。在操作中，盲目的、频繁调整反而会破坏浮选过程的稳定。事实上，影响刮出量的因素是多方面的，如果是矿浆浓度和细度的变化，应及时与磨矿分级操作工联系；如果是药剂用量不当，就应及时调整药剂用量。只有当直接影响浮选工艺指标（如矿浆溢出、矿液面急剧下降等异常情况）发生时，才能立刻利用矿浆闸门及时进行调整。调整矿浆闸门时，一般应从尾部开始，逐一调整至前部，这样可以保持矿浆量的相对稳定，并尽量减少对下一作业的影响。若因分级溢流量的突然改变而造成浮选机刮出量的变化时，为尽早消除异常，则应从浮选槽头部开始调整。

操作工应重点观察精矿产出槽及粗选作业前几槽的泡沫层厚度和刮出量。因为在这些浮选槽中集中了大量的有用矿物，它们的浮选现象及泡沫矿化情况，对工艺因素变化的反应一般都较显著，所以，掌握好这些槽子的操作是获得整个浮选工艺高指标的关键。根据浮选中按金属量逐渐减少的实际情况，泡沫刮出量应依次减少。

378. 出现"矿浆液面下落"和"跑槽"的原因有哪些？

由于某些因素的影响，造成浮选工艺过程急剧变化，从而导致泡沫层厚度及泡沫刮出量异常。它可以表现出两种极端的现象：一种是矿浆液面下落，根本刮不出泡沫；另一种是大量矿浆和泡沫外溢，这种现象称为"跑槽"。前一种情形产生的原因是磨矿细度太粗、处理量突然增多、浮选浓度过大、起泡剂用量不足、原矿性质有了变化等。可采取调整磨矿分级操作、减少矿量（或补加水量）、适当增加起泡剂用量、调整药剂制度等处理措施。后一种情形产生的原因是处理量减少、浮选浓度变小、补加水过量、循环量增加、浮选药剂过量或原矿中矿泥增加、矿浆中漏入润滑油等，可采取减少给水量、减少中矿量、减药或停药等处理措施。

当这种情况紧急出现时，可以通过调节闸门来临时进行较大幅度的调整，随后，应立即分析出造成异常的真正原因，从根本上调整解决。

379. 影响浮选工艺有哪些重要因素？

影响浮选工艺的因素很多，其中较重要的有：磨矿细度、矿浆浓度、药方、充气和搅拌、浮选时间、浮选过程、水的质量、矿浆温度。

380. 矿浆温度在浮选中有什么作用？

提高浮选矿浆温度，可以提高浮选速度并能获得较高的浮选指标（回收率和精矿质量）。

矿浆温度对活化剂和抑制剂的作用也有影响。一般来说在温度升高时，活化剂和抑制剂的作用加强、加快，而在温度降低时则作用较弱较慢，并使浮选指标降低。

在浮选某些难浮的有色金属氧化矿时，为了促进硫化钠的硫化作用，矿浆往往需要加温。浮选非金属矿时，温度影响更大。

由于某些选厂在冬季和夏季矿浆温度差别大，选矿厂一些技术经济指标形成季节性波动。

由于选矿厂矿浆量很大，如果为了调整温度，而将大量矿浆加温是不合算的。所以，一般的浮选过程都是在室温条件下进行的。

温度对黄药的影响不大，主要是因为浮选时黄药易溶于水，不需加温。

381. 水的质量对浮选作业有什么影响？

在浮选用水或在矿石中，都可能含有影响药剂与矿物作用的和引起矿物活化或抑制的可溶性盐类，如碳酸盐、硫酸盐、磷酸盐、钙、镁、钠、氯化物及硅的化合物。

水中钙盐含量多成为硬水，在硬水中用烃基酸和皂类浮选时，会消耗大量药剂。

水与金属矿物接触时，水中就会含一些金属离子，如铁、铜、锌等。如果接触的是硫化矿物，则这些金属在水中就会成为硫酸盐，成为难选矿物。

溶解于水中氧的含量，对浮选过程有重大影响。由于氧气在矿物表面的吸附，加强了矿物的疏水性，促进了某些捕收剂（黄药、黑药）与矿物表面的相互作用，从而加速了浮选过程，改善了浮选指标。当浮选用水中含有大量有机物质（如腐殖土和微生物等）时，消耗了溶解于水中的氧，因而降低了硫化矿物的浮选速度，严重时会破坏整个浮选过程。

382. 浮选时间对浮选指标有何影响？

影响浮选时间的因素有：矿石性质（如可浮性及欲浮矿物含量）、浮选的给矿粒度、矿浆浓度、药剂制度、矿物分离的形式。

每种矿石都有其适宜的浮选时间，如果浮选时间太短，则回收率低；如果浮选时间太长，则会降低精矿质量，而且从经济上看也不合算。所以，浮选时间应通过实验和生产实践来确定。

在矿物的可浮性越好、欲浮矿物的含量越少、浮选机给矿粒度适中（不能太细）、矿浆浓度较小、药剂作用又快又强、充气搅拌较强等条件下，浮选时间越短。

383. 浮选流程选择与矿石性质有什么关系？

浮选流程的选择与矿石性质及对精矿质量的要求有关。其中矿石性质很重要，流程选择时，要考虑：（1）矿石中有用矿物的浸染粒度和共生特性；（2）矿石在磨矿中的泥化情况；（3）矿物的可浮性；（4）矿物的组成及可溶性盐的含量；（5）原矿的品位；（6）矿石的氧化程度等。

384. 采用一段或二段浮选流程依据是什么？

浮选流程可以是一段的、二段或多段的。浮选流程的段数主要与矿石中有用矿物的浸染特性、矿石在磨矿过程中的泥化情况有关。

一段浮选流程是将矿石直接磨到所需要的粒度，然后进行浮选得出最终产品，而无需将任何产品进行再磨。一般处理有用矿物呈均匀浸染的矿石适合于一段浮选流程。

二段浮选流程又称为阶段浮选流程，采用阶段浮选流程的主要目的是避免矿石中有用矿物和脉石过粉碎及泥化，使脉石尽量在较粗的粒度下呈尾矿排出，有时也可以为了先选出部分已单体分离的粗粒精矿。一般采用阶段浮选流程处理有用矿物浸染较复杂的矿石。

385. 阶段浮选流程有哪几种形式?

阶段浮选流程有三种形式:第一段的尾矿再磨、第一段的低品位精矿(粗精)再磨、第一段的中矿再磨。

图6-5所示为第一段尾矿再磨再选阶段浮选流程,适合处理有用矿物呈不均匀浸染的矿石。矿石经第一段磨矿(粗磨)后,部分呈粗粒浸染的有用矿物可以达到解离而在第一段浮出成为合格精矿。尾矿经再磨后,使其中连生体呈细粒浸染的部分达到分离,然后经过二段浮选得出精矿和废弃尾矿。

图6-6所示为第一段得出低品位精矿及废弃尾矿,然后将低品位精矿再磨后,进行第二段浮选的阶段浮选流程。适合处理有用矿物呈集合浸染的矿石。

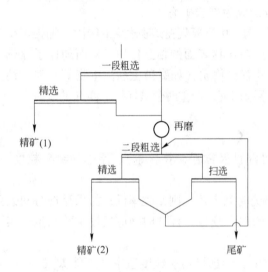

图6-5　第一段尾矿再磨再选阶段浮选流程

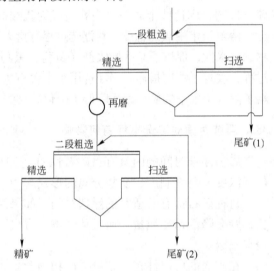

图6-6　第一段低品位精矿再磨再选阶段浮选流程

图6-7为第一段得出部分合格精矿及废弃尾矿,含连生体较多的中矿再磨,并进行第二段浮选。适合处理有用矿物呈细粒浸染的矿石。

386. 怎样确定精选、扫选的次数?

一个浮选循环一般包括粗选、精选和扫选。粗选一般都是一次,少数情况下有两次以上。精选和扫选次数,主要取决于矿石品位、有用矿物及脉石矿物的可浮性、对精矿的要求及精矿的价值等因素。

当原矿品位较低、有用矿物可浮性较好、对精矿质量要求又高时,应增加精选次数。如处理低品位的辉钼矿,精选次数可多

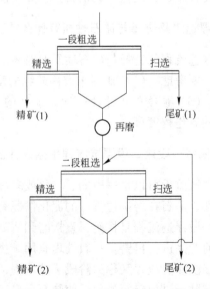

图6-7　第一段的中矿进行再磨再选阶段浮选流程

达 6~8 次。

当原矿品位较高、矿物可浮性较差、而对精矿质量的要求又不很高时，就应加强扫选，以保证有足够的回收率；精选作业应少，甚至不精选。

如果有用矿物与脉石矿物可浮性相差大，实际上脉石不浮，精选次数可以减少。浮选孔雀石在 pH 值为 6.3 时，浮选回收率与矿物表面的羟基络合物质量分数也有着这种对应关系。

387. 如何控制搅拌强度和搅拌时间？

浮选过程中对矿浆的搅拌可以根据其作用分为两个阶段：一是矿浆进入浮选机之前的搅拌，它的作用是为了加速矿粒与药剂的互相作用；二是矿浆进入浮选机以后的搅拌，是在浮选机中的搅拌，是为了使矿粒悬浮、气泡弥散，促使矿粒向气泡的附着。

在调整槽内加强搅拌，可以促进矿粒与药剂的作用，缩短矿浆的调整时间和节省药剂用量。调整槽的搅拌强度取决于叶轮转速，叶轮转速越高，搅拌强度越大。

适当的加强搅拌强度是有利的，但不能过强。如过强，动力消耗和设备磨损增加，矿粒的泥化程度也增加，还会使已附着于气泡的矿粒脱落。

在调整槽里搅拌时间的长短，由药剂在水中分散的难易程度和它们与矿粒作用的速度决定，起泡剂（如松油）只要搅拌 1~2min，一般药剂要搅拌 5~15min，用混合甲苯仲酸浮选锡石则常常需要 30~50min。当用重铬酸盐抑制方铅矿时，搅拌时间要 30min 以上，有时可达 4~6h。

搅拌时间还与药剂的用途及性质有关。例如，当用硫化钠硫化有色金属氧化矿时，搅拌时间要适当，时间过短，硫化作用不充分；时间过长，硫化钠会氧化失效。

388. 浮选操作的一般原则是什么？

浮选操作的一般原则有三条：一是根据产品数量和质量的要求进行操作；二是根据矿石性质的变化进行操作；三是保持浮选工艺过程的相对稳定，因为只有工艺过程的稳定才能达到工艺指标的稳定。一般在矿石性质较为稳定或变化很小，应尽量保持各种操作条件、工艺指标稳定。但如矿石性质变化较大，原有操作条件不适当，引起指标下降，则需要改变各种操作条件。

我国浮选厂根据多年的生产经验，总结出了"三度一准"操作法。所谓"三度"，即在生产过程中准确地控制好磨矿细度、浮选浓度（质量分数）和矿浆酸碱度；"一准"，即浮选药剂给得准。有的浮选厂还在生产实践中总结出了一些具体操作要领，如"三勤、四准、四好、两及时、一不动"操作法，"三勤"：勤观察泡沫变化，勤测浓度，勤调整；"四准"：药剂配制和添加得准，品位变化看得准，发生变化的原因找得准，泡沫刮出量掌握得准；"四好"：浮选与药台联系得好，浮选和磨矿联系得好，浮选和砂泵联系得好，混合浮选和分离浮选联系得好；"两及时"：出现问题研究得及时，解决问题处理得及时；"一不动"：不乱动浮选机闸门，这些操作经验也取得了良好的效果。当然，这些经验是从具体条件下得到的，实际应用时，应根据本厂的生产实际酌情采用。

389. 中矿的处理方法有哪些?

浮选的最终产品是精矿和尾矿。习惯上把浮选过程中产出一些中间产品（即精选的尾矿和扫选的精矿）称为中矿。中矿处理方法根据其中连生体含量、有用矿物的可浮性以及对精矿质量的要求而定。常见的处理方案有以下四种:

（1）返回浮选前部适当的地点。此法可用于处理主要由单体解离的矿粒组成的中矿,最常见的是循序返回,即后一作业的中矿返回到前一作业,如图 6-8 所示。当矿物可浮性一般,而又比较强调回收率时,多采用循序返回,这种情况下中矿经受再选的机会较少,可以避免损失。

如中矿可浮性较好,对精矿要求又高时,必须增加中矿再选次数,可采用中矿合一返回,即将中矿合并后返回到前部适当的作业,如图 6-9 所示。中矿合并以后,往往需浓缩,再进行返回。

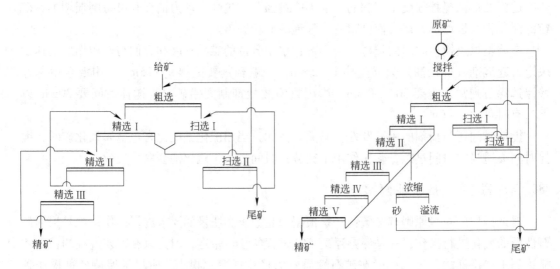

图 6-8　中矿循序返回流程　　　　图 6-9　中矿合一返回流程（精选部分）

中矿的返回形式往往是多种多样的,有时中矿返回地点由试验来决定。中矿返回的一般规律是,中矿应返回到矿物组成和可浮性相近、品位相近的作业中去。

（2）中矿再磨。对于连生体较多的中矿,需要再磨。再磨可单独进行,也可返回到第一段磨矿。当中矿中还有部分单体解离的矿粒时,可将其返回分级作业。当中矿表面需要机械擦洗时,也可返回磨机。

（3）中矿单独浮选。有时中矿虽不呈连生体,但它的性质比较特殊（如浸染复杂,难浮矿粒多,含泥多、可浮性与原矿差别大等）,返回前面的作业都不太合适。在这种情况下,可将中矿单独浮选。

（4）其他方法处理。如果中矿用浮选法单独处理效果不好,可采用化学选矿方法来处理。

390. 浮选工艺操作中常见的异常现象有哪些，如何处理？

浮选操作中经常出现一些异常现象，这些现象产生的原因也很复杂，常常并不完全是由一个因素所致。浮选操作中常见的异常现象、产生的原因及调整方法见表 6-3。

表 6-3 浮选操作中常见的异常现象、产生原因及主要调整方法

异常现象	产 生 原 因	主要调整方法
精矿品位低	矿物组成及矿石氧化、泥化程度的变化	药剂、流程
	精矿作业质量分数大、粗精矿出量大	降低质量分数、减少出矿量
	充气过量	减少充气量
	药剂过量，降低了选择性	减少药剂用量
	精矿刮出量大	减少刮出量
回收率低	矿物组成及矿石氧化、泥化程度的变化	药剂、流程
	磨矿细度粗	提高磨矿分级细度
	药剂用量不当	调整药剂
	生产量过负荷，浮选时间不足	减少给矿量
	中矿循环量增加，浮选过程不稳定	减少有关作业的泡沫刮出量
矿浆外溢	浮选质量分数小	减少给水量
	分级机溢流量增加	调整磨矿分级操作
	浮选机事故，矿浆流通不畅	修理浮选机或清理管道
	起泡剂过量	减药或停药
	矿浆闸门提得过高	调节闸门
	返回量（中矿）增加	减少中矿量
矿浆面下落	浮选质量分数变大	减少矿量或补加水量
	浮选粒度粗	调整磨矿分级操作
	浮选机搅拌力下降，充气管堵塞或脱落	修理浮选机
	原矿品位升高	补加药剂
	起泡剂用量不足	增加用量
	电动机、管道、泵事故，矿浆量少	修理、疏通
泡沫发黏	矿石中矿泥增加	调整药剂
	矿浆 pH 值升高	减少调节剂用量
	起泡剂过量	减少用量
	矿浆中混入润滑油	少加或停加松油并分析原因
	药台事故	检查药剂用量
	各作业刮出量过大	减少刮出量

第五节　硫化矿浮选

391. 铜硫矿一般分为几种类型？

既含有硫化铜矿物又含有硫化铁矿物的硫化矿称为铜硫矿，一般分为两类：

（1）致密块状含铜黄铁矿，矿石中脉石矿物很少。对这种矿石经常采用优先浮选硫化铜矿物，由于矿石中脉石含量少，浮铜以后的尾矿即硫精矿。

（2）浸染状含铜黄铁矿。它的特点是硫化铜矿物和硫化铁矿物含量较低，以浸染状分布于脉石中，脉石含量较高。对这种矿石常采用混合浮选流程，先把硫化铜、硫化铁矿物混合浮出，抛弃尾矿，对混合精矿再磨后分离。

392. 铜硫铁矿有何特点？

这类矿石除了含有硫化铜、硫化铁矿物外，还含有可以回收的磁铁矿。它的特点是：一般储量较小，品位不高。铜矿物以黄铜矿为主，含有黄铁矿、磁黄铁矿、磁铁矿。

这种矿石浮选的方案有两种，一是先磁后浮，二是先浮后磁。生产实践证明，先磁后浮问题较多（主要是磁选时，磁黄铁矿会进入磁铁矿精矿），因此常常采用先浮后磁的方案。先把硫化矿浮出，再在尾矿中磁选磁铁矿。应该注意的是，浮硫化矿时，一定要强化对硫化铁矿的浮选，尽量将磁黄铁矿浮净，否则，在磁选磁铁矿时，磁黄铁矿会混入铁精矿，影响了铁精矿的质量。如果磁黄铁矿混入了铁精矿，必要时对铁精矿要进行脱硫处理（用反浮选法浮除磁黄铁矿）。

393. 如何进行精矿脱杂？

在多金属硫化矿的浮选中，由于原矿性质复杂，最后获得的精矿可能存在"互含"过高的现象。例如，进行铅锌矿的浮选时，铅精矿中可能含锌过高，锌精矿中可能含铅过高。这不仅影响精矿的质量，而且也降低回收率。为了解决这个问题，需要进行精矿脱杂，降低杂质含量。脱杂时一般采用反浮选，例如，含锌过高的铅精矿，则采取浮锌抑铅的办法来脱除锌杂质。

精矿脱杂常常用于铅精矿脱锌、锌精矿脱铅、铅精矿脱铜、锌精矿脱铜等。

394. 什么情况下采用等可浮流程？

等可浮流程不是完全按矿物的种类来划分浮选顺序的。它是按矿物可浮性的等同性或相似性将欲回收的矿物分成易浮和难浮的两部分，按先易后难的顺序浮出后再分离。即使是同一种矿物，如果可浮性存在较大差异，也应分批浮出。这种流程适合于处理同一种矿物，包括易浮和难浮两部分的复杂多金属硫化矿石。

例如，某硫化矿石，有用矿物如闪锌矿、方铅矿、黄铁矿。其中，闪锌矿中有较易浮的和较难浮的两种，这种矿石则可采用等可浮流程，流程如图 6-10 所示。易浮的闪锌矿与方铅矿一起浮，难浮的闪锌矿与黄铁矿一起浮，然后再分离。等可浮流程与混合浮选相比，优点是可降低药剂用量，消除过剩药剂对浮选的影响，有利于提高选别指标；缺点是比混合浮选多用设备。

395. 铜锌分离困难的原因是什么？

在复杂硫化矿的浮选中，铜锌分离是比较困难的，原因主要有两方面：

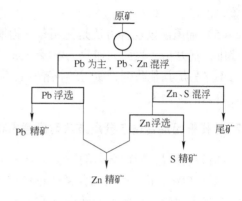

图 6-10　等可浮流程

（1）铜锌矿物往往致密共生。有些矿床（如高温型矿床），黄铜矿常常呈细粒（有时在 $5\mu m$ 以下）浸染状存在于闪锌矿中，难以单体解离，像这样由于矿床成因方面引起的难以分离的问题，目前尚没有好的解决办法。

（2）如果闪锌矿的表面被铜离子活化，则其可浮性与铜矿物相似，造成分离困难。

为了改善铜锌分离，可采取如下几种措施：

（1）沉淀矿浆中的铜离子，防止其对闪锌矿的活化。可以采用硫化钠、阳离子交换树脂处理。前者可以沉淀矿浆中的铜离子，阻止铜离子活化闪锌矿。后者加入球磨机中，可以吸附矿浆中的铜离子，达到阻止铜离子活化闪锌矿的目的。

（2）可采用氰化钠、硫酸作为脱活剂脱除已吸附在闪锌矿表面的铜离子。

（3）混合精矿脱药。在铜锌混合精矿分离前进行脱药，脱除矿粒表面的捕收剂，以利于分离。脱药剂可以采用活性炭或硫化钠。

396. 铜铅分离的方法有哪些？

铜铅分离有两种方案：一是浮铜抑铅，二是浮铅抑铜。常用的方法有如下几种：

（1）重铬酸盐法。这是一种比较传统的方法，用重铬酸盐抑制方铅矿，实现抑铅浮铜。这种方法对被铜离子活化过的方铅矿抑制力差，当矿石中含有易氧化的次生硫化铜矿物时，不宜使用此法。这种方法对于受过氧化的方铅矿抑制效果更好，但由于此法对环境有污染，采用这种方法的选厂日趋减少。

（2）氰化物法。氰化物对黄铜矿抑制力较强，但对方铅矿几乎不产生抑制作用，因此利用这种方法可以抑铜浮铅，并得到较好的效果。当矿石中次生铜矿物多时，因氰化物对次生铜矿物抑制作用弱，消耗氰化物多，常采用氰化物加硫酸锌法加强对铜矿物的抑制作用。由于氰化物有剧毒，且能溶解贵金属，故应尽量少使用，推广无氰工艺。

（3）二氧化硫法。这种方法是用二氧化硫或亚硫酸盐组合其他抑制剂来抑制方铅矿浮选黄铜矿，常用的组合有：二氧化硫（或亚硫酸盐）+淀粉；亚硫酸盐+硫化钠；硫代硫酸钠+三氯化铁。采用这种方法时，由于亚硫酸盐类也抑制闪锌矿和黄铁矿，所以混杂在混合精矿中的锌、铁硫化物会进入铅精矿，使铅精矿质量较差，但铜精矿质量较高。如果方铅矿被铜离子活化过，分离效果不好，不宜采用此法。

（4）羧甲基纤维素（CMC）+水玻璃（或焦磷酸钠）法。某矿采用羧甲基纤维素与水玻璃按质量比 1∶100 的混合剂（或羧甲基纤维素与焦磷酸钠按质量比 1∶10 的混合剂）分选铜铅混合精矿，抑铅浮铜取得了较好的指标。具体的药剂比例，可根据具体情况通过试验来确定。

（5）加温法。这种方法是先用蒸气把铜铅混合精矿加温到 60℃ 左右，在酸性或中性矿浆中，把方铅矿表面的捕收剂解吸下来，表面氧化亲水，而黄铜矿仍然上浮。采用这种方法不必另加其他药剂，所得的铜精矿品位高，含铅、锌低。另外，由于不需加入其他药剂，可以减少污染。

397. 选择铜铅混合精矿分离方法时应考虑哪些因素？

选择铜铅混合精矿分离的方法，应从如下几个方面进行考虑：

（1）矿物组成。铜铅混合精矿中的矿物组成是选择分离方法的主要依据。例如，如果方铅矿表面受到氧化且未被铜离子活化，则可采取重铬酸盐法或氧硫法；方铅矿与次生硫化铜矿物（如斑铜矿及砷黝铜矿）的分离，可选用氰化物法或氰化物加硫酸锌法。

（2）混合精矿中的铜铅比。从生产实践来看，当混合精矿中的铜与铅质量比较大时，多采用抑铜浮铅的方法；当铜与铅质量比较小时，则多采用抑铅浮铜的方法。这是因为“抑多浮少”泡沫量少，可以减少泡沫产品的夹杂，提高精矿质量。

（3）从工艺指标、环境保护、经济成本等多方面综合考虑，进行方案的选择。

398. 混合精矿怎样进行脱药？

为了提高混合精矿分离的效果，在混合精矿分离前往往需要对混合精矿进行脱药。一方面要脱去混合精矿表面的捕收剂膜，另一方面脱去矿浆中过剩的药剂。脱药的方法可以分为三类：

（1）机械脱药法，包括再磨、浓缩、擦洗、过滤洗涤及多次精选。混合精矿再磨主要是使混合精矿中的连生体单体解离，同时也可以脱除一部分药剂。混合精矿浓缩时，可以通过脱水带去水中的药剂，浓缩可以用浓缩机，也可以用水力旋流器。擦洗法是在浓浆强力搅拌时，靠矿粒之间的摩擦脱除部分药剂，但容易泥化的矿物不宜采用此法。过滤洗涤法是将混合精矿浓缩过滤，并在过滤机上喷水洗涤，然后将滤饼重新调浆浮选，这是机械脱药法中最彻底的一种，但其工艺复杂，耗费大，很少采用。多次精选既是混合精矿提高品位的过程，又是一个脱药过程，一般精选过程中，矿浆浓度一次比一次低，因此能通过解吸除去一部分药剂，但效果是很有限的。

（2）解吸法。一种是硫化钠解吸法，另一种是活性炭解吸法。硫化钠能解吸硫化矿混合精矿的捕收剂膜，脱药比较彻底，但硫化钠用量大，脱药后必须浓缩过滤，除去剩余的硫化钠，否则，硫化矿会受到硫化钠的抑制。活性炭解吸法可以吸附矿浆中过剩的药剂，并促使药剂从矿物表面解吸下来。此法不如硫化钠法彻底，但使用方便。

（3）加温法及焙烧法。加温法在混合精矿的分离中已经广泛采用。在铜钼混合精矿的分离中曾采用焙烧法。这两种方法成本较高。

399. 什么情况下适合采用混合浮选流程？

混合浮选流程是多金属硫化矿浮选中常用的流程，它是先混合浮出全部有用矿物，然后再逐次将它们分离。这种流程适合于有用矿物品位比较低（脉石含量较多）和有用矿物呈集合体嵌布的多金属矿石。采取这种流程在经济上有许多优点，它可以在粗磨条件下，进行混合浮选后就能丢弃大量的脉石，使进入后续作业的矿量大为减少，尤其是降低了后续的磨矿作业费用。这就减少了设备投资，降低了电耗，节省了药剂用量及基建投资。这种流程的缺点是，由于混合精矿表面都粘有捕收剂，且矿浆中存留有过剩的捕收剂，会给下一步分离带来困难。

对于有用矿物品位比较高、呈粗粒嵌布的多金属矿石，不宜采用混合浮选，宜采用优先浮选。

400. 硫化钠在浮选中起何作用？

硫化钠（Na_2S）在硫化矿的浮选中是经常使用的一种药剂，它的作用主要有如下三个方面：

（1）它是大多数硫化矿的抑制剂。当用量大时，它可以抑制绝大多数的硫化矿。它抑制硫化矿的递减顺序大致为：方铅矿、闪锌矿、黄铜矿、斑铜矿、铜蓝、黄铁矿、辉铜矿。由于辉钼矿的天然可浮性很好，所以硫化钠不能抑制它。利用这一点，当浮选辉钼矿时，可以用 Na_2S 来抑制其他的硫化矿。

（2）它是有色金属氧化矿的硫化剂。有色金属氧化矿不能直接被黄药捕收。但如果用黄药浮选前先加入硫化钠与有色金属氧化矿作用，则可以在矿物的表面产生一层硫化矿的薄膜，黄药就可以对其捕收了。硫化钠的这种作用称为硫化作用，所以它可以作为有色金属氧化矿的硫化剂。

白铅矿与硫化钠作用后，表面颜色由白变深。孔雀石与硫化钠作用后，表面颜色由绿变暗黑，说明硫化后，这两种矿物表面生成了与矿物不同的硫化物薄膜。

（3）它是硫化矿混合精矿的脱药剂。硫化钠用量大时，能解吸吸附矿物表面的黄药类捕收剂。所以，硫化钠可以作为混合精矿分离前的脱药剂。如铅锌混合精矿或铜铅混合精矿分选前，可以将矿浆浓缩，加入大量硫化钠脱药，然后洗涤，重新加入新鲜水调浆后进行分离浮选。

除了以上三种主要作用外，因为硫化钠可以与不少金属离子生成难溶的硫化物沉淀，所以硫化钠还有消除矿浆中某些对浮选有害的离子的作用。

401. 在使用硫化钠作为硫化剂时应该注意什么？

使用硫化钠作为硫化剂时，要严格控制用量、矿浆 pH 值、矿浆温度及搅拌时间。

（1）用量要适当。用量少，矿物硫化不充分；用量过大，被硫化的矿物又会被过剩的硫化钠抑制。

（2）各种矿物进行硫化最佳的矿浆 pH 值范围是不同的。实践证明，白铅矿在 pH 值为 9~10 时硫化速度最快，孔雀石在 pH 值为 8.5~9.5 时硫化效果最好。

（3）矿浆温度对硫化反应有明显的影响，硫化速度通常随温度的升高而加快。

（4）搅拌时间要适当。搅拌时间长，矿物表面形成的硫化物薄膜厚，对浮选有利。但如搅拌时间过长，则硫化钠及矿物表面的硫化膜会被氧化，降低硫化效果。强烈的搅拌会造成硫化膜脱落。为了避免局部质量分数过高及搅拌时间过长，常常采用分段分批加入硫化钠的方法。

第六节　非硫化矿浮选

402. 怎样利用正浮选法选别铁矿石？

正浮选法适用于矿物组成简单、铁矿物可浮性好、含泥量少的低品位矿石。采用的捕收剂是脂肪酸类或烃基硫酸酯及石油磺酸盐，一般在弱碱性或弱酸性矿浆中进行浮选，用碳酸钠和硫酸调整 pH 值，用碳酸钠分散矿泥和沉淀多价有害金属离子。

此法的优点是药方简单，成本较低，操作容易。缺点是对含泥较多的铁矿石需预先脱泥，多次精选才能获得合格产品。这种方法往往泡沫发黏，不易浓缩过滤，精矿含水分较高。

403. 怎样利用反浮选法选别铁矿石？

采用反浮选处理铁矿石的方法有阴离子捕收剂反浮选法、阳离子捕收剂反浮选法两种。

阴离子捕收剂反浮选法适合于铁品位高、脉石是易浮石英的矿石。用氢氧化钠（或氢氧化钠与碳酸钠）将矿浆的 pH 值调到 11 以上，用淀粉、糊精等抑制赤铁矿，用氯化钙活化石英，再用脂肪酸类捕收剂捕收被钙离子活化了的石英。槽内产品便是赤铁矿精矿。此法的优点是：铁矿石中组成的变化及矿泥含量等因素对浮选指标的影响较小；由于槽内产品是铁精矿，未黏附捕收剂，容易浓缩、过滤。主要缺点是：药剂制度复杂，药剂耗量大；pH 值高达 11 的尾矿水若不处理会造成公害。

阳离子捕收剂反浮选法是用碳酸钠调整矿浆 pH 值为 8 ~ 9，用淀粉、糊精、单宁等抑制铁矿物。用胺类捕收剂（其中以醚胺最好，脂肪胺次之）浮选石英脉石。此法的优点是：（1）可以在粗磨的情况下进行浮选，只要磨到单体解离，胺类捕收剂就能很好地将单体的石英浮起。（2）含有赤铁矿和磁铁矿的矿石，因磁铁矿不易浮，常用磁选—浮选联合流程选别。但若用阳离子捕收剂捕收脉石后，则赤铁矿物和磁铁矿物都留在槽中被回收，简化了流程。（3）如果矿石中含有铁硅酸盐，用阴离子捕收剂进行正浮选时，铁硅酸盐会随赤铁矿选入精矿而降低了精矿质量。但若采用阳离子捕收剂进行反浮选，则把它与石英一起浮出，使铁精矿品位提高。（4）用此法可以免去脱泥作业，减少铁矿物的损失。这种方法适用于高品位、成分复杂的铁矿石的浮选。目前，常常采用这种方法来进一步处理重选和磁选的铁精矿，以获得超纯精矿。

404. 选择絮凝反浮选法有哪些应用？

选择絮凝脱泥反浮选法适用于处理细粒和微细粒嵌布的高硅贫赤铁矿石。首先将矿石细磨，使铁矿物与脉石单体解离。再向矿浆中加入分散剂（水玻璃、氢氧化钠、六偏磷酸钠等）分散，调整矿浆 pH 值为 9 ~ 10。然后加入絮凝剂（淀粉、腐殖酸钠、水解的聚丙烯酰胺等）对铁矿物矿粒絮凝沉降，把上部悬浮的脉石矿泥脱掉，絮凝过程一般可进行几次。经过选择絮凝后得到的铁粗精矿往往达不到质量要求，需进一步采用阳离子捕收剂或阴离子捕收剂反浮选法进行处理，最后得到合格精矿。

405. 如何采用浮选法对高岭土进行除杂?

高岭土在造纸、陶瓷等工业中有着重要用途。通过浮选可以清除高岭土中的石英、铁、钛等杂质。浮选方法有如下几种:

(1) 与石英等脉石矿物的分离。采用正浮选法,用十二胺、三乙醇胺、吡啶作高岭土的捕收剂,用木质素磺酸盐抑制石英等硅酸盐矿物,也可以抑制铁矿物,pH 值控制在 3.0 ~ 3.1,矿浆浓度为 10% 左右。这种方法的缺点是泡沫发黏,不易控制,应寻求更有效的分散剂。

(2) 清除高岭土中的铁、钛矿物杂质。采用反浮选法,用硫酸铵抑制高岭土,用脂肪酸类(或石油磺酸盐类)捕收剂捕收铁(Fe_2O_3)、钛(TiO)杂质。如果铁、钛杂质粒度微细,则可采用载体反浮选法。载体可采用方解石粉($CaCO_3$, -320 目),携带微细粒铁、钛杂质上浮。上浮的泡沫产品废弃,槽中产品为高岭土精矿。载体可以重复使用 8 ~ 9 次。在适当的时候,把泡沫与载体分离,再重新利用。若无必要,有时也不进行分离就加以废弃。浮选时的 pH 值为 9.0。

(3) 清除黄铁矿杂质。有时高岭土中的铁杂质是以黄铁矿的形式存在,在这种情况下,用六偏磷酸钠作为分散剂,用黄药浮去黄铁矿。

406. 如何分选白钨矿?

白钨矿有时与硫化矿、辉钼矿、重晶石、萤石与方解石共生在一起。脉石矿物常常是石英等。在白钨矿的浮选中常常碰到白钨矿与这些矿物的分离问题。

(1) 白钨矿与硫化矿的分离,一般是先用黄药浮出硫化矿,然后在尾矿中用脂肪酸类捕收剂浮出白钨矿。如果在浮硫化矿时未浮尽,浮白钨矿时可加入少量的硫化矿的抑制剂来抑制硫化矿。

(2) 白钨矿与辉钼矿的分离是先用煤油浮辉钼矿,再用油酸浮白钨矿。

(3) 白钨矿与重晶石的分离比较困难。一般是在酸性矿浆中先用烃基硫酸酯钠盐混合浮出白钨矿与重晶石,然后在强酸性介质(pH 值为 2)中加入水玻璃对混合精矿进行分离。再用烃基硫酸酯浮出重晶石,槽内产品即为白钨矿。

(4) 白钨矿与萤石、方解石的分离,可采用常温搅拌法和浓浆高温搅拌法。

常温搅拌法是将含有萤石和方解石的白钨矿粗精矿浓缩,加入水玻璃(10 ~ 20kg/t),在常温下搅拌 14 ~ 16h,然后稀释矿浆进行浮选,则萤石和方解石被抑制,白钨矿仍上浮。这种方法由于搅拌时间太长,一般很少采用。

浓浆高温搅拌法又称为“彼得罗夫法”。先将矿浆浓缩到含固体 60% ~ 70%,加入水玻璃,加温到 80℃,搅拌 30 ~ 60min。然后加水,在常温下进行浮选,方解石和萤石表面的捕收剂膜解吸脱落被抑制,而白钨矿仍然上浮。

(5) 白钨矿与石英等硅酸盐矿物的分离,可用水玻璃抑制石英及硅酸盐矿物,用油酸浮白钨矿。

407. 怎样进行萤石浮选分离?

浮选萤石时,可用油酸、烃基硫酸酯、磺酸盐等作为捕收剂。调整剂可用水玻璃、偏磷酸钠、木质素磺酸盐、糊精等。

萤石浮选的主要问题是与石英、方解石和重晶石及硫化矿的分离，分离方法如下：

（1）萤石与石英的分选。用碳酸钠调整矿浆的 pH 值为 8~9。用水玻璃抑制石英，水玻璃的用量要控制好，如果用量过大，萤石也会受到抑制。用脂肪酸捕收萤石。为了提高水玻璃的选择性，加强水玻璃的抑制力，常常添加多价金属离子（如 Al^{3+}、Fe^{2+} 等）。

（2）萤石与重晶石和方解石的分离。一般是用油酸浮出萤石。浮萤石时可加少量铝盐活化萤石，加糊精抑制重晶石和方解石。对于含方解石、石灰石、白云石较多的比较复杂的萤石矿，可用栲胶、木质素磺酸盐抑制脉石矿物，效果较好。

（3）萤石和重晶石的分选。一般先将萤石和重晶石混合浮选，然后进行分离。混合精矿分离时可采用两种方法：一是用糊精或单宁同铁盐抑制重晶石，用油酸浮萤石；二是用烃基硫酸酯浮选重晶石，将萤石留在槽内。

（4）含有硫化矿的萤石矿。一般先用黄药类捕收剂将硫化矿浮出，再加脂肪酸浮出萤石。如果硫化矿未浮尽，浮萤石时，可加少量硫化矿的抑制剂抑制残留的硫化矿，防止被选入萤石精矿中。

408. 磷灰石如何与含钙的碳酸盐矿物分离？

由于磷灰石与一些含钙的碳酸盐矿物同属含氧酸钙盐，当使用脂肪酸类捕收剂时，它们的可浮性相似，给分离带来困难。磷灰石浮选的主要问题是磷灰石与含钙的碳酸盐矿物（如方解石、白云石等）的分离，磷矿物与碳酸盐脉石矿物分离的方法有如下三种：

（1）用水玻璃和淀粉等抑制碳酸盐等脉石矿物，用脂肪酸类作捕收剂（可用煤油作辅助捕收剂，浮选磷矿物），浮选时矿浆的 pH 值为 9~11，用碳酸钠及氢氧化钠调 pH 值。

（2）加六偏磷酸钠抑制磷矿物，用脂肪酸先浮出碳酸盐脉石矿物，然后再浮磷矿物。

（3）用有选择性的烃基硫酸酯作捕收剂，先浮出碳酸盐矿物，再用油酸浮磷矿物。

409. 怎样提高水玻璃的选择性？

水玻璃是非硫化矿浮选中经常使用的一种抑制剂，它的缺点是选择性差。为了提高它的选择性，常采用如下措施：

（1）与金属盐配合使用。水玻璃与某些高价金属盐（如 $Al_2(SO_4)_3$、$MgSO_4$、$FeSO_4$、$ZnSO_4$ 等）配合使用，能提高选择性。例如，当单用水玻璃时，它对萤石和方解石都能产生抑制作用，但如果水玻璃与 $Al_2(SO_4)_3$ 配合使用，则仅使方解石受到抑制而萤石被浮出。

（2）与碳酸钠配合使用。例如，当磷灰石与石英分离时，水玻璃与碳酸钠配合使用，可使石英受到抑制而磷灰石上浮。

（3）矿浆加温。此法用于白钨矿与方解石的分离，详见 406 题。

410. 石墨浮选应该注意哪些事项？

石墨天然可浮性很好，一般采用浮选的方法，用中性油即可捕收。在浮选中应注意如下几点：

（1）石墨矿石的类型。石墨矿石分为鳞片状石墨矿石和土状石墨矿石。鳞片状石墨矿石的特点是石墨呈鳞片状或叶片状，原矿品位不高，一般在3%～5%，最高不超过20%～25%。这种类型的石墨可浮性好，经浮选后，品位可达90%以上，所以，原矿品位2%～3%就可以开采。鳞片状石墨性能优良，一般可用于制造高级炭素制品。土状石墨也称为隐晶质石墨矿石，这种矿石的石墨晶体小（一般小于1μm），表面呈土状，缺乏光泽，工业性能比不上鳞片状石墨。这种石墨矿石的原矿品位较高，一般在60%～80%，但可浮性很差，经浮选后，品位不会有明显提高，因此，品位小于65%的原矿，一般不予开采，品位在65%～80%之间的，选别后可以利用。所以，对石墨矿石，不能仅看其原矿品位高低，而应首先弄清其类型，再决定可否采用浮选方案。

（2）选别过程中要注意保护大鳞片。大鳞片石墨用途广，资源少，价值较高，所以在生产中必须注意保护大鳞片不被破碎。通常大鳞片是指＋50目、＋80目、＋100目的鳞片状石墨。保护大鳞片的措施是在选别过程中采用多次磨矿多次选别的流程，把每次磨矿得到的单体解离的石墨及时选出来，如将矿石一次磨到很细的粒度，就会破坏了大鳞片。例如我国大型石墨矿山南墅石墨矿，采用了一次粗选、一次扫选、四次磨矿、六次精选的流程，既保护了大鳞片不被破坏，又使精矿品位达90%。

（3）对产品品位要求高。对石墨产品品位要求较高，如普通鳞片状石墨要求品位在89%以上，铅笔石墨品位要求在89%～98%，有的电碳石墨要求品位达99%等。为了获得高品位石墨精矿，在石墨浮选中，精选次数一般都比较多。

第七节　浮 选 试 验

411. 浮选厂实验室的主要任务是什么？

浮选厂一般都设有实验室。浮选厂在生产过程中会出现许多新的矛盾，提出许多新的问题，要求我们通过试验进行专题性试验研究工作。这些试验工作主要包括：

（1）研究或引用新的工艺、流程、设备或药剂，以便提高现场生产指标。

（2）开展资源综合利用的研究。

（3）确定新矿体的选矿工艺，或当矿石性质发生变化时，研究适合矿石性质的新的工艺流程。

412. 浮选试验前需要做哪些准备工作？

浮选试验前所要做的准备工作有以下几项：

（1）试样的制备。浮选试验粒度一般要求小于1～3mm，所以采来的试样必须破碎。通常用颚式破碎机碎到粒径约6.5mm，然后用对辊机和振动筛闭路破碎到浮选试验所要求的粒度，这样的粒度既能保证试样的代表性，又适合于浮选试验所用的磨矿机的给矿粒度。然后将试样混匀并均匀缩分成500～1000g（个别品位低的稀有金属矿石可多至3000g）的单份试样，备作试验用。

在试样制备中要防止试样污染，切忌机油及其他物料的混入。对于硫化矿，要防氧化，最好是在制备好试样后立即进行试验。如试样需保存，则应在较粗的粒度（6～

25mm）下保存，试验前，再破碎成要求的粒度，这样可减少氧化的影响。

（2）浮选药剂的准备。试验前准备的药剂数量要满足整个试验的要求。药剂应保存在干燥、阴凉的地方。对于黄药和硫化钠等易分解、易氧化的药剂，宜储存于干燥器中。药剂使用前，必须检查它是否已经变质，并要了解药剂的来源情况。

（3）磨矿机的准备。实验室应备有几种不同尺寸的磨矿机（如 $\phi200mm \times 200mm$、$\phi160mm \times 180mm$、$\phi100mm \times 150mm$ 的筒型磨矿机），这些磨矿机可分别用于磨 500～1000g、200～500g、100～250g 的试样。$\phi240mm \times 200mm$ 锥型磨矿机，可以磨 2000～3000g 试样。实验室最好也备有陶瓷球磨机，如果试验要求避免铁质污染时，可采用这种球磨机。长期不用的磨矿机，试验前要用石英砂或所研究的矿样预先磨去铁锈。平时在使用前可先空磨一阵，洗净铁锈后再开始磨试样。磨完以后必须注满清水，盖上盖以防氧化。

（4）浮选机的准备。实验室用的浮选机基本上都是小尺寸的机械搅拌式浮选机。单槽浮选机的规格有 0.5L、0.75L、1.0L、1.5L、3.0L 等五种。挂槽浮选机的槽体是悬挂的有机玻璃槽，规格从 5～35g 到最大的 2000g。

（5）浮选用水。一般实验室是采用所在地区的自来水进行试验，待确定了主要工艺条件以后，再用将来选矿厂可能使用的水源进行校核。当用脂肪酸类作捕收剂时，为了消除钙、镁等离子对浮选的不良影响，有时还要对硬水进行软化处理后再使用。

（6）除上述各种主要准备工作以外，对浮选试验所用的仪表和工具，例如秒表、pH计、量筒、移液管、给药注射器及针头、洗瓶、药瓶、大小不等的盛样器皿等，都需事先准备好，并清洗干净。

413. 浮选试验应掌握哪些操作技术？

浮选试验一般由磨矿、调浆、浮选（刮泡）和产品处理等操作组成，正确熟练地掌握这些操作技术，才能使试验正常进行并保证试验的准确性。

（1）磨矿。先将磨矿机空转几分钟清洗干净，然后加入磨矿所需水的一部分，再加入矿样和应在磨矿中加入的药剂，再把剩下的另一部分水加入。磨矿时要注意磨矿机的转速是否正常，还要注意声音是否正常，以判断球或棒在磨机内是否正常运动，要准确控制磨矿时间。倾出矿浆时，要在接矿容器上放好接球筛，用细急水流冲洗磨机内壁和底部，将矿浆冲入接矿容器中，提起接球筛，用急水冲净。最后将磨机注满水，盖好盖以备再用。

清洗时要注意水量不能过多，以免浮选槽容纳不下。如果水过量，可在澄清后用吸耳球或虹吸管抽出清水作为浮选时的补加水。

（2）搅拌调浆。搅拌的目的是使矿物的颗粒悬浮，并使矿粒与气泡达到有效的接触。调浆是在加药之后和给入空气之前的搅拌，目的是使药剂均匀分散并与矿粒作用。

水溶液药剂的添加可用移液管、量筒、量杯等。非水溶性药剂，如 2 号油、油酸等，采用注射器直接滴加，但要预先测定每滴药剂的实际质量，其方法是在一小烧杯（质量已知）内滴数十滴药剂，称出其质量后再除以滴数即每滴重。

（3）浮选刮泡。根据浮选过程观察泡沫大小、颜色、虚实、韧脆等外观现象，通过调整起泡剂用量、充气量、矿浆液面高低和严格操作，可控制泡沫的质量和刮出量。

充气量靠控制阀开启大小和浮选机转速进行调整。充气量确定后，就应固定不变，以免影响试验的可比性。实验室浮选机泡沫层厚度一般控制在 25～50mm，矿浆不能自行从浮选槽溢出。由于泡沫的不断刮出，矿浆液面下降，要保证泡沫的连续刮出，应不断补加水。如矿浆 pH 值对浮选影响不大，可以补加自来水。否则，应事先配成与矿浆 pH 值相等的补加水。黏附在浮选槽壁上的泡沫，必须经常把它冲洗入槽。开始和结束刮泡时，必须测定和记录矿浆的 pH 值和温度。浮选结束后，倒出尾矿，将浮选机清洗干净。

（4）产品处理。浮选的产品应进行脱水、烘干、称量、取样做化学分析。

若产品很细或含泥多，可加凝聚剂以加速沉降。在烘干硫化矿时，温度要控制在 110℃ 以下，防止氧化，使产品品位发生变化。

414. 浮选试验一般包括哪几个步骤？

浮选试验一般包括如下几个步骤：

（1）拟定原则方案。根据研究的矿石性质，结合现场的生产经验和有关专业资料，拟定原则方案。

（2）做好试验前的准备工作。准备工作主要包括矿样的制备，设备、药剂及用水等方面的准备。试验前准备工作的好坏，直接影响试验工作的质量。

（3）预先试验。预先试验的目的是探索所研究的矿石的研究方案、原则流程、选别条件的大致范围和可能达到的指标。

（4）条件试验。根据预先试验确定的研究方案和大致的选别条件，编制详细的试验计划进行系统试验，来确定各项最佳浮选条件。

（5）闭路试验。主要目的是考查中矿的影响。其方法是在不连续的设备上模拟连续试验，即将前一试验的中矿加到下一试验的相应地点，连续进行几次，直到平衡。

（6）中间试验和工业试验。目的是在接近生产和实际生产条件下，核定实验室试验各项选别条件和指标。中间试验是介于实验室小型试验和工业试验之间的试验。工业试验是在生产厂矿中进行。

415. 浮选的条件试验包括哪几项？

条件试验是在预先试验的基础上，系统地对每个影响因素进行试验，根据试验结果，分析各因素对浮选过程的影响，最后确定浮选的最佳条件。在进行试验时，可采用一次变一个因素的古典试验方法和正交设计等新方法。

条件试验包括磨矿细度试验、药剂制度试验（矿浆 pH 值、抑制剂用量、活化剂用量、起泡剂用量等）、浮选时间试验、矿浆浓度试验、矿浆温度试验、精选试验、综合验证试验等。重点应是磨矿细度和药剂制度的试验，其他试验应根据矿石性质及对试验的目的要求而定，不一定对所有的项目都进行试验。

416. 如何进行磨矿细度试验？

使矿石中的有用矿物单体解离，是任何选矿方法都要首先解决的关键问题，因此，浮选条件试验一般先从磨矿细度试验开始。根据矿物嵌布粒度特性的鉴定结果，可以初步估计出磨矿的细度，但必须通过试验最后确定。

磨矿细度试验通常的做法是，取三份以上的试样用不同的时间（例如，10min、12min、15min、20min、30min），在保持其他试验条件相同下磨矿，然后进行浮选，比较其结果。同时平行地取几份矿样，分别用前面规定的几个磨矿时间磨矿，并将磨矿产品筛析，找出磨矿时间和磨矿细度的关系。有时亦可选择结果较好的一两个条件，取相同的一两份矿样进行相应时间的磨矿、筛析。

浮选试验时一般分两批刮泡。先进行粗选，刮出粗选精矿，在此过程中，药剂的用量和浮选时间在全部试验中都要相同。然后进行扫选，刮出扫选泡沫产品即中矿。进行此过程时，捕收剂用量和浮选时间可以不同，目的是将欲浮的矿物完全浮出来，以得出尽可能贫的尾矿。如果从外观上难以判断浮选的终点，则中矿的浮选时间和用药量在各个试验中亦应保持相同。

确定磨矿时间和磨矿细度关系的具体做法是：在磨矿产品烘干后进行取样（一般为100g），并在 200 目的筛子上湿筛。筛上产物烘干后，再放在 200 目的筛子上进行检查筛分，前后得的小于 200 目的物料合并计量。据此即可算出该磨矿产品中 −200 目级别的含量。然后以磨矿时间（min）为横坐标，磨矿细度（−200 目级别的含量,%）为纵坐标，绘制关系曲线图。

浮选产物分别烘干、称量、取样、送化学分析，然后将试验结果填入记录表内，并绘制曲线图。浮选试验记录表的格式根据试验的目的和矿石的组成而定。总的要求是条理清楚，便于分析问题。

417. 如何进行浮选试验？

在不违反良好的选择性和操作条件下，尽可能采用较浓的矿浆是有利的。矿浆越浓，现场所用的浮选机容积越小，药剂用量越少。生产上大多数的浮选分离是在质量分数为25% 和 40% 的矿浆中进行的，在特殊情况下，矿浆浓度最高 55%，最低 8%。一般处理泥化程度高的矿石，应采用较稀的矿浆，而处理较粗粒度的矿石时，宜采用较浓的矿浆。

在小型浮选试验过程中，由于固体随着泡沫的刮出，为了维持矿浆液面不降低而添加补加水，矿浆浓度越来越低。这种变化，也会引起所有药剂质量分数及泡沫产品性质的变化。

浮选时一般是在室温下进行，即温度介于 15～30℃ 之间。当用脂肪酸类捕收剂浮选非硫化矿（如铁矿、萤石、白钨矿）时，常采用蒸汽或热水加温。近年来对硫化矿混合精矿的分离，有时也采用加温浮选法，以提高分选效率。在这些情况下，必须做浮选矿浆温度的条件试验。

浮选时间一般在进行各种条件试验过程中便可测出，因此在进行每个试验时都应记录浮选时间。但浮选条件选定以后可做浮选时间的检查试验。此时，可按不同时间分次刮泡。分次刮泡的时间可分为 2min、3min、5min、……，以此类推，直至浮选终了。将试验结果绘成曲线，横坐标为浮选时间（min），纵坐标为回收率（累计）和金属品位（累计）。根据曲线可确定为获得一定回收率所需的浮选时间。同时根据累计品位的曲线可划分粗选和扫选时间，此时以品位显著下降的地方作为分界点。

对于粗选的粗精矿进行精选，需要在小容积的浮选机中进行。精选次数大多数情况下为 1~2 次,有时则多达 7 次,例如萤石和石墨的精选。在精选作业中通常不再加捕收剂和起泡剂,但要注意控制矿浆的 pH 值。在某些情况下需加抑制剂、解吸剂,甚至对精选前的矿浆进行特别处理,精选时间视具体情况而定。

精选作业的质量分数过分稀释,或矿浆体积超过浮选机的容积,可事先将泡沫产物静置沉淀,用医用注射器将多余的水抽出,脱除的水装入洗瓶,用作粗精矿洗入浮选机的洗涤水和浮选补加水。

418. 浮选闭路试验怎样进行操作?

试验的方法是按照开路试验确定的流程和条件,连续而重复地做几个试验,但每次所得的中间产品(精选尾矿、扫选精矿)仿照现场闭路连续生产过程,给到下一试验的相应作业中,直至试验达到平衡为止。如图 6-11 所示的一粗一扫一精闭路流程,相应的试验室闭路试验流程如图 6-12 所示。

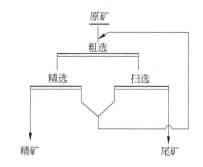

图 6-11 一粗一扫一精闭路流程

闭路试验需要两台或更多的浮选机,至少要两人进行。在一般情况下,闭路试验要连续做 5~6 次试验。最好在试验过程中将精矿产品迅速烘干,以便判断是否已经达到平衡,如能进行产品的快速化验,那就更好了。

如果在试验过程中发现中间产品的产率一直增加,达不到平衡,则表明中矿在浮选过程中没有得到分选,将来生产时也只能机械地分配到精矿和尾矿中,从而使精矿质量降低,尾矿中金属损失增加。

即使中矿量没有明显的不断增加的现象,若产品的化学分析结果是随着试验的依次往下进行,精矿品位不断下降,尾矿品位不断上升,一直稳定不下来,这说明中矿没有得到分选,只是机械地分配到精矿和尾矿中。

对于以上两种情况,都要查明中矿没有得到分选的原因。如果通过产品的考查,表明中矿主要由连生体组成,就要对中矿进行再磨,并将再磨产品单独进行浮选试验,判断中矿是

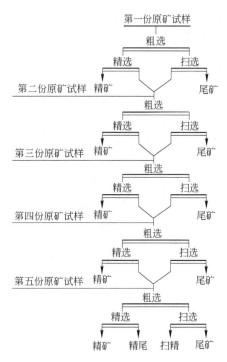

图 6-12 闭路试验流程

否能返回原浮选循环,是否要单独处理。如果是其他方面的原因,也要对中矿单独进行研究后才能确定对它的处理方法。

浮选闭路试验是否达到平衡,其标志是最后几个试验的浮选产品的金属量和产率是否大致相等。

闭路试验操作中应当注意以下几个问题:

（1）中矿带有大量的水，返回前，应事先浓缩，即澄清后抽出部分水，这部分水作为相继试验的补加水和洗涤水。

（2）随着中矿的返回，带入大量的药剂，因此相继试验的药剂用量应酌情减少。

（3）要特别注意避免差错。必须事先制定试验流程，并标出每个步骤中各产品的标号，以避免把标签或产品弄错。整个闭路试验必须连续做完，避免中间停歇。

第七章 化 学 选 矿

第一节 化学选矿基本原理

419. 什么是化学选矿，一般包括哪些步骤？

化学选矿是基于物料组分的化学性质的差异，利用化学方法改变物料性质组成，然后用其他的方法使目的组分富集的资源加工工艺，它包括化学浸出与化学分离两个主要过程。

化学浸出主要是依据物料在化学性质上的差异，利用酸、碱、盐等浸出剂选择性地溶解分离有用组分与废弃组分。化学分离则主要是依据化学浸出液中的物料在化学性质上的差异，利用物质在两相之间的转移来实现物料分离的方法，如沉淀与共沉淀、溶剂萃取、离子交换、色谱法、电泳、膜分离、电化学分离、泡沫浮选、选择性溶解等。

化学选矿一般包括准备作业、焙烧作业、浸出作业、固液分离作业、净化与富集作业、制取化合物（或金属）作业。

420. 常见的焙烧有几种类型？

焙烧过程的一般原理是在适宜的气氛和低于原料熔点的温度条件下，使原料目的组分矿物发生物理和化学变化，转变为易浸或易于物理分选的形态。焙烧的种类主要有以下几类：

（1）氧化焙烧与硫酸化焙烧。在氧化气氛中加热硫化矿，将矿石中的全部（或部分）硫化物转变为相应的金属氧化物（或硫酸盐）的过程，称为氧化焙烧（或硫酸化焙烧）。

（2）还原焙烧。还原焙烧是在低于炉料熔点和还原气氛条件下，使矿石中的金属氧化物转变为相应低价金属氧化物（或金属）的过程。

（3）氯化焙烧。氯化焙烧是在一定的温度气氛条件下，用氯化剂使矿物原料中的目的组分转变为气相或凝聚相的氯化物，以使目的组分分离富集的工艺过程。

（4）钠盐烧结焙烧。钠盐烧结焙烧是在矿物原料焙烧中加入钠盐（如碳酸钠、食盐、硫酸钠等），在一定的温度和气氛条件下，使矿物原料中的难溶的目的组分转变为可溶性的相应钠盐。所得焙砂（烧结块）可用水、稀酸或稀碱进行浸出，目的组分转变为溶液，从而使目的组分达到分离富集的目的。

（5）煅烧。煅烧是天然化合物或人造化合物受热离解为一种组分更简单的化合物或发生晶形转变的过程。

421. 常用的焙烧设备有哪些？

（1）竖炉。主要处理块矿，粒度为 15~100mm，处理鞍山赤铁矿时，生产率为 250~

300t/d。还原过程缓慢，还原程度不均匀。这些问题导致产品技术指标不高，生产成本较高。竖炉焙烧磁选技术经济指标见表7-1。

表 7-1　竖炉焙烧磁选技术经济指标

项目名称	鞍钢烧结总厂	鞍钢齐大山选矿厂	酒钢选矿厂	包钢选矿厂
矿石种类	赤铁矿	赤铁矿 磁铁矿	镜铁矿 菱铁矿	赤铁矿 磁铁矿
原矿品位/%	31.83	30.22	39.98	约31.00
精矿品位/%	65.82	62.43	56.88	约58.00
尾矿品位/%	11.07	10.20	22.78	
铁回收率/%	78.41	78.60	72.32	约70.00
煤气性质	混合煤气	混合煤气	高炉煤气	高炉煤气
耗热量/GJ·t^{-1}	1.050	1.087	1.328	1.338
煤气热/MJ·m^{-3}	7.3~7.5	7.3~7.5	3.4~3.5	3.5~3.8

（2）沸腾炉。入炉粒度为 -5mm。沸腾炉以流化床为基础，固体颗粒在气流作用下，形成流态化床层似沸腾状态，某厂赤铁矿磁化焙烧半工业沸腾炉试验结果见表7-2。目前，此种炉型尚未得到工业化应用。

表 7-2　某厂赤铁矿磁化焙烧半工业沸腾炉试验结果　　　　　　　　　（%）

取样点	原矿品位	精矿品位	尾矿品位	铁回收率
主 炉	29.80	66.27	7.68	83.80
副 炉	23.97	59.68	5.54	84.64

（3）回转窑。入窑矿石粒度为 -25mm。德国鲁尔公司生产的回转窑，生产率为900~1600t/d。相对竖炉来讲，其焙烧矿质量及分选指标均较好（见表7-3），但一次性投资比较大。

表 7-3　回转窑的生产指标

项目名称	酒泉钢铁公司	柳钢屯秋铁矿
回转窑规格/m×m	φ3.6×50	φ2.3×32
加热用燃料	焦炉煤气	褐 煤
还原用燃料	烟 煤	褐 煤
热耗/GJ·t^{-1}	1.738	2.51
入炉矿石种类	镜铁山式铁矿	鲕状赤铁矿
原矿粒度/mm	10~0	15~0
原矿品位/%	31.50	40.37
焙烧矿品位/%	35.50	40.57
精矿品位/%	58.20	51.37
尾矿品位/%	12.70	21.26
铁回收率/%	84.50	81.26

422. 什么是化学浸出，常见的化学浸出方法有哪些？

矿石中有用组分含量很低、或矿石组成复杂、或有用矿物呈极细粒嵌布，用常规的物理选矿方法难以获得合格的精矿产品，或不能取得满意的技术经济指标的矿石均为难选矿石。难选矿石采用化学选矿法处理，往往可获得较好的效果。化学选矿的核心是矿物原料的浸出。浸出法就是借助于一种或多种溶剂，将矿石中目的组分溶解并转入溶液（浸出液），然后再用各种方法加以回收。

浸出的方法较多，分类方法也较多。按浸出试剂不同，可分为水溶剂浸出和非水溶剂浸出，前者是水和各种无机化学试剂的水溶液，后者是以有机溶剂作浸出试剂，详见表7-4。按浸出过程温度和压力条件，可将其分为高温高压浸出和常温常压浸出。目前多用常压浸出，但高压浸出可加速浸出过程，提高浸出率，是一种很有前途的浸出方法。按浸出时物料运动方式不同，有渗滤浸出和搅拌浸出两种。渗滤浸出是浸出试剂在重力或压力作用下自上而下通过固定物料床层的浸出过程。渗滤浸出又可分为就地浸出、堆浸和槽（池）浸。搅拌浸出是将磨细后的矿浆与浸出试剂在强烈搅拌条件下完成的浸出过程。搅拌浸出是常用的浸出方式，而在某些特殊情况下（如待浸物料为废弃的矿柱、围岩，尾矿以及品位很低的矿石等）才使用渗滤浸出。

表7-4 浸出方法及常用试剂

浸出方法		常用试剂	处 理 对 象	备 注
水溶剂浸出	酸浸	硫酸	铀、铜、钴、镍、锌、磷等氧化矿	含酸性脉石矿石
		盐酸	磷、铋等氧化矿，钨精矿脱铜、磷、铋、高岭土脱铁等	
		氢氟酸	钽铌矿物、石英、长石	
		王水	金、银、铂、钯等	
		硝酸	辉钼矿、银矿物	
		亚硫酸	二氧化锰、锰结核等	
	碱浸	碳酸钠	次生铀矿物等	含硫化矿少，碱性脉石矿石 含碱性脉石矿石
		苛性钠	方铅矿、闪锌矿、钨矿石等	
		氨溶液	铜、钴、镍单质及氧化矿	
		硫化钠	砷、锑、锡、汞硫化矿物	
	盐浸	氯化钠	白铅矿、氧化铅矿物及稀土矿物	
		高铁盐	铜、铅、铋等硫化矿	
		氰化物	金、银等贵金属	
	细菌浸	菌种＋硫酸＋硫酸高铁	铜、铀、金等硫化矿	
	水浸	水	胆矾矿、焙砂	
非水溶剂浸出		有机溶剂		

423. 怎样保证浸出作业有高的浸出率？

浸出过程的回收率用浸出率表示，即在浸出条件下，目的组分转入溶液中的量与该组分在原物料中总量之比，通常用百分数表示。生产中可用下式计算：

$$\eta_{浸} = \frac{q\alpha - m\delta}{q\alpha} \times 100\%$$

式中　　$\eta_{浸}$——浸出率，%；

　　　　q　——原料干重，t；

　　　　α　——原料中某组分品位，%；

　　　　m　——浸出渣干重，t；

　　　　δ　——浸出渣中某组分品位，%。

　　由于进入浸出作业的矿物原料组成都比较复杂，有用组分通常呈硫化物、氧化物、各种盐类矿物以及自然元素等形态存在，脉石矿物一般呈硅酸盐、碳酸盐、铝酸盐等，有时还含有碳质及有机物质。此外，矿物原料的结构构造也相当复杂，各组分除呈单体矿物外，有时还呈微粒、胶体、结合体或染色体等形态存在。随矿石性质不同，浸出的难易程度亦不同。

　　为了达到高的浸出率，在浸出前需将矿石破、磨至一定细度，使有用矿物充分暴露，以便浸出过程中，有用矿物与浸出剂有足够的接触（扩散）面积。

　　浸出终了时，保持一定的浸出剂剩余质量分数，是在有限时间内提高浸出率的重要因素之一。由于矿粒表面上的试剂质量分数很小，浸出速度主要取决于试剂的初始质量分数，初始质量分数越大，浸出速度越快。随着浸出过程的进行，药剂被逐渐消耗，质量分数越来越低，浸出速度也随之降低。为保证浸出过程后期也能有较高浸出速度，则必须保持一定的试剂剩余质量分数。

　　适宜的矿浆液固比（质量分数）也是保证获得高浸出率的重要因素。提高矿浆液固比，可降低矿浆黏度，不仅在相同条件下可获得较高的浸出率，而且还有利于矿浆搅拌、输送及固液分离，但当试剂剩余质量分数相同时，会增加浸出剂用量，且浸出液中被浸出的目的组分含量低，后续作业量大。若矿浆浓度过高，会因扩散阻力太大而降低浸出速度和浸出率，而且不利于后续作业的操作。

　　此外适宜的浸出温度、搅拌强度、足够的浸出时间均是获得高浸出率的必要条件。有时为了达到稳定的指标还需在浸出前进行配料。

　　对于难浸的矿石往往还需采用各种方法预处理。如用浮选或预浸方法除去有害杂质，或采用焙烧法，使矿物原料中某些难溶矿物转变成易于浸出（或挥发）的化合物，或使某些杂质矿物转变成难以浸出的形态，或是改善矿物原料的结构以利浸出，等等。

　　总之，针对不同的矿石性质，在试验的基础上选择合理的处理方法、流程、设备，确定最佳的工艺条件，是获得高浸出率的重要保证。

第二节　氰 化 浸 出

424. 氰化浸出前矿浆需进行哪些方面的准备工作？

　　为保证金的有效浸出，矿浆在浸出前必须做好如下准备工作：

　　（1）矿石细度和矿浆浓度。经碎矿、磨矿后的矿浆，首先要保证氰化浸出所要求的矿石细度及矿浆浓度，它取决于矿石性质及工艺过程，如全泥氰化，矿石细度通常在-200 目 85% ~95%，而浮选精矿氰化往往需要再磨，通常达到 325 目或 350 目以至更细。最适宜的磨矿细度需要通过试验来确定。

氰化浸出的矿浆浓度一般在 25% ~33% 内波动，精矿浸出时浓度偏低，全泥氰化时浓度偏高。若氰化后用炭吸附（或离子交换树脂吸附）法提金，为保证吸附剂在矿浆中的悬浮，矿浆浓度必须保持在 40% ~50%。

（2）矿浆除屑。从采场来的矿石中往往带有大量木屑、砂砾、导火索、塑料药袋、橡胶轮胎碎片等杂物，这些物质在矿浆中悬浮很易造成设备及管道的堵塞，影响氰化顺利进行。木屑还会吸附溶解金，造成金的损失，尤其在炭浆工艺过程中，木屑随载金炭进入解吸作业，在高碱度、高温度的溶液中，木屑易被腐蚀、浆化，使溶液黏度增加。木屑还会黏附在炭粒表面，影响解吸 - 电解工艺的技术指标及流程畅通。此外，木屑在和脱金炭进入再生窑活化过程中，会进一步转化成炭，其性脆，在返回浸出后碎裂成细炭并吸附金流失于尾矿中。所以，氰化浸出前矿浆隔渣、除屑是很重要的。

目前用于除屑的设备有固定筛、圆筒筛和直线振动筛。卧式圆筒筛比平面固定筛筛分效率高、筛网磨损小；而直线振动筛由于是在振动条件下工作，所以效率更高，这两种筛在炭浆厂广泛被使用。此外，为了强化除屑过程，在炭浆厂往往设置多段除屑。首先在分级机溢流处，用较粗的筛孔（2 ~3mm）筛除大量的粗粒木屑及杂物；然后在水力旋流器给矿前，用平面筛或圆筒筛（筛孔一般取 24 目）；最后在浓缩前采用更细的（如 28 ~35 目）圆筒筛或直线振动筛，将剩余的细木屑等杂物筛除；有的甚至在氰化前再设一段除屑筛，使矿浆中木屑降到最低。

（3）浮选精矿的脱药。因为浮选药剂，尤其是黄药和 2 号油不利于氰化浸出过程及炭吸附提金过程，所以在浮选精矿氰化浸出前必须进行脱药。为提高脱药效果，可采用脱药、再磨、再脱药的多段脱药处理方法。

矿浆在氰化前进行调整细度、调整浓度、除屑、脱药等一系列准备，这些作业可依次进行，亦可互相交叉多次进行。

（4）调节矿浆 pH 值及矿浆预处理。通常氰化是在 pH 值为 10 ~11 下进行，生产中多用石灰作调整剂。向矿浆中添加石灰，可以将石灰直接加到球磨机内（干法添加），也可把石灰调成石灰乳，然后通过管道加到磨机或调浆槽内（湿法添加），后者较前者方便且卫生。

当被浸物料中含有某些妨碍金浸出过程的矿物，如磁黄铁矿、白铁矿以及少量含碳矿物时，则需在氰化浸金前进行充气碱浸或氧化浸出，以消除这些矿物对氰化浸金的不利影响。

425. 如何用氰化物将金从矿石中浸出？

由于金能与含氧的氰化物溶液发生如下反应
$$4Au + 8NaCN + O_2 + 2H_2O = 4Na[Au(CN)_2] + 4NaOH$$
生成可溶性的亚金氰酸盐络合物，从而使金从矿石中转入溶液，所以在工业上广泛使用氰化浸出提金。影响金浸出效果的因素很多，因此生产中必须保证必要的工艺条件，其中重要的操作因素有：

（1）氰化物和氧浓度。金粒溶解时，首先消耗了金粒周围表面层溶液中的氰化物和氧，使其质量分数降低，为保证金能继续溶解，必须有数量相近的氰化物和氧及时扩散到金粒表面。但因氰化物和氧在溶液中扩散（迁移）速度不同，所以还需要保证溶液中氰化物和氧的浓度有一适宜的比例，才能使金粒表面上的氰化物和氧以等当量的补充。在常温常压下，氧在水中的溶解度为 8.2mg/L，相应的氰化物质量分数需保持在 0.01%。实际生产中根据物料性质及浸出方式不同，通过试验和生产实践来确定，一般氰化钠质量分数为 0.02% ~ 0.1%。

生产中一般将氰化钠配成 10% 的溶液，分别加到几个槽中。采用多点连续、均匀加药可抑制杂质矿物的溶解。通常每隔 1 ~ 2h 测定一次最终剩余氰化钠的浓度，根据测定结果及要求，及时进行调节。

压强为 80 ~ 100kPa 的空气，由中空轴加入浸出槽为矿浆供氧。操作人员观察搅拌槽中空气分布情况及充气量大小，通过空气调节阀加以调整。

（2）保护碱。由于氰化物是一弱酸盐，在水中易水解生成氰氢气逸出，不仅造成氰化物的浪费，而且造成环境污染：为了维持氰化物在水溶液中的稳定性，减少其水解损失，应加入足够量的碱，使其维持一定碱度，故称保护碱。此外，加入碱还可以中和矿物氧化及二氧化碳溶解产生的酸，还可以促进一些金属矿物氧化产物水解沉淀。如硫化铁矿物氧化产生的硫酸亚铁和硫酸铁，在碱性条件下水解生成氢氧化铁沉淀，这就减少或消除了铁与氰化物的络合。

工业上常用廉价易得的石灰做保护碱，其对细粒物料的絮凝作用，于脱水作业也是有利的。生产中一般在测定氰化钠后，直接用草酸滴定法测定矿浆中 CaO 含量来确定碱度，控制矿浆 pH 值为 10 ~ 12 时，相应矿浆中 CaO 含量约为 0.01% ~ 0.02%。

若发现碱度不足，应立即添加 NaOH 溶液，使其迅速提高到所需的 pH 值。

（3）矿浆浓度。一般来说降低矿浆浓度有利于提高矿物的浸出率，但矿浆体积增大，溶液中金的浓度降低，后续作业量大。对于生产厂来说，矿浆浓度降低会缩短浸出时间、降低处理能力，因此必须保证稳定的矿浆浓度。对氰化浸金来说，随着被浸物料中金含量高低不同，其浓度一般为 25% ~ 33%。若采用炭吸附提金工艺，为使炭悬浮，其矿浆浓度应提高到 40% ~ 50%。

（4）温度。温度对金的浸出速度影响很大。研究证明，随温度升高金的溶解速度加快，且在 80℃ 时有最大的溶解速度。但温度升高，氧的溶解度下降，氰化物水解、挥发加剧，还要消耗更多的能量，故通常是在常温常压下浸出。为使浸出矿浆保持在 15℃ 以上，北方地区生产厂房冬季要有采暖设施。

426. 怎样提高金的溶解速度？

生产中努力提高金的溶解速度是提高金的浸出率和生产能力的主要途径。金的溶解速度与氰化物质量分数、碱度、矿浆浓度以及矿石性质等因素有关，其中最主要的因素之一是矿浆中氧的质量分数。若能提高氧的质量分数，就可相应提高氰的质量分数，或提高了氰的利用率，从而使溶解速度加快。研究和实践证明，在当浸出系统中加入某些氧化剂、助浸剂或直接充氧均可获得明显的效果。

向矿浆中加入少量的 H_2O_2（小于 0.01mol/L），可在 2 ~ 6h 内达到一般氰化过程 24 ~ 48h 的浸出率，有的浸出过程还可提高浸出率 10% 以上。H_2O_2 的助浸作用是液体的 H_2O_2 在矿浆中直接析出液态的原子氧，而且还可远远超过矿浆中氧气的饱和限度。因此能使金表面上有足够的氧，从而加速了溶解。

河北省某金矿利用变压吸附制氧机组生产的含氧 90% 以上的富氧气体，代替空气充入浸出槽，将原充空气浸出工艺改为富氧浸出工艺，极大地提高了金的溶解速度，增大了浸出设备的能力，同时金的浸出率也比原工艺增加了 0.89%。

427. 含金矿石氰化浸出效果差的原因是什么，如何解决？

含金矿石种类很多，在常规条件下不能顺利浸出（一般认为浸出率低于 85% 的），且用重选法也不能有效回收的难选（浸）矿石，难浸的原因如下：

（1）矿石中有大量消耗氧、碱和氰化物的伴生矿物，如磁黄铁矿、白铁矿等，它们在氰化过程中，很易被氧化分解产生硫酸、硫酸亚铁、碱式硫酸铁、硫代硫酸铁等，这些物质均与氰化物或碱反应，从而使大量的氧、氰化物和碱先于金的溶解而被消耗，妨碍了金的浸出。可采用预先充气碱浸的方法处理这类矿石，即在矿浆氰化浸出前，在碱性介质下充气（充氧）、搅拌，让这些矿物有足够的时间氧化、水解，使之转变成不溶于氰化物的氢氧化铁，然后再添加氰化物浸出，使金有效地溶解。

（2）矿石中伴生有砷、锑等的硫化矿。这些矿物在氰化溶液中被氧化，不仅消耗药剂，而且其产物（如亚砷酸盐、硫代亚砷酸盐、亚锑酸盐、硫代亚锑酸盐等）往往呈难溶化合物的薄膜，覆盖在金粒表面，使得金难以溶解。

（3）金粒太细，呈亚微态包裹在硫化矿内或分散在其晶格上，很难用磨矿方法使金暴露，所以氰化浸出效果很差。

（4）还有一种含碳的金矿石，由于矿石中存在具有活性的石墨或有机碳等，它们会将已溶金吸附，重新沉淀下来，所以降低了金的浸出率。对这类矿石可视其含碳量的高低，用不同方法预处理。1）物理法。利用碳矿物表面疏水性，当碳含量低时，浸出前加少量煤油或煤焦油，使之在炭表面生成覆膜抑制炭吸附金；当碳含量较高时，加油后将其浮选分离。2）化学法。用焙烧法使碳氧化成 CO 和 CO_2 气体逸出，或在 $50 \sim 60℃$ 下碱性介质中用次氯酸钠在搅拌条件下使之氧化，然后再氰化浸出。

428. 含铜高的金矿石应怎样处理？

与金伴生的铜矿物中，除黄铜矿、硅孔雀石等少数铜矿物外，多数矿物（如孔雀石、蓝铜矿、辉铜矿等）在氰化物溶液中都有很高的溶解度。这些氰化物在金氰化浸出同时，会与金"竞争"氰化物和氧，从而妨碍了金的溶解，所以要根据矿石中铜的多少不同采取不同的处理方法。

当矿石中可溶铜含量较低时，其增加的氰化物耗量没在造成经济不合理的情况下，可增加氰化物用量。注意应在较低温度和较低氰浓度下操作，因为铜矿物的溶解速度随温度和氰化物浓度的升高而显著增加。生产中采用分段（槽）加药的方法控制每槽都有较适宜的氰化物浓度，控制铜矿物的溶解速度，在保证金回收同时尽量降低氰化物的耗量。

当矿石中铜矿物含量较高（如大于 0.3%）时，氰化物耗量过高而经济上不合算时，可采用浮选法处理，选出部分合格的铜精矿，然后尾矿再进行氰化提金。

为了充分地利用矿产资源，当有必要进行综合回收时，可采用不同的浸出方法联合处理。先用稀硫酸浸出铜，得到的硫酸铜溶液用铁置换法获得海绵铜，而降低了铜含量的铜浸渣再行氰化提金。此法也可用于处理含金铜精粉。

第三节　固 液 分 离

429. 如何实现矿浆的固液分离和洗涤？

在化学选矿过程中，为保证浸出时所需的矿浆浓度，浸出前通常设有浓缩作业，浸出后的矿浆以及化学沉淀后的料浆均需进行固相和液相分离，以满足后续作业的要求。我们将这些固液两相分离过程统称为固液分离。

化选中的固液分离，不仅要求固体和液体分开，而且由于分离后的固相中（滤饼或底流）往往夹带有相当数量的溶液，而这部分溶液的性质与给料矿浆中液体性质完全相同，为了提高金属回收率或固体产品的质量，还应对固相部分进行彻底洗涤。

根据固液分离过程的推动力不同，固液分离可分为如下三类。

（1）重力沉降法。固体颗粒在重力作用下沉降，固相和液相之间的密度差使其分层，最终液体从设备顶部溢出，浓相从底部排出。常用的设备有沉淀池、各种浓缩机、流态化塔和分级机等。沉淀池为间歇作业，其余均为连续作业设备。流态化塔和分级机得到的是供后续处理的稀矿浆，而沉淀池和浓缩机均可得到澄清的液体。这些设备既可完成固液分离，又可用于固相洗涤。

（2）过滤法。这是利用滤介两侧的压力差实现的固液分离过程。用该法进行固液分离可获得澄清度高的清液。常用设备为各种类型的真空过滤机和压滤机。需洗涤时，可将滤饼再调浆，再过滤。近几年国内投产使用的自动板框压滤机，以及南非研制成功的带式过滤机，均可进行连续过滤和洗涤。

（3）离心分离法。它是借助于离心力的作用，使固体颗粒沉降或过滤的，常用设备有水力旋流器、离心沉降机和离心过滤机。

化选中为达到固液分离及洗涤的目的，往往要进行多次。当洗涤作业是回收固体废弃溶液时，一般采用错流洗涤流程（即每次给入新鲜洗涤剂），以提高洗涤效率；若是为了回收溶液而弃去固体，通常采用逆流洗涤流程（被洗物料与洗涤剂运行方向相反），以保证较高的洗涤率和洗液中有较高的目的组分含量。

化选料浆一般都具有腐蚀性，所以设备要求耐腐蚀。中性或碱性介质，可用碳钢和混凝土制作；酸性介质则要求采用耐腐蚀材料或进行防腐处理，通常可选用不锈钢、衬橡胶、衬塑料、衬环氧玻璃钢、衬瓷片或辉绿岩等。

430. 置换用板框压滤机应如何操作？

板框压滤机是氰化提金厂锌粉置换常用的设备，属于间断工作设备，其操作过程如下：

（1）装机。首先要将滤板和滤框的压紧面清洗干净，涂上凡士林或黄油，然后再铺上滤布和滤纸，其层数以不漏金泥为准。借压紧装置将间隔安置的滤框和滤板压紧后，方可开始工作。

（2）挂浆。所谓挂浆是使滤纸上形成一层锌粉初始层。装机后，用贫液将初加量的锌粉（根据压滤机规格及贵液的质量分数而定，如某厂为 $1.3 kg/m^2$）控制在 $1 \sim 1.5h$ 内送入机内，同时将醋酸铅配成 10% 溶液加入贫液，其用量约为锌粉用量的十分之一。挂浆时贫液流量尽量大些，可使锌粉充分悬浮，锌粉层铺挂均匀、牢固。

（3）置换。挂浆后开始置换，将补加了锌粉和醋酸铅的贵液送入机内。初期置换贫液需循环，每 30min 快速分析贫液含金量，直至达到 0.02mg/L 以下，贫液方可排放。此过程一般需 2~3h。置换正常工作下，过滤层阻力随金泥量的增加而增大。当进液管压强达一定值（如某厂达 245~265kPa）时，停止供液，准备取金泥。

（4）拆箱。停给贵液后以 294~392kPa 的风压向机内吹风 3~4h，将压滤机内残余液体排出后停止吹风。将金泥连同滤纸直接放入盘中，逐片清洗滤框、滤板和滤布。沉淀物和金泥一并送去冶炼。

431. 怎样选择贵液净化、脱氧设备？

由于锌粉置换提金比锌丝置换提金具有成本低、置换率高、占地面积小、劳动条件得以改善等优点，目前已被锌置换提金厂广泛采用。锌粉置换前需对贵液进行净化、脱氧处理。

（1）净化设备。净化通常用管式过滤器或板框式真空过滤器，前者是以压滤方式、后者是以吸滤方式，将浸出洗涤的贵液中残余的固体悬浮物，与加入铅盐后生成的 PbS 沉淀物等过滤除去，以获得澄清的贵液。

净化设备是根据过滤面积来选择。过滤面积可由下式进行计算：

$$S_1 = W_1/q_1$$

式中　S_1——选择过滤器的过滤面积，m^2；

　　　W_1——需要过滤的液体量，m^3/d（或 m^3/h）；

　　　q_1——过滤器单位时间、单位面积处理量，$m^3/（m^2 \cdot d）$（或 $m^3/（m^2 \cdot h）$）。

q_1 值可通过半工业或工业试验测得，而一般是参考类似选厂生产实际选取。某些选厂实践表明，板框式真空过滤器其 q 值约为 $2.7m^3/（m^2 \cdot d）$，某厂生产的管式过滤器其过滤量为 $1.0~1.2m^3/（m^2 \cdot h）$。

板框真空过滤器结构简单、制作方便、净化效果好，但滤饼清洗麻烦，劳动强度大，宜过滤含固体悬浮物较高的液体。管式过滤器与之相反，清渣方便、净化效果好，但结构复杂，滤管、接头、阀门多，易造成漏气多，宜处理含固体悬浮物较低（小于 100mg/L）的液体。

（2）脱氧设备。脱氧通常是在脱氧塔中进行的。它是一圆柱形锥底塔体，塔内上部有喷淋器，中部有填料层（塑料点波板或木条格子）座在支承筛板上，下方是脱氧液储存室，由液位调节装置控制液面高度。净化后的贵液在真空作用下，吸入塔内喷洒到填料层上，形成液膜向下流动，在真空作用下液体内溶解的气体逸出，达到脱氧的目的。脱氧液由锥底的排液口排出，进入置换作业。

脱氧塔高一般不少于 3m，横截面积可按下式确定

$$S_2 = W_2/q_2$$

式中　S_2——脱氧塔横截面积，m^2；

　　　W_2——需脱氧的溶液量，m^3/d；

　　　q_2——单位截面积处理的溶液量，$m^3/（m^2 \cdot d）$。其值可由试验确定或选用 $q_2 =$

$400 \sim 900 \text{m}^3/(\text{m}^2 \cdot \text{d})$（处理量大时取大值，反之取小值）。然后再根据 $S = \pi D^2/4$ 求出所需脱氧塔圆柱直径，按生产厂提供的设备选取。目前国内生产的脱氧塔有 $\phi700\text{mm} \times 3000\text{mm}$、$\phi1000\text{mm} \times 3500\text{mm}$、$\phi1200\text{mm} \times 3600\text{mm}$、$\phi1500\text{mm} \times 3600\text{mm}$、$\phi1800\text{mm} \times 4000\text{mm}$ 等几种规格。

生产实践表明，脱氧塔在控制真空度为 $26.6\text{kPa} \pm 2.6\text{kPa}$ 时，脱氧率达 95% 以上，溶液含氧可降至 0.5mg/L 以下。

432. 怎样操作多层浓密机?

多层浓密机是氰化提金厂用于矿浆洗涤的最常见的设备之一，它相当于几个单层浓密机上下叠加起来，每层将待洗矿浆与洗水混合稀释后，固体颗粒在重力作用下沉降至浓密机底部形成质量分数高的压缩层，在耙子旋转运动的推动下，经泥封池排至下层。含有溶解金的上清液，从溢流堰被压入调节水箱，再流入上一层作洗水。为保证多层浓密机的正常工作，必须严格操作。

（1）开车前必须做到"四管通、无杂"，即进矿管、排矿管、洗水管和溢流管通畅无阻，浓密机各处尤其是泥封槽无碎石、水泥渣等杂物。

（2）检查传动部件和油路，要求油足、路畅。

（3）先用贫液或贵液（第一次开车可用水）注满除最上层外的各层，启动电机使浓密机运转。

（4）将矿浆和洗水同时给入浓密机。

（5）当最下层形成了一定厚度的压缩层（质量分数达 25% 以上）后，为防止因矿砂淤积时间过长而造成下层排放管堵塞，可开始少量且间断地排矿。

（6）随矿浆的不断给入，各层先后形成压缩层并有溢流产生，这时根据溢流的浑浊程度和各层返水量大小，调节洗水分配箱中的水位和进出水量，使之平衡。

（7）调节水量的同时，调节最底层阀门控制排放质量分数，使之达到技术要求。

（8）定时检测放矿质量分数，保证给矿、洗水连续、均匀。

（9）观察各层溢流水的浑浊度。

（10）浓密机需停车检修时，首先停止给矿，继续排矿，到底流质量分数降低至一定质量分数（通常小于 25%）后，方可停水、停机。

（11）停机时间超过 8h，应将耙子提起以防被沉砂压住。

433. 如何处理多层浓密机泥封槽常见的故障?

为保证多层浓密机中各层的独立浓密作用，在除最下一层外的各层排料口都由泥封槽（见图 7-1）排料。浓缩后沉积在泥封槽周围的矿浆，在内、外刮板旋转运动的作用下，通过排放间隙呈"∽"形排出，它既防止上层矿浆直接流到下层，又可挡住下层清液从排矿口进入上层，所以正常工作时，各层溢流水均在下层矿浆的挤压作用下压入洗水调节箱，再进入上一层作洗水。泥封槽出现故障会影响洗涤效果，甚至起不到洗涤作用。泥封槽常见的故障是泥封槽堵塞、没有形成泥封或泥封被破坏。

泥封槽堵塞是较难处理的故障。它是由杂物或长时间积矿使 S 通道堵塞，在没停止给料情况下，出现放矿质量分数变得越来越小、溢流出现跑浑、电机电流增加等现象，此时

应立即停止给矿，进行处理。当堵塞不严
重时，可用提升耙子的方法排除。耙子升
高后加大了排矿间隙而促进排矿。积矿排
除后，耙子恢复原位时，应注意耙子下落
速度不宜太快，一般控制每转两圈下落一
扣。如果升高耙子不能奏效，应立即停车
处理。从上层开始逐层吸出液体和矿浆，
直至露出被堵塞的泥封槽，然后用高压水
冲洗（或人工）处理堵塞物，清理干净后
重新开机。不能由下层开始抽吸液体和矿
浆，否则上层隔板会被上层积矿（或矿浆）
压塌。

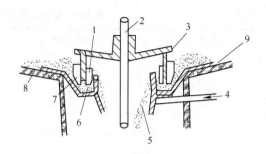

图 7-1　泥封槽结构

1—内刮板；2—竖轴；3—泥封罩；4—冲洗水；
5—混料室；6—泥封池；7—外刮板；
8—中间层隔板；9—矿浆流通线

　　若发现除上层外各层均无溢流，此时洗水分配箱内液体不流动，各层之间水位差消
失，整个水位上升接近上层溢流口。这说明泥封槽没有形成泥封或泥封被破坏了。其原因
可能是排矿量远大于给矿量，或中断给矿时间过长而还在继续排矿，使浓密机内压缩层变
薄以至消失；或者耙子转速过快；或耙子提得太高，使排矿间隙过大。总之，此时泥封槽
周围因无积矿而起不到泥封作用，使整个浓密机成为一体，造成洗涤率大大下降。

　　发现泥封被破坏后应及时调节，在尽量减小放矿量的同时，保证均匀连续地给矿，适
当地降低耙子的转速或降下耙子减小排矿间隙，使浓密机逐步恢复正常工作。

第四节　离子交换吸附净化法

434. 如何测定活性炭的活性？

　　活性炭是炭吸附提金的重要材料。为保证炭吸附提金有良好的指标，选择合适的活性
炭是非常必要的。

　　炭吸附提金过程中所用的活性炭，必须具有较高的活性，才能保证最有效地吸附回收
已溶金，常以其对金的吸附容量和吸附速率来衡量其活性。

　　吸附容量是指单位质量的活性炭上负载金的量，当此值达最大值时为饱和容量。通常
在比较不同炭的吸附性能时无需达到饱和容量，因在实际生产中，炭循环是在远低于饱和
容量的条件下操作的。其测定方法是用单位质量的活性炭（如 1g），置于一定体积（如
1L）已知金质量分数的氰化物溶液中，搅拌吸附一定时间（如 8h 或 20h 等）后，将炭取
出化验其含金量。不同活性炭在同样条件下可有不同的吸附容量。

　　活性炭的吸附速率是指单位时间内活性炭吸收金的百分数。可用一定量的活性炭
（如 1g 或 2g），分别在已知金质量分数的氰化物溶液中吸附不同的时间，然后测其贫液含
金量，计算出相应的吸附百分数，见表 7-5。由表 7-5 中可以看出，同一种活性炭随着吸
附时间的延长，金的吸附速率降低。这是因为吸附初期溶液中与炭上含金量差值大，所以
扩散推动力大。

表 7-5　某活性炭在矿浆中的吸附速率

矿浆含金 /mg·L^{-1}	吸附时间 /min	贫液含金 /mg·L^{-1}	金吸附速率 /%·min^{-1}
1.24	10	0.78	3.71
1.24	20	0.46	3.15
1.24	30	0.30	2.53
1.24	40	0.18	2.14
1.24	50	0.13	1.79
1.24	60	0.12	1.51

435. 怎样测定活性炭的强度?

活性炭的强度是炭吸附提金中对活性炭要求的又一重要特性指标。在炭浆厂生产中,为了减少金在流程中的滞留量,同时也降低由于长时间积存在吸附槽中的炭被磨损造成的金流失,通常提取的载金炭的载金量远低于它的饱和容量或平衡容量。因而选择强度较高的硬炭更为重要。

活性炭强度用其耐磨性来衡量。测定方法是:将筛除炭屑和灰尘的活性炭与水混合后,置于滚动瓶内滚动搅拌一定时间,测定磨去细粒后的活性炭占原炭试样的质量分数,该值代表了该活性炭的耐磨性。

生产厂每批进炭不尽相同,一种更适用于炭吸附提金实践的试验方法是,在搅拌槽中,模拟炭预处理的条件下进行,将搅拌不同时间后的料浆过筛,筛上物烘干后测其质量。随着搅拌时间的延长,筛上物的量减少,直至筛上炭的量基本不变,累积筛下物总量计算出磨损率,同时累积搅拌时间确定出炭预处理所需的时间。

436. 炭吸附提金生产过程中常有哪些故障?

炭吸附提金生产中经常出现的故障有以下几种:

(1) 隔炭筛(级间筛)堵塞。由于矿浆浓度过大、矿浆黏度高、底炭的密度大或矿浆中木屑等杂质较多时,往往会使隔炭筛发生堵塞,妨碍矿浆的正常流动,造成跑槽、金属流失。解决的办法有四种:一是增加除木屑作业;二是适当降低矿浆浓度或底炭密度;三是适当提高清除筛网积炭的低压空气风量;四是改造隔炭筛,采用卧式圆筒筛,其一端堵死,另一端与排矿口连接,此筛上部露出矿浆面,且可随矿浆的搅拌产生小的摇动,必要时可人工击打或在筛上安装一台小型振动电机来清除堵塞物。生产实践证明,该筛制作、操作、更换都方便,又不需吹风,减少了筛子的磨损。

(2) 炭浸槽搅拌器减速箱进水。炭浆厂所采用的双叶轮低转速节能搅拌槽,由于空气从中空轴进入槽中,许多厂采用水环式压缩机供气,所以进气中往往带有一些水分,在进入中空轴时会渗漏到减速箱中,加速了蜗轮蜗杆的损坏。解决办法有三种:一是加强进气接头处的密封;二是改善真空压缩机的气水分离器,提高分离效果;三是改变炭浸槽的进气管,将进气管直接接到中空轴的下方进气,彻底清除隐患。

(3) 石灰乳管路堵塞。由于石灰乳容易结垢,石灰乳阀门附近管路经常会发生堵塞现象。较好的安装方法是，石灰乳循环主管路安装的位置低些，到各作业点的支管先向上倾斜到控制阀门位置，然后再向下倾斜流入各作业点，形成一个"人"字形的管线。当停止加药关紧阀门时，支管中的石灰乳自动流回主管路，回到石灰乳槽，防止阀门处管路堵塞。

（4）长轴泵打空现象。由于长轴泵体积小、质量轻，可直接浸没在矿浆中工作，不易堵塞、操作维修方便，加之其扬量和扬程适中等优点，常被小型氰化厂用来扬送矿浆。当被送物料质量分数高、密度大时，因其流动性差，在槽（池）底部易产生积矿，影响泵的正常工作，出现打空甚至出现埋泵现象。较好的解决办法是将泵主轴从顶端螺帽处焊接加长一段，使之延至泵体外，在外部安上两叶片，形成叶轮，随主轴旋转搅拌矿浆，便不再产生积矿。

437. 炭浆法提金厂怎样提高已溶银的回收率？

由于活性炭对金氰络合物的选择性吸附强于对银氰络合物的吸附，当两种金属的量都较高时，银氰络合物就会被排挤而不被吸附，或虽被吸附而后又被金氰络合物所交换，溶液中金的质量分数越高，这种交换取代作用越强烈，最终造成银的大量流失。提高已溶银回收率的方法如下：

（1）加快活性炭的周转速度，控制在较低的载金量下操作，以减少载金炭上的银被大量的交换下来。

（2）分段吸附，即浸出矿浆进入吸附段首先在高金质量分数下吸附金，而后在低金质量分数下吸附银，根据金、银含量的多少可有两套不同的吸附制度，分别获得载金炭和载银炭。

无论哪种方法都会增加解吸和再生的作业量，因此需根据具体情况进行技术经济比较确定吸附工作制度，以保证金和银均有高的回收率。

438. 工业上有哪些可供选择的载金炭解吸方法？

尽管活性炭能吸附金早已为人所知，但直至能用解吸的方法有效地回收载金炭上吸附金以后，炭吸附提金工艺才得以在工业上推广使用。目前，工业上常用的载金炭解吸方法有以下四种：

（1）常压法。该法用较低质量分数的氰化钠碱溶液为解吸液，在接近沸点温度下以一定流速通过载金炭床层，使炭上的金银转入溶液。通常解吸条件是用 90~98℃ 的 1%~2% 氰化钠和 1.0% 氢氧化钠溶液，以每小时一个炭床层体积的流速通过载金炭完成解吸。载金量为 9.6kg/t 的载金炭，经 50h 后可使活性炭上的金低于 160g/t。这一方法所需解吸液体积大、药剂消耗大，所得含金溶液的质量分数较低，解吸时间长。

（2）高压法。该法是在高压釜内进行，作为解吸液的氰化钠碱溶液（1.0% 氢氧化钠加 1% 氰化钠）在 353~392kPa 的压力下，实现在高于溶液沸点的温度下（135~160℃）解吸，解吸时间大大缩短，一般在 4~8h 内即可完成。因此高压法解吸液体积小，药剂消耗少，所得溶液含金质量分数较高，而且由于解吸时间短，炭循环速度高，可降低整个工艺过程的滞留金，有利于企业的资金周转。但因这种方法需要高压设备，而使得设备投资大，操作复杂。

（3）有机物洗脱法。为提高常压解吸效率，LISBM 发明了乙醇洗脱法，即在 1.0% 氢氧化钠和 0.1% 氰化钠溶液中，加入 20% ～30% 体积的乙醇（或甲醇、丙醇和异丙醇等）在 70～90℃温度下，经 6h 后可使 99% 的贵金属洗脱。解吸过程控制较高的碱度值，对于降低活性炭对金氰络合物的吸附能力来说是必要的。该法的优点是不需加压，且在较低的温度下可使洗脱效率大大提高。其主要缺点是酒精挥发损失较大，而且易燃不安全。为了克服这些缺点，人们用安全、经济的有机溶剂（如乙腈）、来代替乙醇，另外，寻找更科学的工艺方法（如分馏法）以提高解吸效果。

（4）去离子水洗脱法。此工艺是由南非的英美试验研究室研究成功的，其过程是由载金炭预处理和去离子水洗脱两步完成的。首先将一炭床体积的 4% ～5% 氰化钠和 2% 氢氧化钠溶液对载金炭进行浸泡 1～2h，然后再用去离子水，以每小时 1～2 炭床体积的流速洗脱 5～7h，整个过程在 90～110℃温度下进行。此法比常压法的效率提高、药剂消耗较低，作业过程是在常压下进行，因此具有明显的优点。目前国内许多小型炭浆厂都采用该方法解吸载金炭，所不同的是国内很少采用去离子水而是用清水进行洗脱。国外的研究证明，用去离子水洗脱比用清水洗脱，在同样条件下可获得较高的解吸率。国内某矿用软化水代替自来水解吸，解吸率由 94.1% 提高到 98.7%。将自来水加 0.1% 的氢氧化钠搅拌一定时间后静置沉淀，其上清液即作为解吸的软化水。

439. 提高载金炭解吸率的途径有哪些？

提高载金炭解吸率对减少滞留金和流失金有很重要的意义，提高解吸率的途径有：

（1）确定适宜的技术条件。要根据本厂载金炭的实际条件（如金、银含量及炭的性质等），制定出适宜的解吸剂组成、解吸温度、解吸剂流速及解吸时间等工艺参数。

（2）改造设备提高温度。目前有的厂采用蒸汽加热解吸柱代替原来的电加热解吸柱，提高了解吸温度，不仅提高了解吸率，而且还降低了药剂消耗，取得了明显效益。蒸汽加热解吸柱的柱体为夹层，内圆柱里放载金炭解吸，内外柱夹层中通入蒸汽加热，外层包有保温材料。该柱运行时柱内温度高，上、下分布均匀，用去离子水洗脱法时，转型保温阶段柱内温度可达 130℃以上，实现了高压转型、常压洗脱。

（3）改善洗脱水的质量。事实证明，用去离子水、软化水或蒸汽冷凝水代替天然水作洗脱剂，排除了钙、镁等离子产生沉积的干扰，从而提高解吸率。

（4）解吸前进行酸洗预处理。解吸前用酸浸泡载金炭，除去其上沉积的钙、镁等碳酸盐，使炭表面活性区增加，有利于解吸剂的吸附，进而强化了解吸过程。生产中多用 3% 的盐酸或硝酸浸泡载金炭 1～0.5h，排出酸液再用清水多次洗涤，直至洗出液为中性。经预处理的载金炭解吸后不需再酸洗再生。

440. 如何实现解吸液循环泵一机多用？

解吸液循环泵一机多用是将配制解吸液、解吸－电解循环、电解贫液返回、清洗电解槽与阴极钢毛等四道工序用一台泵来完成，从而可减少装机容量和占地面积，投资低、操作方便。其连接形式如图 7-2 所示。

（1）配制解吸液。将称量的氰化钠、苛性钠放入解吸液储槽内，加水至要求水位，关闭阀门 K_2，开启阀门 K_1，解吸液循环直至药剂完全溶解。

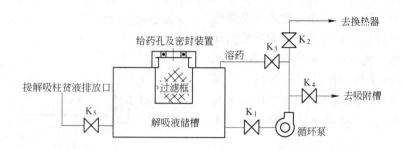

图 7-2　解吸液循环泵一机多用示意图

（2）解吸 – 电解。关闭阀门 K_3，开启阀门 K_2，解吸液可通过热交换器、电加热器、解吸柱以及电解槽进行解吸 – 电解，电解贫液返回解吸液储槽再循环。

（3）贫液返回。解吸 – 电解结束后，关闭阀门 K_2，开启阀门 K_4，使电解贫液返回吸附槽。解吸柱内的贫液通过其下部排液阀，用软管与阀门 K_5 管头相接，将贫液及冷却冲洗水返回吸附槽。

（4）冲洗阴极。在阀门 K_4 管头接上终端带有侧向喷嘴的软胶管，开启循环泵，冲洗阴极及电解槽，流出的金泥通过槽下面的真空过滤器过滤，液体自流至解吸液储槽，继续循环冲洗直至金泥全部卸出。

441. 解吸炭酸洗时应注意什么？

为恢复解吸炭的活性以利再用，用硝酸或盐酸对解吸炭进行酸洗，在操作中必须注意以下几点：

（1）酸洗时酸的质量分数不宜过高，因为浓酸会使活性炭软化，降低其强度，所以必须配成稀溶液后使用，一般质量分数为 3% ~ 5%。切勿直接将酸和水加入炭中混合。

（2）酸洗时以浸泡为主，可辅之搅动（如人工搅拌、间断搅拌）以使炭和溶液充分接触。通常需浸泡 0.5 ~ 1h。

（3）移出酸浸液后，用水浸泡 0.5 ~ 1h 以除去酸浸液。为中和剩余酸同时除去一些碱溶物，还可用质量分数为 1% 的 NaOH 溶液浸泡 0.5 ~ 1h，最后再用 2 ~ 3 倍炭床体积的水将其洗净。这步对先酸洗后解吸的载金炭酸洗过程更为重要，否则剩余的酸会对电积产生不利影响。

（4）酸洗时会有有毒气体 HCN 逸出，所以厂房要有通风设施，尤其敞开作业时，操作人员更应带好口罩注意防护。

442. 如何实现活性炭的热再生？

由于酸洗后的炭的表面大部分污物已除去，能较大程度地恢复吸附活性，所以一般可以循环使用。但随着有机物的不断累积，炭的活性逐渐降低，这时就需要热再生，即焙烧处理。工业上活性炭再生炉有多种形式：多层式焙烧炉、回转式再生炉、流化床式再生炉以及移动床式焙烧炉等。这些炉型都以煤气或石油气为燃料，间接或直接加热活性炭，并用水蒸气活化，且需在密闭条件下，控制氧量、控制升温速度。国内炭浆厂所用再生设备多为电间接加热回转式再生炉，其设备连接示意图如图7-3所示。

　　解吸后或酸洗后的活性炭送入底部带有振动器的锥形料仓，通过可变速的螺旋给料器将炭直接送入再生窑，再生窑加热至650~820℃，炭在热蒸汽作用下被活化，炭随窑体的转动缓慢向前移动，炭在窑内停留时间一般在0.5~2h。经再生的活性炭自流入一个锥形水槽内，用水冷却使其硬化，然后过滤除去水和细粒炭，返回吸附作业。在排料端的气体密封罩提供水槽的水封，并装有上升废气烟道及一套湿法气体洗涤系统，以免烟气中有毒物质逸出污染环境。无论是洗水还是冷却水中的细粒炭，都应过滤回收送去冶炼。酸洗或解吸过的炭仓去吸附。

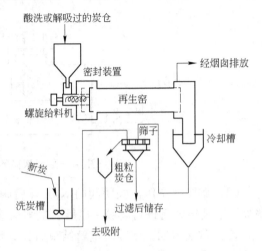

图 7-3　炭再生设备连接示意图

443. 金电解沉积过程的技术操作有何要求？

　　金的电解沉积（简称电积）过程是一个能耗很高的作业，必须严格操作，技术操作要求如下：

　　（1）必须保证进入电积作业的溶液无固体杂质（如碎炭、木屑、矿泥等），否则会影响电积过程和金泥质量。

　　（2）尽量采用比表面大的阴极材料，如较细的钢毛（棉）、碳纤维等。安装在阴极框中的钢毛不宜压得过实，应蓬松、均匀，且严防外露避免造成短路。碳纤维有巨大表面积，且耐腐，可长期使用。实践已证实用碳纤维作阴极，可显著提高电解效果，降低材料消耗，因此已被许多炭浆厂采用。

　　（3）提高温度有利于提高金的沉积速度和电解率，所以生产中必须保证电解所要求的温度。常温电解时电解液要保持30℃左右，高温电积时温度一般为90℃。温度控制可通过热交换器进行。

　　（4）要降低电能消耗，除了提高电流效率外，主要靠降低槽电压。缩短极间距、改善电积液导电率、提高温度和电流密度等均能降低槽电压。生产中这些因素都相对稳定的情况下操作更应注意随时检查电路，要保持电路畅通，无短路、断路和漏电，电极接触要良好，以求获得高的电流效率和低的槽电压。

　　（5）尾液处理。尾液若返回浸出作业循环使用，则应通过经济比较确定合理的尾液质量分数，以降低电能消耗。若需排放的尾液应用活性炭吸附回收残余金，然后再用漂白粉法或其他方法处理后排放。

444. 含铜较高的置换金泥熔炼前应怎样处理？

　　选矿所得各种含金产品，金品位均较低，杂质多。为降低冶炼成本，提高冶炼回收率及成品金的成色，熔炼前一般需进行预先处理。其中对锌置换金泥通常用10%~15%的稀硫酸溶液进行酸洗除锌，当置换金泥中含铜较高时，可采用多段浸洗处理。某厂采用氨浸－碱浸－酸浸流程处理锌粉置换金泥取得成功。

将烘干的金泥首先用质量分数为14%的H_2SO_4与质量分数为3% ~ 4%的NH_4NO_3的混合溶液进行两次搅拌浸出，脱除铜和锌；然后用质量分数为10% ~ 15%的NaOH碱溶液进行搅拌浸出，除去大部分的铅；最后再用少量浓硫酸浸出一次，进一步除杂。前两步浸洗均在液固比为7、温度在85 ~ 90℃条件下进行。

操作过程中每步浸出前需将物料在350℃以下进行烘干。每步浸出的反应时间应视杂质多少而定，通常需2 ~ 3h。浸出结束采用过滤分离充分回收微细金泥，所得滤饼均需用热水洗涤多次，最大限度地除杂。滤液和洗涤液视其有用成分的多少考虑综合回收。

此外，预处理过程中不仅放出氢气，而且由于含金物料中含有一些氰化物和硫化物，它们与酸作用生成剧毒的氰化氢和硫化氢气体，因此，搅拌桶应当是密闭的，并配备抽风设备。抽出的气体应用碱液充分洗涤，以吸收有害气体防止污染。气体管道、排出口应该远离火源，避免明火和电火花引起氢气爆炸。

445. 阴极金泥如何进行冶炼前的预处理？

电解所得金泥的杂质主要是阴极钢棉，生产实践表明，采用盐酸和硝酸处理不仅可除去杂质，而且还可将金泥中的银分离出来。具体操作如下：首先，用热水洗去阴极泥中的氰化物和碱，将其沉淀物（或滤饼）用盐酸搅拌、浸泡2 ~ 3次以除去铁等杂质，然后用热水洗至中性，洗净的金泥（滤饼）再用硝酸溶液在加热、搅拌下溶浸银，银溶解完全后，再将其烘干即可送去熔炼金。硝酸浸液及洗液去回收银。

硝酸浸洗时，先用HNO_3与H_2O体积比为1:5的稀溶液进行，此时因物料中银的含量高，所以溶解速度很快。随着银溶解，物料中银含量降低，后期可用HNO_3与H_2O体积比为1:1的浓溶液进行浸泡，强化银的浸出。

两阶段反应式如下

$$3Ag + 4HNO_3(稀) = 3AgNO_3 + NO + 2H_2O$$
$$Ag + 2HNO_3(浓) = AgNO_3 + NO_2 + H_2O$$

可见，根据银含量的不同，采用不同质量分数的硝酸浸出，还可节约药剂用量。

净化后的金泥熔炼前需烘干，水分太高在熔炼过程中，大量水分迅速形成水蒸气，在炉料中不能及时排出易产生"放炮"，造成崩溅损失；水分太低又会造成"飞扬"损失，所以烘干物料水分约为10%。

第五节　堆浸和混汞提金

446. 提高堆浸过程浸出速度的途径有哪些？

堆浸工艺是处理低品位矿石进行黄金生产的有效方法。提高金的浸出速度、尽快回收已溶金，对缩短堆浸周期、提高其处理能力、获得更好的技术经济指标有着重要的意义。因此，在堆浸生产中应加强以下几个环节：

（1）在保证矿堆有良好透气性和渗透性的前提下，尽量减小矿石粒度以加速金的溶解。较致密的矿石粒度必须小于10mm，甚至可降到5mm左右。易泥化的矿石。破碎产品中细粒与黏土含量在 20% ~35% 以下，粒度一般为 30 ~50mm。

（2）对可溶性杂质少的矿石，适当提高初始药剂质量分数可提高浸出速度，如某厂用 0.1% 的氰化物溶液浸出时所需时间，仅为用 0.025% 氰化物溶液浸出时的 1/4 左右。此外还应随浸出时间的延长，分期控制药剂质量分数，逐渐减小以降低药剂总消耗。一般开始时药剂质量分数为 0.05% ~0.1%，而最终降到 0.025% ~0.03%（或更低）。

（3）提高矿堆中氧的含量。1）确定合理的喷淋强度和喷淋制度。堆浸过程中，金溶解时所需要的氧主要是靠溶液循环流动通过矿堆时吸入的空气，以高喷淋强度，以及合理的喷淋时间和间隔时间，可以促进矿堆"呼吸"。2）添加氧化剂提高溶液中溶解氧的含量。氧化剂溶解后可直接释放出氧原子，其速度及数量远比空气中的氧分子溶解、解离的要大。某矿试验以质量分数为 0.5% 左右的 H_2O_2 溶液为堆浸补充氧，结果比不加 H_2O_2 的浸出率提高 30% 以上。

（4）改善矿堆透气性。1）采用合理的筑堆方式和设备。粒度确定后，合理的筑堆也很重要，采用分段筑堆法、斜坡筑堆法（占地面积大）等，可减少装运设备对新堆矿的来回碾压，以保持矿堆堆积空隙。使用履带式筑堆设备，就比轮胎式设备好，它可减小对矿堆的压碎和压实程度。自卸设备就比皮带运输机堆料时产生的偏析现象轻。2）矿堆底部预先铺一层大块矿石或卵石，为贵液会集形成无阻通道；在筑堆结束时，堆的顶部需进行机械或人工松动。3）确定合理的筑堆高度。通常矿堆底部浸出效果均没矿堆上部好，这是下部没有足够的氧造成的，矿堆越高，这种现象越严重，所以以多层筑堆法结合，采取分层筑堆、逐层浸出的方法，既可缩短浸出时间、提高浸出率，又可提高矿堆总高度。美国卡林金矿采用该工艺最终堆高达 61m，大大提高了企业经济效益。4）制粒堆浸和分级堆浸。对细粒、黏土质的矿石，进行分级堆浸，即粒块堆浸 – 粉矿全泥氰化或制粒堆浸。试验证明，制粒堆浸物料渗透率可提高 10 ~100 倍，浸出周期可缩短 1/3 左右，同时金的回收率也可提高 10% ~30%。

（5）选择布液方式和设备。矿石粒度大，宜采用喷淋方式；温度低、冷冻时间长或干旱地区，最好用滴淋方式；投资小的堆浸场，可用灌溉法。采用覆盖面大、均匀、不雾化的喷淋装置可减少氰化物的蒸发损失，不仅降低成本，减轻对环境的污染，而且浸出均匀、缩短浸出周期、提高浸出率。目前堆浸场多采用旋转摇摆式喷淋器代替原来各种形式喷淋器，取得良好效果。

447. 进行粉矿制粒堆浸意义是什么？

含泥量高或细粒多的物料，在堆矿时会出现偏析现象，细粒集中于中间，大块（粒）矿石堆在外坡，造成矿堆内渗透率低，浸出液流动过程中会冲到缝隙中引起沟流，使矿堆不能全部浸出，浸出率低。堆浸前进行制粒，可提高矿堆的渗透速度及均匀性。

所谓制粒就是将少量黏结剂与水或氰化物溶液加到矿石上，然后混合或滚动，以便生成"球团"产品，于是阻碍渗透的细粒被滚成球或被黏结在大块矿石上。试验结果表明，加氰化物溶液优于加水，这样在制粒过程中起到了预浸作用。水泥、石灰或两者混合使用作黏结剂均可。粉矿制粒的方法有多条皮带运输机制粒法和滚筒制粒法。多条皮带运输机制粒法（见图 7-4），是通过皮带运输机卸料端的混合棒将喷淋的液体与粉矿、黏结剂混合制粒。滚筒法（见图 7-5）是用皮带运输机将矿粉和黏结剂均匀送入旋转滚筒中，通过喷淋浓氰化液使其黏结成粒。此外，在国内还广泛使用圆盘造球机进行制粒。

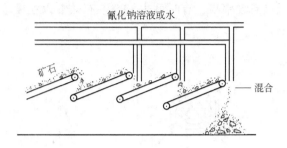

图7-4　多条皮带运输机制粒示意图

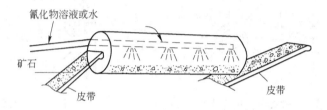

图7-5　滚筒制粒法示意图

448. 怎样进行多段筑堆和分层筑堆？

保证矿堆有足够的孔隙度，使之有良好的渗透性，是堆浸提金能否成功的主要因素之一。当筑堆物料性质及筑堆设备确定以后，筑堆方式也是很重要的。实践证明，多段筑堆法和分层筑堆法可明显提高堆浸效果。

多段筑堆法的要点就是按顺序堆筑，避免铲运设备在矿堆上频繁行驶。沿矿堆长的方向分成若干横排，从最前面一横排开始，将运来的矿石按底垫宽度稍窄的宽度卸下，堆完一横排后，用推土机耙平，再运入并卸下第二排矿石，然后再耙平第二排，依次堆筑直至底垫全铺满矿石并耙平即形成了矿堆。采用这样的后退式卸料，横排依次堆筑的方式，可保证每段新筑的矿堆都不会被往返运矿设备压实，保持自然的孔隙，保证了矿堆的渗透性和透气性。

以多段筑堆为基础，堆筑完一层浸出一层，然后在原矿堆上再堆筑新的矿石，这样边浸出边筑堆为多层筑堆。下层矿石可避免因矿堆过高，下部氧气不足而浸出率低的现象，缩短浸出周期，提高了浸出率。

449. 如何实现较粗金粒的回收？

当矿石中有较粗金粒存在时，用氰化物浸出往往不能将其完全溶解，粗金粒最终变成细小颗粒损失于尾矿中。为提高金的回收率，有必要在氰化前回收粗粒金。经磨矿后呈单体解离的粗粒金，除用重选法外，还可用混汞法回收。

液体汞不仅对金表面有很强的润湿能力，且可向金粒内部迅速扩散形成金汞合金（见图7-6），使金与其他金属矿物及脉石分离，我们称这一方法为混汞提金法。其产品称为汞膏或（汞齐），汞膏中含金低于10%时呈液态，含金高于12.5%时则为微密体。

混汞法有内混汞和外混汞之分。所谓内混汞是在磨矿机或专门设备，（如捣矿机、混汞筒（见图 7-7）及水碾机等）中，边磨矿边混汞，单体解离的金与汞在搅动条件下发生碰撞、接触几率高，所以回收率高，有时可达 80%。有效混汞粒度范围也宽，粗可达 1～2mm，细可至 0.015mm。

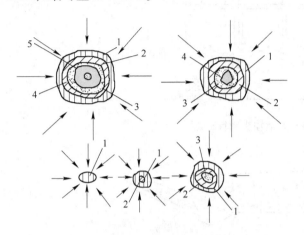

图 7-6　不同金粒汞齐化过程状况

1—AuHg₂；2—Au₂Hg；3—金在汞中固溶体；4—Au₃Hg；5—Au

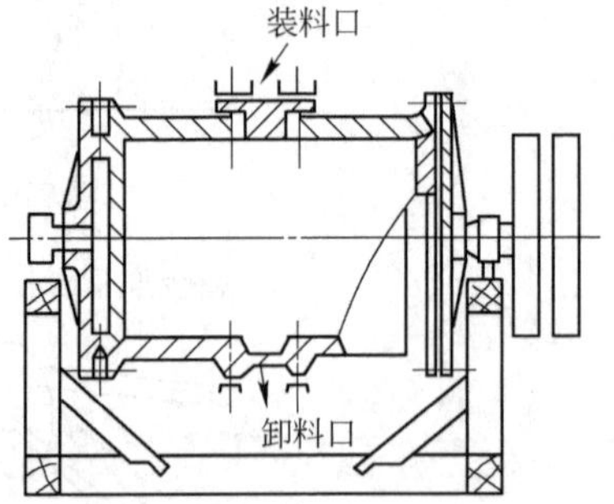

图 7-7　混汞筒示意图

外混汞是先由磨矿设备将矿石磨碎，排出矿浆进行混汞。通常使用的设备为混汞板。矿浆在流过混汞板时，单体金在重力作用下沉降至汞板表面，与汞层接触后被汞捕获。所以外混汞捕获金的适宜粒度一般为 0.2～0.03mm，回收率可从 30%～40% 到 60%～70%。由于混汞作业不能使金得到充分回收，通常与其他方法联合，如混汞 – 浮选，混汞 – 氰化等提金流程。混汞板也常用于内混汞后的矿浆处理，以回收细粒汞膏。

450. 怎样安装混汞板？

用混汞法提前回收粗粒金，国内多采用平面固定式混汞板（见图 7-8），通常安装在磨机排矿至分级机给矿之间溜槽处（见图 7-9）。

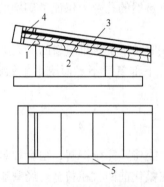

图 7-8　平面固定式混汞板

1—支架；2—床面；3—混汞板；

4—矿浆分配器；5—侧帮

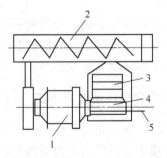

图 7-9　磨矿回路中混汞板安装示意图

1—磨机；2—分级机；3—混汞板；

4—圆筒筛；5—喷水管

混汞板多是由几块镀银紫铜板搭接而成，如图 7-10 所示。其规格一般为厚 3～5mm、宽 400～600mm、长 800～1200mm。汞板支架可用角铁或方木制作，汞板底槽可用钢板焊接而成，其坡度通常以原分级给矿溜槽为准，一般需大于15%。

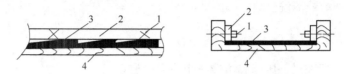

图7-10　汞板连接方法
1—螺栓；2—压条；3—汞板；4—床面

圆筒筛与磨机同步运转，其直径与磨机排矿口直径相适应，如ϕ1500mm×3000mm 球磨机，其圆筒筛直径为350~400mm。其上有相间排列的小孔，小孔直径为3mm 左右，筒内焊有螺旋导片，以使筛上大块向前输送，由筒筛一端排出。圆筒筛内设一水管，沿轴向钻有ϕ4mm 小孔，工作时喷水以调节混汞的给矿浓度，同时起清洗筛面作用。

451. 在混汞板操作中应注意哪些问题？

当矿石性质及混汞板条件确定后，操作条件则是影响混汞回收率的重要因素。操作者必须注意以下几个问题：

（1）给矿粒度。适宜的给矿粒度为0.42~3.0mm，呈细粒金存在的矿石的磨矿细度可小至0.15mm。

（2）给矿浓度。降低给矿浓度，有利于提高金的回收率。合适的给矿浓度为在10%~25%，若与后续作业发生矛盾时，一般以后续作业所要求浓度为准。

（3）矿浆酸碱度。在碱性介质中，可有效地控制矿泥对金粒的污染，以利于汞对金的润湿。通常用石灰调节矿浆酸碱度，使其pH 值维持在8.0~8.5。

（4）汞的用量。汞的添加量应适宜，用量过高会降低汞膏的稠度和弹性，易造成汞膏及汞的流失；用量不足汞膏变得坚硬，降低其捕金能力。汞板首次涂汞量为15~30g/m，每隔6~12h 或每班补加一次，补加汞量一般为矿石含金量的2~5倍。1t 矿石消耗汞量2~9g，处理含砷和锑的矿石时，汞耗量达10~15g。总之，混汞作业中应保持足够量的汞，以保证金粒在汞板任何地方都可被汞捕获。

（5）刮取汞膏。通常刮取汞膏的时间与补加汞的时间是一致的。刮取汞膏时先停止给矿，将汞板冲洗干净，并在专门的铁盘中，用硬橡胶板从汞板一端开始，向另一端逐渐刮取。刮取汞膏时不必太彻底，实践证明，汞板上留下一薄层汞膏有利于混汞，还可防止汞板"生病"。

452. 如何处理汞板使用过程中常见的问题？

汞板"生病"将导致降低乃至失去捕金能力。其主要症状有：汞板干涸，汞膏坚硬，汞板上的汞出现粉化现象，汞板上会有红色或橘红色斑痕；此外，还会有绿色的氢氧化铜等。

国内多数矿山采取如下几种措施：（1）加大石灰用量抑制硫化物，有时 pH 值达到12；（2）增大汞的添加量，使过量汞与粉化汞一起流走；（3）增大矿浆流速，让矿粒摩擦掉汞板上的斑痕；（4）可用2%氰化物溶液冲洗氢氧化铜绿斑，清除后用毛刷往原绿斑处涂一厚层银汞膏；（5）汞板上的黑斑可用4L 水加5kg 氯化铵、1.7kg 熟石灰、0.25kg

碳酸钠的混合物擦洗，黑斑出现应立即清除，否则难以处理；（6）汞板上的油污点可用2% ~ 3%的苛性钠溶液清洗。

453. 汞膏如何处理？

汞膏的处理包括洗涤、压滤和蒸馏三个主要步骤。

（1）汞膏的洗涤。内混汞所得汞膏含杂质多，通常需用溜槽或淘金盘进行清洗。从混汞板上刮取的汞膏比较干净，处理也较简单，可将其置于小瓷盘中加清水反复清洗，操作者戴上橡胶手套，用手不断揉搓，以便尽量洗去杂质。混入汞膏内的铁可用磁铁吸出。汞膏洗至光洁、明亮为止。然后用致密的布将汞膏包好送去压滤。

（2）汞膏压滤。汞膏压滤以除去多余的汞，获得浓缩的固体汞膏。小规模生产中，多用手工进行压滤，也可用螺旋式或杠杆式压滤器挤压；汞膏量大的工厂，则采用风动或水力压滤机工作。挤压出来的汞中还含有0.1% ~ 0.2%的金，这种汞称为"回收汞"，将其再用于混汞作业效果比纯汞还好。固体汞膏含金量取决于混汞金粒的大小。金粒越大含金量越高，高者可达45% ~ 50%，金粒细小则含金量降低到20% ~ 25%。

（3）汞膏的蒸馏。用蒸馏法将固体汞膏中金、汞分离。小型矿山多采用蒸馏罐（见图7-11），大型矿山则多用蒸馏炉。

用蒸馏罐蒸馏时，应注意以下几个问题：1）将汞膏装入蒸馏罐之前，预先在蒸馏罐内壁涂上浆状白垩粉（或石墨粉、滑石粉、氧化铁粉），防止金粒与罐壁黏结。2）蒸馏罐中所装汞膏不宜过厚，一般为40 ~ 50mm。过厚需延长加热时间，容易造成汞不能完全消除。3）应缓慢升高温度。汞和金的化合物分解温度为310℃，而汞的沸腾温度是356℃，两者很接近。升温

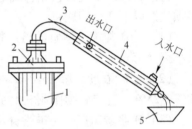

图7-11　蒸汞罐
1—罐体；2—密封盖；3—导出铁管；
4—冷却水管；5—冷水盆

过快，容易造成汞激烈沸腾而喷溅。当汞大部分已被蒸馏逸出后，可将炉温升高到750 ~ 800℃，继续蒸馏30min左右，以便排出全部残余汞。

（4）蒸馏罐的引出铁管末端不要与下边冷却水相接触，这是因为蒸馏末期，罐内呈负压状态，盆里的冷水会被吸入罐内发生爆炸。

（5）蒸馏工作场地应保持通风良好，以避免散出的汞蒸气危害人体健康。

454. 如何实现金的火法冶炼？

混汞法所得到的海绵金、重选法所得到的金精矿（重砂）以及氰化法获得的金泥，在预处理之后通常都经火法冶炼后产出合质金，合质金可进一步精炼或直接交售银行。

含金物料与熔剂相混合、在1200 ~ 1300℃下进行熔炼，原料中的杂质与熔剂反应形成密度小的炉渣，而与密度大的金、银分离，产出金银合金俗称合质金。

火法炼金的熔剂通常有硼砂、石英、碳酸钠、硝石和萤石等。硼砂和石英为酸性熔剂，主要与碱性矿物杂质造渣；碳酸钠是主要与酸性脉石矿物造渣的碱性溶剂；硝石是一种强氧化剂，在高温下分解出氧，使硫及其他贱金属氧化；萤石的加入可降低炉渣黏度，增加其流动性。

加入熔剂的种类及数量决定了炉渣的渣型及酸碱度（硅酸度），直接关系到金、银冶炼的回收率。为生成密度小、黏度低、流动性好的炉渣，可根据冶炼原料的具体成分通过试验来确定熔剂的种类及用量。熔剂的加入量通常是金泥质量的 60% ~100%，熔剂中的硼砂与碳酸钠的质量比一般为 1:（0.6 ~ 2）。当炉温达到熔化温度后，应继续加温 20 ~30min，使炉渣流动性进一步提高，然后停止加热静置 10min 左右，有利于密度不同的炉渣和金银合金熔体分层。

由于金选厂就地产金的规模一般较小，所以冶炼设备多用坩埚炉，近年来黄金矿山所用中频（无铁芯）感应电炉冶炼金泥，不仅合质金质量高，而且金的冶炼回收率可达99% 以上。目前可供选择的电源装置技术参数见表 7-6，中频感应炼金炉技术数据见表7-7。

表 7-6 KGPS 电源装置技术参数

| 型 号 | 输 入 | | | | 输 出 | | | | | 坩埚 |
	相数	电压/V	电流/A	频率/Hz	相数	电压/V	电流/A	频率/Hz	功率/kW	容积/L
KGPS – 30/1.5	3	380	60	50	1	750	65	1500	30	10
KGPS – 40/1.5	3	380	100	50	1	750	130	1500	50	15
KGPS – 1000/1.5	3	380	200	50	1	750	250	1500	100	35

表 7-7 GWLJ 型中频感应炼金炉主要技术数据

型 号	额定容量（含金物料）/kg	最高炉温/℃	每炉炼炉时间/h	电耗/kW·h×炉$^{-1}$
GWLJ10 – 30/1.5	30	1600	3	60
GWLJ15 – 50/1.5	50	1600	2.5	75
GWLJ35 – 100/1.5	100	1600	2	140

GWLJ10 – 30/1.5 型多用于合质金、成品金银熔铸及小型炭浆厂电解金泥冶炼，GWLJ15 – 50/1.5 型中频炉主要用于炭浆厂电解金泥或小型锌粉置换金泥的冶炼，GWLJ35 – 100/1.5 型中频炉主要用于锌粉置换金泥冶炼。

炉渣中通常还含一定数量（0.05% ~0.1%）的金，故需堆存起来连同冶炼所用废坩埚等一并细磨，然后用重选法、混汞法、氰化法等再回收。

455. 碱氯法处理含氰废水时应注意什么？

碱氯法是在碱性溶液中利用次氯酸根的强氧化作用，将氰化物氧化成氰酸盐，以及进一步分解成二氧化碳和氮的氰化物的消毒过程。所用药剂可以是漂白粉、液氯和次氯酸钠等。

在使用碱氯法处理含氰废水时应注意以下几点：

（1）用液氯作氧化剂，氯瓶应置于有流动水通过的水槽中，控制温度在 15 ~20℃ 以下，保证液氯有效气化及其水解产物次氯酸的稳定性。

（2）严格控制 pH 值。由于反应开始时 pH 值急剧下降，初期必须连续加碱。实践表明，在反应开始 1～2min 内，废水由强碱性（pH 值大于 12）迅速变成酸性（pH 值为 5 左右），所以必须及时检验调整 pH 值，使之保持在 10 以上，否则会有剧毒气体氯化氰（CNCl）逸出。

（3）药剂量应视废水中氰化物质量分数及杂质性质和含量而定。理论计算 CN^-、Cl^- 和 CuO 质量的比为 1∶6.83∶5.4，但实际废水中还存在大量其他还原性物质和大量的金属离子，所以实际氧化剂用量往往是理论计算量的 1.5～2 倍，甚至更多，尤其用漂白粉作氧化剂时，考虑其有效氯的含量（往往只有 20%～25%）及安全系数，其用量要超过理论计算量的 5～6 倍。工业石灰质量差异更大，所以实际用量相差也很大，往往是理论用量的 3～4 倍。

（4）反应时需鼓入空气进行搅拌，处理一段时间（一般为 1h）后采样化验，达到排放标准，可将液体放入沉淀池进行沉淀，上层清液外排，沉淀污泥转入干化场或过滤后进一步回收有用组分。若化验结果不合格，必须补加碱和氧化剂继续处理，直至达到排放标准。

（5）近几年，在炭浆厂用液氯处理含氰矿浆时，改变过去先调 pH 值再加液氯的做法，而是先将液氯与石灰乳在搅拌条件下反应，这样会有足够的碱中和氯分解产生的酸，生成稳定的次氯酸钙，再与含氰矿浆接触反应，此过程易控制操作且能连续处理矿浆。

（6）当净化废液中余氯含量过高不能直接排放时，可继续延长反应时间，这种方法需要增加反应槽的容积。可以采用加入少量保险粉、大苏打或硫酸亚铁等还原剂均可起到除氯的作用。若条件允许时，可利用氯的杀菌作用，直接将净化废液排入生活污水中。

456. 如何用硫酸法回收氰化物？

含氰废水可用不同方法将其中的氰化物有效地回收，硫酸法则是常用方法之一，如图 7-12 所示。

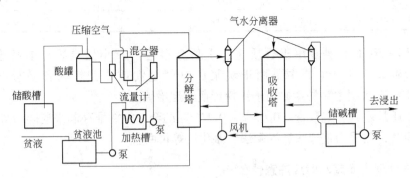

图 7-12　硫酸法回收氰化物

首先将含氰废水用蒸汽间接加热至 25～30℃，然后经流量计送入混合器与浓硫酸混合使之酸化（pH 值为 2～3），酸化液扬送至分解塔，经塔内喷头均匀地喷布在塔内。为增加曝气效果，塔内装有填料（如聚氯乙烯点波薄板填料），从分解塔下方鼓入空气，使液体与空气呈逆流运动，于是经酸化分解出的氢氰气（HCN）被空气携带排出，经气水分离器脱出所含少量液体后，从下部给入吸收塔（与分解塔结构一样），与上方喷洒下来的氢氧化钠（NaOH）溶液逆向流动，发生中和反应生成氰化钠溶在碱液中，从塔下方排出流回储碱槽。吸收塔上方逸出的气体，经另一气水分离器通过鼓风机返回分解塔形成气体闭路。含氰化钠的碱溶液循环吸收，直至其中氰化钠质量分数达到 20% 以上（此时碱度不应小于 1.5%）返回浸出系统，重新配制碱吸收液。

为提高氰的回收率，可进行两次或更多次分解－吸收循环。此法最终废水通常不能达到排放标准，还需用碱氯法进行处理后方可排放。

当废水中含有有回收价值的金属离子时，应在系统中加以考虑。如含铜高时，可在加热前先与浓硫酸混合，之后送入沉淀槽，使铜沉淀后再加热进入回收系统。

浓硫酸通常用硫酸泵添加，将硫酸从储酸槽中泵入压力为 196kPa 的酸罐，然后用压缩空气将罐中的酸连续均匀地压入混合器，以保证密闭、安全作业。

碱液一般是在搅拌槽中配成 15% 的氢氯化钠溶液备用。

硫酸法回收氰化物，当废水中含氰在 500mg/L 以上时，回收率可达 85% 以上，不仅降低了氰化物的耗量，而且还节省了大量的处理费用，还可实现综合回收。

第六节　铜矿物的化学选矿

457. 含硫化铜矿物的铜矿石焙烧时应注意什么？

由于铜的氧化矿物易溶于稀硫酸，生成可溶性的硫酸铜，故可用稀硫酸浸出法有效回收。但氧化铜矿石中往往含有一定量的硫化铜矿物，如铜蓝、黄铜矿等，为了提高铜的浸出率，通常采用焙烧的方法将其氧化分解。焙烧过程应注意以下几点：

（1）焙烧物料粒度。尽管粒度越细其表面积越大，一般可提高反应速度，但太细了杂质的活度往往增加更快，会造成酸耗大幅度增加，且给后续除杂、过滤带来不便。故物料粒度在保证铜浸出率的条件下不宜过细。有些实践证明，物料粉碎至 -80 目即可。

（2）焙烧温度。既要使铜矿物氧化，又要尽量控制杂质的转化，焙烧温度是极为关键的。铜蓝在高于 520℃ 时有强烈的氧化行为。在 538～550℃ 之间硫化铁也会分解，为了减少 Fe^{2+} 转入溶液，焙烧温度应控制在 520～530℃ 之间。

（3）搅拌和焙烧时间。焙烧时应不断搅拌，使矿粉最大程度地与空气接触，使之反应均匀、氧化完全，同时还可以加快反应速度，缩短焙烧时间。

458. 稀硫酸搅拌浸出氧化铜矿时应掌握哪些操作？

稀硫酸搅拌浸出氧化铜时应掌握以下几点：

（1）酸度和酸耗。酸度越大铜浸出率越高，当 pH 值小于 1.5 时，杂质酸耗急剧增加；若 pH 值大于 2.5 时，虽杂质酸耗较小，但铜浸出率低，且此时 Fe^{3+} 已开始水解生成胶体 $Fe(OH)_3$，给后续过滤带来困难。所以一般来讲，浸出时应分批加药，控制 pH 值始终在 1.5～2 范围内。

（2）搅拌和温度。适度搅拌可加速传质过程的进行，提高反应速度，但搅拌过强有时会影响矿浆的沉降和过滤，可采取低速或间断搅拌。提高温度有利铜浸出，不过也会增加杂质的浸出，且消耗大量能量，所以浸出时温度一般保持在 25～30℃ 为宜。冬季生产可以适当通入热蒸汽，既起加热保温作用，又起搅拌作用。

（3）浸出时间。浸出时间取决于矿石中铜的含量及杂质矿物的性质。随浸出时间延长，铜浸出率提高，但杂质竞争溶解也增强、酸耗增加，加之考虑对后续作业的影响，最终确定一合适的浸出时间。通常搅拌酸浸时间控制在 1～2h。

（4）浸出后的过滤过程应采取保温措施，否则温度降低硫酸铜会因溶解度下降而析出细小晶体，而堵塞滤布。滤饼用水洗 1～2 次后，根据有无综合回收价值做适当处理。洗液配酸后返回浸出。

459. 怎样用离子沉淀法从硫酸铜溶液中除铁？

铁是硫酸浸出铜矿物时的主要杂质，铁对后续作业及产品质量都有很大影响，所以必须进行净化，将铁降到一定程度。用离子沉淀法除铁是常用的净化法之一。

（1）氢氧化钡法。该法除铁，铁被氧化后最终呈难溶氢氧化铁形态析出。将温度在 50～60℃左右的硫酸铜溶液，在不断搅拌下，缓慢加入适量的双氧水，继续搅拌 1h，然后静置。双氧水的量以铁完全氧化为准。静置 1h 后，加入工业级氢氧化钡的饱和溶液，边加边检测，直至溶液 pH 值为 3.5～4 为止。此过程需在加热、搅拌下进行，以加速生成铁的沉淀。然后静置 8h 左右，待自然澄清后将液体与沉淀分离。

（2）硫酸钠法。将硫酸铜溶液移至带夹套的不锈钢反应釜中，调节 pH 值为 1.5～2.0，加入适量的、质量分数为 3% 的双氧水，边加边通蒸汽，加热至 80℃后，再加入适量硫酸钠晶体继续搅拌 5min。升温至 950℃后停止加热，静置 25min 后即有黄色的黄钠铁钒结晶沉淀析出。过滤分离即得合格溶液。该法除铁沉淀速度快，除铁率高，可除去 95% 以上的铁。所得晶体溶解度小、颗粒大，有利后续分离。

460. 如何提高硫酸铜的萃取率？

随着羟肟酸类萃取剂的研制成功，浸出－萃取－电积工艺已成为当前工业生产铜的重要方法之一。从稀硫酸浸出铜的溶液中萃取提铜，可获得直接电积的纯硫酸铜溶液。努力提高萃取作业的回收率对减少金属流失、降低生产成本有着重要意义。

（1）分配系数高的萃取剂，萃取能力强，可提高萃取率。近些年来研制使用成功的 LIX34 萃取剂，对铜的萃取效果比 LIX64 或 N－510 等更好。

（2）利用协同萃取效应，在有机相中加入少量另一种萃取剂，可大大提高萃取分配系数。用 O－3045 萃取铜时，加入少量的琥珀酸（OT），可使铜萃取率大大提高。常用的协萃剂有 P_{204}、OT、TBP 等，加入量为 0.1%～10%，最高可达 20%。

（3）一般来讲，提高萃取剂的质量分数可提高萃取率，当然最终质量分数不仅取决于萃取剂在稀释剂中的溶解度，而且还要保证萃取在经济上合理。通常有机相中萃取剂体积分数为 7%～10%。

（4）萃取体系确定以后，在经济上合理的前提下提高相比（即增大有机相的体积）也是提高萃取率的有效方法。

（5）当总有机相的量确定后，还可将其分成若干份与水相逐级接触，或增加萃取的次数（级数）以达到最大的萃取率。

（6）严格控制萃取时的 pH 值，是萃取工作操作中的最重要的控制因素。通常 pH 值控制在 1.5～2.0。实践表明，当用 LIX64 为萃取剂萃取铜时，当平衡 pH 值由 1.5 降到 1

时，有机相含铜由 3.04g/L 降到 2.6g/L，铜的萃取率也由 95.5% 降到 83.7%。

461. 怎样从净化后的硫酸铜溶液中制取硫酸铜？

除去铁后的硫酸铜溶液放入浓缩锅（不锈钢锅、镀铅铁锅、搪瓷锅），加热至沸，水分大量蒸发，待溶液浓缩至相对密度为 1.4～1.5，或溶液面上出现晶膜即可停止加热。

将浓缩液移入结晶缸或结晶池中，让其冷却，为加速晶体形成，可向母液中投入一块表面不规则的硫酸铜晶体，或在结晶缸外部用冻水强迫冷却。结晶过程一般需 12～24h，将结晶体和母液过滤分离，并用水洗涤晶体除去残余母液，洗水和母液返回配酸。根据对产品质量要求确定洗涤次数，还可将结晶再溶解，重结晶，以提高纯度。

第八章 生物选矿

第一节 生物选矿的基本概念

462. 什么是生物选矿工艺?

人类有目的的采用生物技术从矿物中直接或间接提取有用金属的方法。根据生物作用于目的矿物的过程与结果的不同,生物对矿物的氧化过程可以分为两类:生物浸出(Bio – leaching)和生物氧化(Bio – oxidation)。

生物浸出是指利用细菌对含有目的元素的矿物进行氧化,被氧化后的目的元素以离子状态进入溶液中,然后对浸出的溶液进一步进行处理,从中提取有用元素,浸渣被丢弃的过程。如细菌对铜、锌、铀、镍、钴等硫化矿物的氧化,即属于生物浸出。

生物氧化是指利用细菌对包裹目的矿物(或元素)的非目的矿物进行氧化,被氧化后的非目的矿物以离子状态进入溶液中,溶液被丢弃处理,而目的矿物(或元素)或被解离,或呈裸露状态仍留存于氧化后的渣中,待进一步处理提取有用元素的过程。如细菌对含有金、银的黄铁矿、毒砂等矿物的氧化,即属于生物氧化。

生物浸出是对含有目的元素的矿物进行氧化,有用元素以离子状态进入溶液中,而生物氧化是对包裹目的矿物的非目的矿物进行氧化,使有用元素存留在氧化的渣中然后进一步处理。

生物选矿技术研究的方向主要有生物氧化适用的范围、生物氧化机理及氧化细菌的功能培养、生物氧化工业应用基础研究等。

463. 微生物浸矿工艺包括哪些内容?

微生物浸矿工艺包括堆浸法、地浸法、槽浸法以及搅拌浸出法等。

(1)堆浸法一般都在地面以上进行,通常利用斜坡地形,将待处理大块矿石(未经破碎或经过一段粗碎)堆置在不透水的地基上,形成矿石堆,在矿堆表面设置喷淋管路,向矿堆中连续或间断地喷洒微生物浸出剂进行浸出,并在地势较低的一侧建筑集液池收集浸出液。其流程示意图如图8-1所示。

(2)地浸法。微生物地浸工艺也叫微生物溶浸采矿。这种浸矿工艺是由地面钻孔至金属矿体,然后从地面将微生物浸出剂注入到矿体中,原地溶浸有用矿物,最后用泵将浸出液抽回地面,回收溶解出来的金属。为了使微生物在地下能正常生长并完成浸矿作用,除了在浸出剂中加入足够的微生物营养物质以外,还必须通过专用钻孔向矿体内鼓入压缩空气,为微生物提供所需要的氧气和二氧化碳。

(3)槽浸法是一种渗滤型浸出作业,通常在浸出池或浸出槽中进行,槽浸也是因此

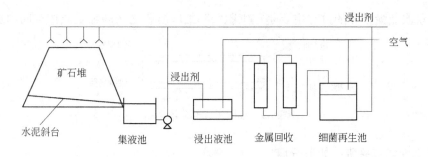

图 8-1　堆浸法流程示意图

而得名。微生物槽浸工艺多用来处理品位较高的矿石或精矿，待处理矿石的粒度一般为 3～5mm。每一个浸出池（或槽）一次装矿石数十吨至数百吨，浸出周期为数十天到数百天。其流程示意图如图 8-2 所示。

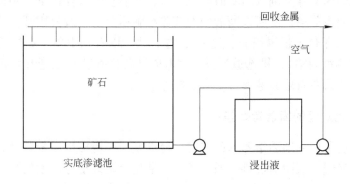

图 8-2　微生物槽浸示意图

（4）微生物搅拌浸出一般用于处理富矿或精矿。在进行浸出前，先将待处理矿石磨到 −200 目占 90% 以上的细度。为了保证浸出矿浆中微生物具有较高的活性，矿浆的固体浓度大都保持在 20% 以下。

第二节　生物细菌及工业应用

464. 生物氧化细菌分为哪几类？

目前，正在利用或研究利用的与生物冶金有关的细菌可分为 4 类：（1）硫杆菌和微螺旋菌属的嗜中温细菌；（2）磺杆菌属及许多未鉴别菌种的中等嗜热细菌；（3）叶硫球菌属、双向酸酐菌属及硫球菌的非常嗜热细菌；（4）异养细菌。自养细菌在生长和繁殖过程中，不需要任何有机营养，而是完全靠各种无机盐而生存。还有一类微生物则与之相反，它们需要提供现成的有机营养才能生存，称为异养细菌。

465. 如何对细菌进行说明？

细菌的主要组成部分是细胞质、细胞质膜、细胞壁（见图 8-3）。细菌的主要形状为棒形、螺旋形及椭球形，其大小如棒形菌一般为 $(0.3～0.5)$ μm × $(1.0～4.2)$ μm，细菌从外界获取能量自养的过程主要是在细胞壁和细胞质膜之间的细胞质体空间内进行。

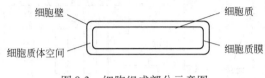

图 8-3　细胞组成部分示意图

466. 浸矿细菌如何采集，如何分离？

浸矿细菌分布较广，土壤、水体及空气中都可能存在。但相对比较集中的地方是金属硫化矿及煤矿的酸性矿坑水，所以采集这类菌的最佳取样点是煤矿、铜矿、铀矿等有酸性矿坑水的地方。

把配制好的固体培养基倒入培养皿制成平板，然后在无菌操作下，用接种环取上述培养菌液在平板上划线分离，使所取菌液中的菌体细胞尽量沿划线分散开，然后将划好的线培养皿在 25 ~ 30℃ 条件下恒温培养。经 10 天左右就可以看到由单个菌株长成的很小的褐色菌落（可借解剖镜观察），挑选适当菌落用取样针转移到装有数毫升培养基的小试管中恒温培养，一般 7 天左右培养液就可变成红棕色。

467. 影响细菌浸出过程的因素有哪些？

细菌浸出过程主要受细菌培养基的组成环境温度、环境酸度、金属及非金属离子、铁离子、固体物、光线、表面活性剂、通气条件、催化金属离子等因素的影响。

468. 对细菌浸出有促进作用的表面活性剂有哪几类？

对细菌浸出有促进作用的表面活性剂有如下几种：

（1）阳离子型表面活性剂，如十二甲基苯三甲基氯化铵、双甲基十二苯基二甲苯、咪唑啉阳离子季铵盐等。

（2）阴离子型表面活性剂，如辛基磺酸钠、氨基脂肪酸衍生物等。

（3）非离子型表面活性剂，如聚氧乙烯山梨醇单月桂酯、苯基异辛基聚氧乙烯醇、壬基苯氧基聚氧乙烯乙醇等。

469. 工业生产应用的主要菌种有哪些？

（1）嗜中温细菌（Mesophilic bacteria）。嗜中温细菌主要是氧化亚铁硫杆菌、氧化硫硫杆菌和氧化亚铁微螺旋菌，其生长的温度范围为 15 ~ 45℃。嗜中温细菌一般直径为 0.5μm 左右，长为 1μm 左右。嗜中温细菌是研究最多的一类细菌，目前工业上生产应用的主要是嗜中温细菌。

（2）中等嗜热细菌（Moderately Thermophilic bacteria）。其生长的温度范围为 40 ~ 65℃，主要发现于火山附近、酸性热池、暖的矿山酸性废水及温度和条件适合这些细菌繁殖的硫化矿堆和废石堆当中。对中等嗜热细菌的研究及分类不如对嗜中温细菌的研究更深，在生物浸出过程中的中等嗜热细菌有 Sulfobacillus thermosulfidooxidans、Sulfobacillus acidophilus、Acidophilus ferrooxidans 和 Thiobacillus caldus。这些棒形菌比嗜中温细菌稍大一些，一般直径为 $1\mu m$，长为 $2\sim3\mu m$。中等嗜热细菌有着与嗜中温细菌同样的氧化作用和氧化效率，但其可耐受的温度更高。目前，中等嗜热细菌已经应用于工业上，利用充气搅拌工艺从硫化铜精矿中浸出铜。

470. 影响细菌生长的因素有哪些?

影响细菌生长的因素有温度、pH 值、氧化还原电位、空气量、营养、Fe^{3+} 和 Fe^{2+}、磨矿细度、矿浆浓度、停留时间等。

471. 生物氧化过程中细菌有哪些作用?

生物氧化过程中，不同的细菌生理上有着较大的差异，如 T. f. 菌作为电子的供体，能够氧化 Fe^{2+} 和不饱和硫化物；T. t. 菌只能氧化硫和不饱和硫化物；L. f. 菌只能氧化 Fe^{2+}。这些菌在硫化矿生物氧化过程中起不同的作用。

在对硫化铜矿石及含金砷黄铁矿的生物氧化研究中，发现最初氧化过程中起主要作用的是 T. f. 菌，经过一段时间后，则起主要作用的是 L. f. 菌和 T. t. 菌，而 T. f. 菌很少能检测到。

（1）氧化细菌的新陈代谢作用。细菌在长期的进化过程中，形成了一套严密、精确、灵敏的代谢调节体系。细菌的新陈代谢过程错综复杂，参与代谢的物质也多种多样。在细菌氧化过程中，随着矿浆中硫化矿物成分的变化，细菌会通过自身的代谢调节体系不断地调节蛋白调节控制代谢酶的合成速度，以适应氧化环境的变化。

（2）氧化细菌的催化作用。相对于细菌的氧化机理而言，细菌的催化作用是指由于细菌的代谢过程，化学反应生成物的浓度降低，而反应物的浓度增加，从而加快了化学反应的速度，使氧化过程加快。

472. 细菌的测定和计量方式有哪些?

对于生物氧化过程中的细菌，使用时需要知道菌液中所含的细菌数量。测定和计量细菌的数量一般有以下几种方法:

（1）比浊法。其原理是因为菌体不透光，利用菌液所含细菌浓度不同，液体的浑浊度则不同，然后利用分光光度计测定菌液的光密度。用测得的光密度和标准曲线对比，即可得知菌液的密度。

（2）直接计数法。该方法是利用血球计数器（Hemocytometer），直接在显微镜下观察计数所取菌液样品中的细菌数量。

（3）平皿计数法。该方法是将所要测定的菌液取出后，稀释成一定的倍数，用固体培养基制成平板，然后在一定的温度下进行培养，使其长成菌落（Colony formation unit, CFU），计算出菌落数，再乘以稀释倍数，则得到所测菌液的活菌浓度。

（4）液体稀释法。该方法是将菌液按连续的 10 倍系列在培养基中稀释成不同的浓度，然后进行培养。经培养后，记录每个稀释度出现生长的试管数，然后查最大可能数表（Most probable number, MPN, 见有关微生物实验教材），根据样品的稀释倍数就可计算出其中活菌的含量。

（5）细胞干重测定法。该方法是将菌液离心或过滤后，洗涤除去培养基成分后，转移到合适的容器中，置 100～105℃ 干燥箱烘干或低温（60～80℃）低压干燥至恒重后称重。一般细胞干重为细胞湿重的 10%～20%，对于细菌，一个细胞重约 $10^{-12}～10^{-13}$ g。

目前，采用较多的微生物生长测定方法是比浊法、直接计数法和液体稀释法，这三种方法均为直接计数方法。此外，也有采用蛋白质分析方法来估测细菌的数量。

473. 生物氧化工艺有哪几种类型？

生物氧化工艺基本可以分为金属解离氧化工艺、原生矿物氧化工艺和次生矿物氧化工艺 3 种类型。

（1）金属解离氧化工艺。采用细菌对载体矿物进行氧化，使其中被包裹的有价元素裸露出来，易于下一步作业回收。如对包裹金（或银）的各种载体矿物进行氧化及溶解的过程，使其中的金（或银）解离出来易于回收。

（2）原生矿物氧化工艺。采用细菌对原生硫化矿物氧化及溶解的过程，使其中的金属组分被回收。如黄铜矿、硫钴矿、闪锌矿等的生物浸出为原生矿物的氧化。

（3）次生矿物溶解工艺。采用细菌对次生矿物（氧化物及碳酸盐）氧化及溶解，通过对黄铁矿，或是类似的含铁及含硫的矿物的初级氧化，提供可以溶解金属的 Fe^{3+} 及硫酸溶液。如对铀矿中铀的回收，即是通过铀矿中存在的（或加入的）黄铁矿被细菌氧化产生硫酸及 Fe^{3+}，硫酸溶解含铀酰离子的矿物，Fe^{3+} 使铀的氧化物氧化（U^{4+} 氧化为 U^{6+}），使其易于回收。

474. 工业上生物氧化（浸出）的方法有哪些？

工业上采用生物氧化（浸出）工艺处理目的矿物的方法主要有以下几种：搅拌氧化、原矿堆浸、槽浸、废石堆浸、就地溶浸。

搅拌氧化（浸出）。采用针对生物氧化过程制作的带搅拌和充气装置的槽子作为反应器，对目的矿物进行氧化。该种方式投资高，成本高，要求控制水平高，操作难度大，但是同另外几种氧化方式相比较，该种方式效率最高，综合效益好。

（2）原矿堆浸（氧化）。对破碎后的原矿堆浸或制粒堆浸，对目的矿物进行氧化。该种方法投资少，成本低，适用于对品位较低的原矿中的有用金属的回收，但其回收率较低。堆浸是目前应用规模最大的浸出方式，原矿品位较低的硫化铜矿石的回收广泛采用了堆浸方式。

（3）槽浸。槽浸是将被浸的物料在处理过程中部分或全部浸没于溶液中，从而使有用金属浸出的方式。该种方式主要用于处理以前的选矿的尾矿，这些尾矿中所含的有用金属在当时或是技术原因，或是经济上的原因而没有被回收，现在却可以经济地回收。

（4）废石堆浸。废石堆浸是指有用金属含量非常低的采矿废石堆浸，即使不人工利用，自然条件也会使其产生生物氧化，产生酸性废水并危害环境。废石堆浸方式基本与原矿堆浸相同，但原矿堆浸需倒堆，而废石堆浸不必倒堆。我国的德兴铜矿即利用生物浸出技术，采用堆浸来处理露天剥离出的含铜废石（含铜 0.09%）。

（5）就地溶浸。采用生物浸出方式就地处理破碎过的矿石，而不必把开采的矿石运到地表进行处理的方法，但这种方法只适用于矿体下面有天然的不透水层、无严重破碎及断层的场合，以避免溶液中的有用金属泄漏损失或溶液中的有毒物质污染地下水。该方法有利于即将开采完的老矿山。如我国的中条山金属公司采用了就地溶浸方式回收铜。

475. 什么是难处理金矿石，分为哪几类？

所谓难处理金矿石（Refractory gold ores）是指金以细粒浸染状赋存于硫化物、硅酸盐、亚锑酸盐或碲化物中，或由于矿石中存在碳质矿物，不经预处理则不适于直接氰化的矿石，矿石中的金由于物理包裹、化学结合、化学覆盖膜包裹而不能被有效地提取。

难处理金矿石基本上分为三种类型：第一类是由非硫化脉石组分矿石（如硅石或碳酸盐包裹金），矿石中金粒太小，无法用磨矿解离，金粒难以接触氰化液而使矿石难浸；第二类，也是最大的一类难浸金矿石，金被包裹在硫化矿物——主要是黄铁矿和毒砂中，同样由于其嵌布粒度太细，很难使其解离，由于铜、铁、镍等耗氰物质的存在，影响金的浸出；第三类是含碳质矿石，由于矿石中所含的碳具有相当的活性，金浸出后，其络合物易被溶液中的活性有机碳吸附。由于难浸金矿石的上述特点，所以处理此类矿石，通常是先采用氧化预处理，然后再用碱性氰化工艺回收金。

476. 难处理金矿石的预处理工艺的分类有几种？

目前，难处理金矿石的预处理工艺主要有焙烧氧化、压热氧化、生物氧化、化学氧化微波氧化法等工艺。

（1）焙烧氧化。焙烧氧化又分为传统氧化焙烧法、富氧焙烧法、固化焙烧法。

（2）压热氧化。压热氧化是对难处理金矿石在较高的温度和压力下，加入酸或碱，使硫化物分解，从而使金裸露出来，接触氰化物溶液，反应形成金氰络合物而被回收。

（3）生物氧化。生物氧化是在酸性条件下，利用氧化亚铁硫杆菌等微生物将包裹金的黄铁矿、毒砂等组分氧化分解成硫酸盐、碱式硫酸盐或砷酸盐，从而使金裸露，易于下一步浸出。

（4）化学氧化。化学氧化是通过在常压下添加化学试剂来进行氧化的，主要适用于含碳质和非典型的黄铁矿金矿石。化学试剂主要有臭氧、过氧化物、高锰酸盐、氯气、二氧化锰、高氯酸盐、次氯酸盐等。目前主要有氯化法（处理碳质难浸金矿石）和还原法（处理黄铁矿和毒砂）两种。

（5）微波氧化是采用超高频电磁波对难浸金矿石进行预处理，目前尚处于试验阶段，无工业应用。

477. 典型生物氧化厂的生产工艺流程是怎样的？

2000年12月26日，我国第一个采用生物技术处理难处理金矿石的生物氧化厂在烟台黄金冶炼厂建成投产。

根据试验结果，常规条件下进行氰化浸出，金的浸出率分别为10.82%和10.25%。生物氧化后再进行氰化浸出，金的浸出率达到91.52%，表明该含砷难处理金精矿采用生物氧化预处理是有效的，可以大幅度提高金的浸出率。

生物氧化厂的规模为50t/d，于2000年7月开始建设，2000年12月投入试运行。2001年底，生物氧化厂的处理能力扩建到80t/d。投产后几年来的结果表明，金的总回收率均大于95%。

生物氧化厂的原则工艺流程如图 8-4 所示。

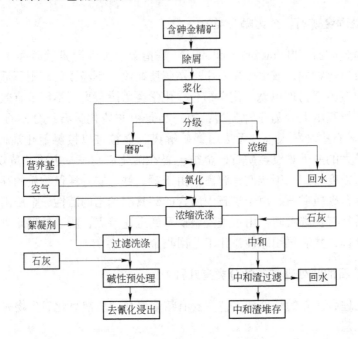

图 8-4　生物氧化厂的原则工艺流程

第九章　产　品　处　理

第一节　浓缩及浓缩设备

478. 选矿产品对水分有何要求，如何实现？

在湿法选矿厂，选矿产品（精矿、中矿和尾矿）大多数情况下都以矿浆形式存在。为了便于进一步处理和冶炼，充分回收利用水资源，对产品水分都有一定要求。

铁精矿：对烧结工艺一般要求水分在 12% 以下，球团法一般要求水分在 10% 以下；冬季为防冻，其水分应降至 9% 以下。

有色金属精矿（铅、锌、铜、镍等）：水分一般要求在 12% 以下，冬季在 8% 以下。

选矿尾矿：为了便于输送和堆放以及利用回水，尾矿亦需进行必要的浓缩脱水。

在选矿生产过程中，有时后续作业对上一作业产品也有浓度要求，因此选矿产品脱水是必不可少的生产环节。

脱水可分沉降浓缩、过滤和干燥三个阶段。根据产品性质和对其水分的要求不同可在不同阶段完成。粗、中粒级产品，可直接用沉淀池、脱水筛或过滤等方法一段脱水。细粒产品（如浮选厂产品），常需要浓缩－过滤两段脱水，产品水分可达到 8%～16%。若要求产品水分在 6% 以下时，还需进一步干燥，即采用浓缩－过滤－干燥三段脱水流程。为充分利用水资源，降低供水费用及尾矿输送费用，要求尾矿脱水时，尾矿可采用浓缩一段脱水。若还对尾矿综合利用，如制砖等，则需采用浓缩－过滤两段脱水。

479. 什么是浓缩？

浓缩是用某种方法将较稀的矿浆密集为较浓的（即含水量不大的）矿浆的过程。浓缩设备主要有浓缩机、沉淀池、浓缩斗和浓密箱等。此外，某些分级设备（如水力旋流器、螺旋分级机）及选别设备（如磁力脱水槽、湿式弱磁筒式磁选机等）也可用于浓缩脱水设备。沉淀浓缩是选矿厂广泛采用的浓缩脱水的主要方法，它是借助矿粒自身重力之作用，从矿浆中沉淀出来的脱水过程。

480. 如何加速矿浆中细粒的沉积浓缩过程？

矿粒在沉积过程中，矿粒尺寸对沉降速度影响很大。粗粒（0.5～0.07mm）沉积很快，而细粒，特别是微细粒（-10μm）由于其重力作用被布朗运动和表面张力所平衡，且矿浆黏度也大，所以长时间处于稳定的分散状态。要加速这些微细颗粒的沉降，一般可采用如下措施：

（1）团聚。对于矿泥量较大的矿浆，可通过加入凝聚剂或絮凝剂使细泥团聚成较大的团粒，以加快它们的沉降。

凝聚剂多为无机化合物，如石灰、硫酸铝、氯化铁和硫酸铁等。它们在水中溶解后解离出的离子吸附于细泥颗粒表面，改变了细泥颗粒表面电性，从而破坏了微细粒子形成的分散系统的稳定性，使细粒在碰撞过程中聚集成大的团粒，质量增加，加快了沉降速度。

絮凝剂则是天然或人工合成的高分子有机物，如淀粉、糊精、聚乙烯醇等，它们是利用其大分子的"架桥"作用，将细泥颗粒连成一个大的絮团而加速了沉降。目前使用最广泛的是聚丙烯酰胺，在每立方米矿浆用量 2 ~ 50g 的条件下，其沉降速度可提高数倍至数十倍。

（2）加温。加温后的矿浆，由于其黏度降低，可提高细泥颗粒的沉降速度。大量试验证明，加热矿浆浓缩机的生产能力可提高 10% ~ 20% 。为此，现场使用浓缩机冬季保温也是非常重要的。

481. 选矿厂可采用的浓缩机有哪几种？

当前选矿厂常用的浓缩机大致有三种：普通浓缩机、倾斜板浓缩机和高效浓缩机。

（1）普通浓缩机。普通浓缩机是选矿厂应用最多的浓缩设备，按其传动方式分为中心传动式（小直径的）和周边传动式（大直径的）；按其工作面数量又可分为单层、双层和多层浓缩机。这类浓缩机结构简单，容易管理，生产可靠。但是由于其直径较大，故占地面积大，且单位面积生产能力也较低。

（2）倾斜板（管）浓缩机。倾斜板（管）浓缩机是在普通浓缩机的圆筒池偏上部分，沿圆周方向装设了许多向浓缩机中央倾斜，与水平夹角约为 60°的倾斜板（管）。这些措施加速了矿粒的分离，缩短了物料沉降时间，强化了分离沉降过程，提高了浓缩效率，减少了基建投资，生产能力可提高约 3 倍。这类浓缩机由于其效率高，大大减少了沉降面积，更适用于细粒精矿和尾矿的浓缩脱水。但因其结构复杂，倾斜板易脱落、变形和老化，维护和操作较麻烦。

（3）高效浓缩机。高效浓缩机除在圆池中装有倾斜板外，它具有专门的絮凝剂添加机构。实际上它不是单纯的沉降设备，而是结合泥浆层过滤特性的一种新型脱水设备，其直径可缩小为普通浓缩机的 1/3 ~ 1/2，占地仅为普通浓缩机的 1/9 ~ 1/4，而单位面积处理能力却增加了几十倍，是日益获得广泛应用的新型浓缩机。

482. 如何确定普通浓缩机的尺寸？

普通浓缩机的计算主要是确定浓缩池体的直径（沉降面积）和深度。其计算方法有三种，按单位面积处理量计算、按溢流中最大粒度沉降速度计算、用澄清试验分析法计算。现举例说明按单位面积处理量计算方法。

[例]　某金氰化厂每日处理原矿能力为 50t，原矿磨矿后需进行浸出前的矿浆浓缩，问需要多大直径的浓缩机？

（1）计算浓缩机直径（所需总面积）。

$$D = \sqrt{\frac{4A}{\pi}} = 1.13 \sqrt{A} = 1.13 \sqrt{\frac{Q}{q}}$$

式中　D——浓缩机池体直径，m^3；

A——所需沉降面积，m^2；

Q——给入浓缩机的干矿量，t/d；

q——浓缩机单位面积处理量，$t/(d \cdot m^2)$。

q 值可参照表9-1选取或参考类似生产厂的实际资料选取，本例参照类似厂选 $q = 0.8t/(d \cdot m^2)$，所以

$$D = 1.13\sqrt{\frac{Q}{q}} = 1.13 \times \sqrt{\frac{50}{0.8}} = 8.93m$$

取浓缩机直径为9m。

表9-1　浓缩机单位面积生产能力 q 值

被浓缩物名称	$q/t \cdot (d \cdot m^2)^{-1}$	被浓缩物名称	$q/t \cdot (d \cdot m^2)^{-1}$
机械分级机溢流（浮选前）	0.7~1.5	浮选铁精矿	0.5~0.7
氧化铜精矿和铅-铜精矿	0.4~0.5	浮选铁中矿	0.8~1.0
硫化铅精矿和铅-铜精矿	0.6~1.0	磁选铁精矿	3.0~3.5
铜精矿和金铜黄铁矿精矿	0.5~0.8	锰精矿	0.4~0.7
黄铁矿精矿	1.0~1.2	白钨矿浮选精矿	0.4~0.7
辉钼矿精矿	0.4~0.6	萤石浮选精矿	0.8~1.0
锌精矿	0.5~1.0	重晶石浮选精矿	1.0~2.0
锑精矿	0.5~0.8	浮选尾矿或中矿	1.0~2.0

注：1. 表内数据系指粒度为80%~95% -0.074mm，粒度大的取大值；

　　2. 排矿浓度对铅、黄铁矿、铜和锌的硫化矿精矿等不大于60%~70%，其他精矿的浓度不大于60%；

　　3. 对含泥量多的细粒氧化矿精矿，指标适当降低。

（2）计算池深。池深是指溢流堰到池底锥顶的垂直距离，它包括池壁垂直高（H_c）和池底坡面高（H_p）。

池壁高一般取 $H_c = 2.1~2.6m$，本例取2.4m。

池底坡面高（单坡）$H_p = D/2 \cdot \tan\alpha$。

式中　α——池底坡面倾角，$\alpha = 7°~9°$（本例取8°）

所以 $H_p = D/2 \cdot \tan 8° = 9/2 \cdot \tan 8° = 4.5 \times 0.14 = 0.63m$

浓缩池深度 $H = H_c + H_p = 2.4 + 0.63 = 3.03m$

483. 浓缩机使用中应注意哪些事项？

为了保证浓缩机正常工作，操作者应注意如下事项：

（1）新安装或大修后的浓缩机（空池），在给矿前应先向池内注入1/2~2/3体积的水。

（2）浓缩机在给矿前先开动电动机，停止给料后方可停车，停车后应将耙架迅速提起，防止刮板被埋入浓缩了的矿浆中（压耙子）。再开车时，先开动电机，然后慢慢将耙架放下（且不可过快以免过载），直到运转正常。

（3）操作者应经常检查给矿量、给矿浓度、底流浓度和溢流质量，保持排料的连续均匀，当给矿量过大或给矿浓度过高时，应及时调整排料量，防止溢流"跑浑"。

（4）当浮选精矿浓缩时，由于泡沫影响，给操作带来困难，预先应进行消泡或在溢

流槽增设泡沫挡圈。

（5）在使用絮凝剂时，应注意其添加量和添加地点，以获得良好的效果。

484. 如何正确使用絮凝剂或凝聚剂？

正确选择和使用絮凝剂、凝聚剂对提高脱水效果、降低生产成本都是很重要的。

（1）药剂的选择。为了取得最佳的团聚效果，应选用有效而经济的絮凝剂或凝聚剂，要求：对产品质量、工艺过程及环境均无影响；用量小，价格便宜，来源广；生成的聚团要有一定的强度。

（2）溶液配制。絮凝剂添加时一定要配制成稀溶液，根据添加量的大小一般配制质量分数为0.1%～0.25%，有时更低至0.01%，最高达5%，计量后加入矿浆给入浓缩机。

（3）添加方式。按添加地点分为两种方式，即机外添加和机内混合。

普通浓缩机添加絮凝剂有如下三种机外添加方式：1）加入搅拌槽中（图9-1a），此时絮团受到强力搅拌；2）加到泵出口处（图9-1b），絮团遭受泵出料的强力冲击；3）加入混合溜槽中（图9-1c），絮团在矿浆流动下被输送。这三种方式形成的絮团均易受到强力作用而破坏。为了改善絮凝效果，只好加大絮凝剂用量，增加生产费用。

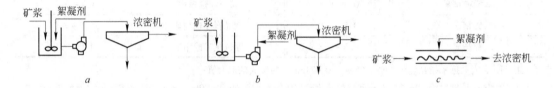

图9-1　浓缩前絮凝剂的添加方式

a—加入搅拌槽中；b—加入泵出口处；c—加入混合溜槽中

机内混合是当前最好的一种混合与絮凝形式，高效浓缩机改给矿筒为机械混合器（见图9-2），使絮凝剂与矿浆在这里直接混合，采用下压式搅拌叶轮以保证絮凝剂在快速混合条件下形成均匀的絮团，且长大的絮团直接送入沉降浓相层。多级搅拌避免了颗粒短路，又解决了矿浆输送时絮团的破坏作用。多级添加絮凝剂是降低药耗、保证絮团强度所必要的。

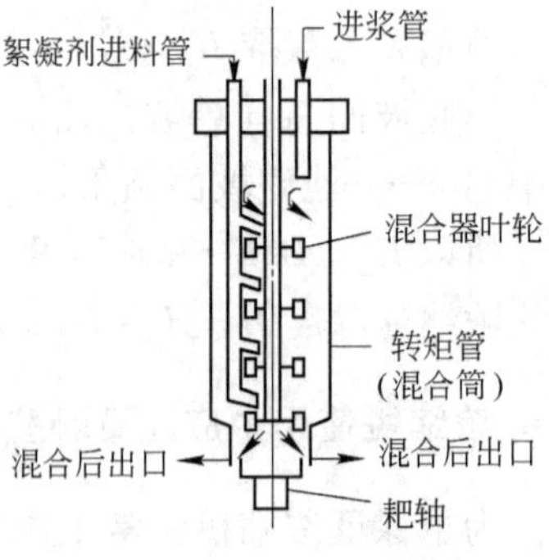

图9-2　机械混合器

485. 普通浓缩机操作中可能发生的异常现象有哪些？

普通浓缩机操作中可能发生的异常现象有以下几种：

（1）周边传动式浓缩机，小车带动耙子在周边轨道上运行不平稳，变慢或打滑可能的原因是：浓缩机负荷过大（给矿太多）、轨道不平或接头不佳。应及时调整负荷，加大排矿，修整轨道。

（2）压耙。所谓压耙即耙子被沉积的泥矿埋住，原因可能是：给矿粒度过大（一般磨矿机跑粗造成）沉积物突然增多；矿量太大，特别是停车后仍然给矿；排矿管堵塞或排矿阀门开度太小。不论哪种原因压耙，都应将耙提起，加大底流排矿，减少池内积砂。

（3）中心盘发响。原因可能是：滑环缺油和损坏，应及时加油或修复；排矿口处有杂物卡住耙子。

（4）排矿管堵塞。原因可能是：排矿浓度过大（或黏度变大）；管道坡度不够；矿浆中有杂物（如碎木块、布等）。

486. 在选用高效浓缩机时应注意哪些问题？

高效浓缩机又称高处理能力浓缩机。尽管有其能力高、占地少、投资低等许多优点，但是目前仍不能全部取代普通浓缩机。如在以下几种情况下，还是采用普通浓缩机为宜：

（1）无合适的絮凝剂的矿浆。有些矿浆，絮凝剂对其无明显的经济效益或在经济上不合算，宜采用普通浓缩机。

（2）有些矿浆可压缩性较差，增稠缓慢，需更高压缩层，宜采用普通浓缩机。

（3）在工艺过程中，起缓冲作用，用来储存矿浆的浓缩机一般应选普通型。

（4）由于高效浓缩机适合于中等浓度底流的场合，故要求在底流浓度太高时不宜采用。

（5）对于物料黏度过大，使倾斜板失效无法工作，以采用普通浓缩机为宜。

在将普通浓缩机改造为高效浓缩机时应注意如下几点：

（1）为了达到预期絮凝效果，应调整进浆浓度，不宜过稠或过稀。

（2）矿浆从进浆管进入混合筒的落差要小，以免进浆把已沉降的泥矿搅起，影响溢流浊度。

（3）对进浆应进行除气和消泡，并清除油质等影响沉降的物质，为此可在进浆前增设曝气槽或水力旋流器。

（4）由于处理负荷较大，尽量考虑装设自动提耙或调整转速的装置。

第二节　过滤及过滤设备

487. 什么是过滤，常用的过滤设备有哪些？

所谓过滤，是利用具有许多毛细孔的材料（滤布或其他多孔透气的材料）作为过滤介质，使矿浆中的液体在一定压力差作用下，通过过滤介质成为滤液，固体留在介质上成为滤饼，从而使固体与液体完成分离的过程。

过滤过程是在过滤机中进行的，工业上应用的过滤机有多种，按过滤动力的不同，分为真空过滤机、压滤机和离心过滤机。

（1）真空过滤机。依靠抽气设备造成的真空的抽吸作用进行过滤，选矿厂常用的真空过滤机有筒形外滤式真空过滤机、筒形内滤式真空过滤机、筒形磁滤机、盘式过滤机。

（2）压滤机。借助向矿浆和滤饼施加压力（泵加压、压缩空气加压、机械压榨）作为过滤动力的脱水设备。压滤机解决了细黏物料的过滤，连续工作的压滤机已越来越多用于细粒精矿、金矿氰化尾渣、置换金泥等作业。

（3）离心过滤机。利用机体自身高速旋转产生的离心力，甩出滤液得到干滤饼。

488. 怎样选择过滤机及其辅助设备？

过滤机的计算是要确定必需的过滤面积，再根据这一面积确定过滤机的台数及其相应的辅助设备——真空泵、鼓风机等。计算方法较多，这里只介绍按单位面积生产能力的计算方法。举例说明如下：

[例] 某硫化铜矿选厂需过滤的铜精矿量为 500t/d，计算需要的过滤机台数及其相应的真空泵与鼓风机的台数。

必需的过滤机总面积为

$$A = Q/q$$

式中　A——需要的过滤机总面积，m^2；

　　　Q——需要过滤的精矿量，t/d；

　　　q——过滤机单位面积的生产能力，$t/(m^2 \cdot h)$。

一般参照类似厂矿生产指标选取，本例题参照类似硫化铜矿选厂的生产率，选取 $q = 0.18\ t/(m^2 \cdot h)$。

所以　　　　　　　　$A = Q/q = 500/(0.18 \times 24) = 115.7 m^2$

选用 $40m^2$ 外滤式圆筒过滤机，它的过滤面积为 $f = 40m^2$，那么需要过滤机的台数为

$$n = A/f = 115.7/40 = 3\ 台$$

相应的真空泵和鼓风机，一般在过滤机的技术规格中都注明了必需的真空泵和鼓风机的生产率。最后，对选用设备型号与规格、数量是否合理，必须进行技术经济比较。

值得注意的是，目前正在推广使用水喷射泵，它可以取代水环式真空泵。因为水喷射泵具有能耗低（大约可降低能耗 40% 左右），维修方便、工作性能良好等特点。

489. 真空过滤机分为哪几类？

真空过滤机有三种类型：筒形过滤机（内滤式、外滤式、折带式、永磁外滤式等）、圆盘过滤机和平面过滤机（转盘式、带式等）。

筒形内滤式真空过滤机适用于处理粒度较粗（但不能过粗，−0.074mm 应大于50%）、密度较大、沉降速度较快的物料，常用于铁精矿过滤。

筒形外滤式真空过滤机及折带式过滤机适用于处理粒度较细，沉降速度不大，要求滤饼水分较低的物料。后者对细黏性物料适应性更强一些，其滤饼水分比普通外滤式过滤机低。

筒形外滤式真空永磁过滤机是一种专门用于过滤粗粒磁铁精矿的高效过滤机。单位面积处理量很高，在精矿粒度 0.8 ~ 0mm 的情况下可达 $3t/(m^2 \cdot h)$。滤饼水分较一般筒形过滤机稍高。

圆盘过滤机过滤面积大，占地面积小，滤饼水分稍高于筒形外滤式过滤机。适于处理粒度较细，沉降速度不大的物料。圆盘过滤机在国外黑色金属选矿厂、有色金属选矿厂、选煤厂等得到广泛应用，国内目前多用于有色金属选矿厂和选煤厂。

490. 筒形外滤式真空永磁过滤机的结构如何？

筒形外滤式真空永磁过滤机主要适用于较粗颗粒的强磁性物料的脱水。此类过滤机最

佳工作条件为矿浆中固相颗粒的比磁化系数不低于 $3 \times 10^{-6} \mathrm{m}^3/\mathrm{kg}$，颗粒粒度为 $0.15 \sim 0.8 \mathrm{mm}$，给料浓度 60%。它主要由下列部分组成。

传动装置：由电动机、无级变速器、蜗轮减速箱组成，使机体运转。

机体：由筒体和喉管部分组成，筒体圆周上由压绳槽分为相互分离的若干个过滤室，敷设有低压聚乙烯滤板，工作时滤板外包以过滤布，在压绳槽处压以胶棒后用不锈钢丝等距缠绕，每个过滤室均连接管路通过分配头与真空泵相通。

磁系：由锶铁氧体永久磁铁组成的开路磁系，主要作用是帮助磁性矿粒迅速被吸附在筒体表面。

盛料箱：在筒体的上部是个给料和盛料的槽体，设有可调节溢流堰高度的挡板，不可随意调节料浆液面。

分配头：由分配头体及压紧装置组成。分配头负责过滤机的"吹矿"，"干矿"，"滤布的再生清洗"等部位的定期机械控制。仪表装备显示出过滤的工作压强变化情况。

绕线装置：由链传动带动的丝杠和导轮卷筒部件组成，在每次更换新滤布时使用，绕完钢丝后拆下，它可以进行密绕和按固定节距绕线两种动作。

溢流槽：由机座及溢流槽组成，前者是安装和支撑机体的，后者是盛接溢流液和清洗滤布污水的槽体。

491. 筒形外滤式真空永磁过滤机的工作原理是什么？

筒形外滤式真空永磁过滤机的工作是由给料、吹矿和吸附成饼脱水、卸料、清洗等各部连续动作完成的。筒形外滤式真空永磁过滤机主要依靠圆筒内部的由永久磁铁排列成的开路磁系作用形成滤饼，当磁性物料进入盛料箱后，其中的固相磁性物料在磁力和自身重力的作用下呈磁簇状迅速地被吸附在筒体的滤布上（此时可借助适量的压缩空气帮助滤饼中矿物按粒度分层），由于上部给料，使得滤饼中矿物按粒度分层的效果更加明显，故构成滤饼厚而且透气性好。随着圆筒的转动进入脱水区，在真空的作用下，滤饼中的残存水分透过滤布并经过滤室和分配头上的两个真空管路而被抽出。已经脱水的物料在卸料区被压缩空气吹落，滤布进入清洗区。清洗是用鼓风和水交替进行的，压缩空气强制地将水由筒里向外吹，形成较好的清洗过程，防止了滤布孔隙的堵塞，为下次进行物料的脱水工作准备了良好的条件。

492. 筒形外滤式真空永磁过滤机如何安装和调试？

（1）安装前的准备工作：

1）清洗机器零件表面的防锈油或脏物。

2）检查过滤室，分配头是否有焊皮、沙子、毛刺等杂物。

3）检查给料箱的密封。

4）排除机器在运输过程中造成的碰撞缺陷。

5）检查预制基础标高和预留孔位置是否正确。

（2）安装和调整：

1）整台筒形外滤式真空永磁过滤机装好后，按规定误差，将筒体中心找平。

2）初步调整分配头，连接分配头上的真空管路。

3）升起磁系，使之符合工作状态偏角。

4）安装绕线装置，调整链轮，装好链条（绕线完毕拆下）。

（3）空负荷试运转：安装完毕后应首先进行不低于 2h 的空负荷运转。

1）空负荷试车前的准备：

①安装滤布，压紧胶条，包滤布前应首先清除筒壁和机槽上的毛刺和锐利尖角。

②对所有润滑部位加注润滑油，无级变速器、蜗轮箱油位必须达到指示位置。

③缠绕钢丝。用端盖的小孔卡住钢丝，先密绕 80mm 宽，再挂上传动进行正常固定节距的缠绕，到筒体的另一端后，脱开传动再进行密绕 80mm，然后穿过端盖的小孔锁死。

2）空运转的要求：

①各传动部位啮合正常无噪声，转动部位无干涉碰撞现象，磁系不摩擦筒壁。

②各调整部位灵活准确。

③各润滑部位油路畅通，润滑良好。

④电动电流稳定，电动机和轴承温升不大于 35℃，最高温度不大于 65℃。

（4）负荷试车：空负荷试运转后，进行不低于 24h 负荷试车。

负荷试车的调整和要求如下：

1）磁系偏角的调整。调整磁系螺杆，使磁系沿筒体内壁摆动，磁系偏角一般不宜小于 43°，否则磁力得不到充分发挥，往往使滤饼到达脱水区之前发生下滑；但过大也将影响料浆成饼和给料箱的密封。

2）风压位置的调整。通过调整螺丝令分配头转动，使各区与磁系、给料箱配置得当。

3）调整和测定给矿浓度。

4）调整运转速度，通过以上调整和测定，获得最佳工作状态。

5）盛料箱与圆筒密封结合处不得漏矿。

6）滚动轴承和电动机温升不大于 35℃，最高温度不得大于 65℃。

7）基本参数应符合规定。

493. 筒形外滤式真空永磁过滤机的操作过程中应注意哪些事项？

（1）开车的准备。

1）检查润滑点，无级变速器及蜗轮箱的油位是否注满油。

2）关闭管路系统中所有阀门。

3）检查电器线路是否安全可靠。

4）检查磁系是否发生脱落或松动现象。

（2）开车的顺序。

1）开动真空永磁过滤机。

2）开真空泵、鼓风机通向分配头的阀门。

3）开给料管阀门。

4）调整无级变速器，找出最佳转速。

（3）停车顺序。

1）关闭给料管阀门。

2）空转筒体至料完，关闭真空泵、鼓风机通向真空永磁过滤机的阀门。

3）清水冲洗滤布和筒体，开鼓风机阀门除去滤布上的水分。

4）停止过滤机。

（4）影响过滤产量和滤饼水分的因素。

1）真空永磁过滤机的转速，是影响过滤效果的因素之一，不同的物料采用与其适应的转速才能保证较低水分、较高生产率。

2）给定真空永磁过滤机的物料要具有一定的量和较高的浓度（一般浓度在55% ~ 60%为佳），浓度过低会影响生产率。

3）分配头的角度调节到适合位置，既使物料能落到卸料装置中，又使残存水吹落到溢流槽之外。

4）给料箱、磁系、真空区三者的位置配置必须合理。

5）选择合适的滤布，可提高过滤机产量，降低滤饼水分。使用中一定要保持滤布的透气性。

494. 真空过滤机的滤液可采用哪几种排液方式?

真空过滤机的滤液排放系统是由真空泵、压气机及气水分离器等组成的，其间不同的组合形式构成了不同的排液方式。

过滤系统的排液方式如图 9-3 所示。其中图 9-3*a* 和图 9-3*b* 均为传统的排液方式，前者依靠离心泵强制抽出气水分离器中的滤液，排至体系外，为克服负压产生的真空吸力，离心泵需有较大的功率，故该系统能耗高；后者是在滤液管中水柱的静压力作用下，克服大气压力向外排出滤液，故滤液管高 H 应大于 9 ~ 10m。配置不方便，且在排液口应设水封池或逆止阀，以防空气进入滤液管使其静压降低，失去排液能力，导致真空泵进水。图 9-3*c* 表示的是我国研究使用的排液方式，其关键是以自动排液装置代替气水分离器，即简化了过滤系统的配置，又不需离心泵抽水，节省了动力，所以广为采用。

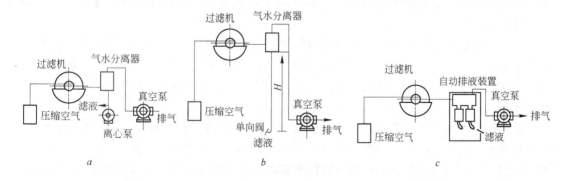

图 9-3　过滤系统排液方式示意图

近些年来，不少过滤系统用真空泵的排气代替压风机，作为卸料用的鼓风，实现一机两用。此时应注意，真空泵排气应保持 9.8kPa 的压力，同时还应设置气水分离器，除去排气中的水分。

495. 改善细粒过滤效果的途径有哪些?

在过滤机生产中，为了达到尽可能高的过滤能力、获得含水尽量低的滤饼、取得较好的过滤效果，可通过以下三种途径。

(1) 改变被过滤矿浆性质。被过滤矿浆性质对过滤效果有重要影响，主要是固体粒度和黏度。改善矿浆过滤性质可采用如下方法：

1）使用絮凝剂。当被过滤物料很细时，易在过滤一开始就在滤介表面形成一层密实的滤饼，造成滤布堵塞，使过滤难以进行。在矿浆中加入絮凝剂或凝聚剂（如3号絮凝剂、硫酸铝等），使细小矿粒团聚变成絮团，在滤布表面形成较疏松的滤饼，滤饼透气性好，可获得良好过滤效果。

2）提高矿浆浓度。按照过滤过程的质量平衡得出的公式

$$W = V \frac{\rho S}{1 - S/S_c}$$

式中　W——滤饼产量；

　　　V——滤液体积；

　　　S——矿浆浓度；

　　　S_c——滤饼含固体量；

　　　ρ——滤液密度。

可以看出矿浆浓度越高，即 S 值越大，则滤饼产量 W 越高。

3）加温。加温可使矿浆黏度降低，提高过滤速度。可将矿浆全部加热，加快滤饼形成，提高产量，降低水分。但加热全部矿浆很不经济，使用最多的方法是只加热滤饼，加速滤饼脱水，即向过滤机的滤饼直接喷蒸汽，既可有效降低滤饼水分，又可节约能耗。

4）使用助滤剂。以往所说的助滤剂就是向含极细固体物料的矿浆中"掺入"粗颗粒物料，从而改变滤饼的粒度组成，提高透水性。常用天然矿物凹凸棒石、膨润土、硅藻土等，或用它们与合成有机絮凝剂（如膨润土与3号絮凝剂）配合使用作助滤剂，改善料浆过滤性能。

人工合成的助滤剂又有表面活性剂型和非离子表面活性剂型，其助滤作用在于降低滤液表面张力，减小滤液在颗粒间隙中流动的阻力，达到强化过滤过程的目的。国产 AF_1、AF_2 和 AF_3 助滤剂的使用，都取得明显效果。此外，酸化油–3132、SP505 及 CA603 等都有使用。

使用助滤剂应注意两个问题：一是矿浆需要适宜的 pH 值，否则不仅影响矿泥状态，还会加速助滤剂的分解而影响助滤作用；另一个问题是，与其他药剂的"协同效应"类似，应探讨不同的助滤剂或助滤剂与絮凝剂等混合使用的可能性，提高助滤效果。如聚乙二醇醚和 OT 型助滤剂、AF_3 与硫酸亚铁配合使用效果更好。

(2) 选择适宜的滤布。滤布的选用对过滤机的效率和生产能力有重要影响。滤布的选用应根据被过滤矿浆性质并通过过滤试验决定。对滤布的主要要求是透气（水）性好，不易堵塞，滤饼易脱落，强度大，耐磨蚀，使用寿命长。用合成纤维滤布比棉布滤布表面光滑，吸水率低，可使滤饼易脱落，过滤能力高。

(3) 加强过滤机维护，进行合理操作。真空过滤机是靠真空的抽吸作用作为脱水的

动力进行过滤的。保持过滤室的密闭性，使其具有较高的真空度是获得较好过滤效果的重要因素。在操作上，对过滤区和脱水区采用不同真空度，过滤区用较低的真空度形成的滤饼松散、孔隙度高，易过滤；滤饼形成后进入脱水区，再采用较高真空度进一步除去水分，又可提高产量。

496. 自动厢式（板框）压滤机如何操作，应注意哪些问题？

自动厢式（板框）压滤机因其工作压强高，生产能力大，过滤效果好。其滤饼水分通常比真空过滤机低 1/3 左右，所以越来越多地用于精矿脱水过程，有时可取消了干燥作业，减少能耗和污染。在一些企业的应用，还促进了生产工艺的变革。

自动厢式压滤机分为立式和卧式，均为周期性自动连续工作。图 9-4 所示为自动厢式压滤机操作顺序。每个循环由滤板压紧、进料、压榨和洗涤、吹风、滤板拉开和卸料等阶段构成，也可根据具体情况及工艺要求适当增减操作步骤。

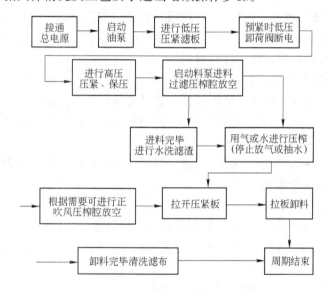

图 9-4　自动厢式压滤机操作顺序

为保证压滤机正常工作，操作时必须注意以下几个问题：

（1）检查滤布有无破损，进料口是否安装好，防止漏矿。

（2）检查所有运动部件，保证动作灵活。

（3）检查所有管道、接头、各连接件，防止漏液、漏气。

（4）进料量应根据物料性质、密度、容积等确定，进料质量分数通常为 40%~60%，进料压力一般为 0.4~0.8MPa。

（5）进料时压榨腔阀应打开，进料完毕必须关闭进料阀，以免回流。

（6）压榨时，压力一般控制在 0.6~0.8MPa，压榨完毕，气压榨时可放空排气。水压榨则必须用泵将水抽净，防止开厢时余水流入物料中。

（7）液压油缸由电接点压力表来控制，使液压系统实现自动保压，所以工作过程不能断电。

（8）开厢时，必须待压紧板到位后再行自动拉板卸料，以免损坏机件。

497. 自动厢式压滤机液压系统常见的故障有哪些?

自动厢式压滤机液压系统常出现的故障、原因及排除方法如下:

(1) 液压系统无压力或压力不足。

1) 液压泵:液压泵反转,需调换转向;油量不足,应补油;零件磨损严重,间隙大或管路接头密封不严,造成漏油,修复或更换零件,拧紧管接头。

2) 溢流阀:弹簧变形或折断,需更换;锥阀与阀座配合不严,调整或更换;滑阀在开口处卡住无法建立压力,应研磨使其移动灵活;阻尼孔堵塞,清除污物。

3) 系统有漏油处,应修好保证密封(详见(4))。

4) 压力表损坏造成无压力假象,更换表。

5) 油温过高黏度太低,查明发热原因采取相应措施(详见(3))。

(2) 液压系统产生振动和噪声。

1) 液压泵:泵轴与电动机不同心,需重新按要求调整;联轴节松动,应拧紧;液压泵零件磨损严重,需更换;油量不足、吸油管密封不严造成吸空,或滤油器阻塞而吸油不畅,应添加油液、处理密封,清洗滤油器。

2) 溢流阀:阀芯与阀体间隙过大,或有毛刺,或有杂物,更换阀芯,调整间隙,清除毛刺和杂物;弹簧或阀座损坏,更换弹簧,修复阀座;阻尼孔被堵,洗净阻尼孔。

3) 换向阀:电磁铁吸不严,需修理;阀芯卡住,清洗或整修;弹簧损坏或太硬,需更换。

4) 液压缸密封过紧,或加工装配误差造成运动阻力太大,适当调整密封松紧,更换或修理不合格零件,重新装配。

(3) 液压油温度过高。

1) 严重漏油引起容积损失过大,修理漏油处,保证密封。

2) 运动零件的相对摩擦力太大,按装配要求加工零件及配装。

(4) 系统漏油。

1) 密封损坏或装反,更换密封件或改正安装。

2) 管接头松动,需拧紧。

3) 单向阀锥阀与阀座不严,或阀座损坏,维修或更换阀座。

4) 运动件相对表面间隙过大,更换零件减少配合间隙。

5) 压力调整过高,适当降低工作压力。

498. 如何对自动厢式压滤机进行维护和保养?

与其他设备一样,对自动厢式压滤机必须及时做好维护和保养工作。

(1) 液压系统应定期进行检查,压力表要定期校验。定期补油、换油,做到液压油保质、保温、保量。液压用油多为20号机油,通常半年更换一次,在高温和多粉尘的情况下,应适当缩短换油时间。油温一般在 35~60℃为宜,低于10℃需加热处理。

(2) 运动部件始终保持良好润滑,按时注油同时清理污物,通常每班至少一次。轴承润滑黄油半年至一年更换一次。

(3) 电气操纵装置要保持清洁,各元件要定期进行检查,保持其灵敏、安全可靠。

（4）停机后检查各连接零件有无松动，随时予以紧固。

（5）如机器长期停用，应擦洗干净，活动件及外露部分涂上防锈油，套上塑料机罩。

（6）维护保养及检修时，应切断电源，以防意外事故发生。

（7）经常做好机器的清洁工作和场地的整洁，保证工作通道畅通。

第十章　选矿过程检测

第一节　试样的采取和制备

499. 选矿厂为什么要经常定期取样和检查？

选矿工艺过程是一个连续生产的过程，除了原矿、精矿以及尾矿外，中间产品较多，影响选矿过程的因素也很多。只有通过对选矿过程进行系统的检查，才能分析选矿工艺过程是否正常，评定选矿工作质量。选矿过程的技术检查项目大体可以分为：

(1) 选矿数量指标，包括原矿处理量、精矿处理量、金属回收率等。

(2) 选矿质量指标，包括原矿品位、精矿品位、精矿水分等。

(3) 动力及原材料消耗指标，包括电耗、水耗、药剂消耗等。

此外，还要对选矿过程的主要工艺因素，如矿石粒度、矿浆浓度、可磨度、矿浆酸碱度等都必须进行检查。

500. 选矿工人应如何对待取样和检查工作？

每一个选矿操作工人都要认真协助和支持取样检查工作，尤其是主要取样点的岗位工，例如磨矿工、磁选工、浮选工等。浮选厂取样检查工作要比磁选厂更为严格，取样时间间隔也短。在主要岗位取样点上一般均放有取样盒等，岗位工在操作中是经常接触的，但一定要注意不准私自取样倒在样盒里或用取样壶去做别的事情，以免样品混入其他东西影响化验的准确性，从而不能起到指导生产的作用。

501. 取样的重要性是什么？

原矿、精矿和尾矿的取样是选矿厂生产中检查和调整工艺过程的最重要的步骤。取样就是从大量的物料中，采取少量能代表全部物料性质的试样。采取的试样的矿物组成、化学成分、物理性质应与原料一样。试样量越多，误差越小，因此取样的工作是十分重要的，要求取样工在取样时，一定要严格按操作规定的方法和时间去取样，否则就不能使所取的试样具有代表性，也就失去了检查的意义，起不到监督生产的作用。

502. 如何确定试样的最小必需量？

在满足实验用量的前提下，要求所取试样的量越少越好，但另一方面又受到矿石本身性质限制，不能太少，因而就需要确定试样最小必需量。最小必需量指的是要保证一定粒度组成的散粒物料试样代表性所必需取用的最小试样量。长期以来，人们习惯采用下列经验公式，计算最小必需量。

$$M_S = Kd^\alpha$$

式中　M_S——试样最小质量，kg；

　　　d——试样中最大块的粒度，mm；

　　　α——表示函数关系特征的参数；

　　　K——经验系数，与矿石性质有关，除贵金属外，一般在 0.02 ~ 0.5 之间。

α 值理论上应为 3，实际取值范围为 1 ~ 3，选矿厂工艺上最常用的 α 值为 2。根据我国的经验，某些矿石的 K 值见表 10-1。

表 10-1　取样公式中某些矿石的 K 值

矿石类型	K
铁　矿	0.1
铜　矿	0.1 ~ 0.2
钨　矿	0.2
钼　矿	0.2
脉锡矿	0.2
砂锡矿	0.2
磷　矿	0.15

503. 常用的矿床取样法有哪几种？

矿床取样的方法比较多，但用于采取选矿试验样品的主要有刻槽法、剥层法、方格法、爆破法和岩芯劈取法等五种。

（1）刻槽法。刻槽法是在矿体上开凿一定规格的槽子，将槽中凿下的全部矿石作为样品。槽的断面积较小时，可以人工凿取，断面积较大时，可先浅孔爆破崩矿，然后人工修整。刻槽应当在矿物组成变化最大的地方布置。刻槽的距离应保持一致，各槽的横截断面应相等。当矿物分布均匀时，多采取平行槽；不均匀时，多采用螺旋形刻槽。刻槽断面有矩形和三角形。槽深一般为 1 ~ 10cm，宽为 5 ~ 20cm。具体操作是：先扫清取样面，然后用凿子画出界限，在工作面上放上帆布或铁皮，以便接取试样，然后再进行刻槽取样。

（2）全面剥层取样法。如果一个巷道内所取的试样质量很大，而取样面积又很小，则应采用全面剥层取样法。其做法是：首先在工作面上铺上帆布，然后对整个矿体的暴露部分全部剥下一层，收集在帆布上作为试样。对细粒浸染矿石，其深度应为 10 ~ 25mm；对粗粒浸染矿石，其深度应为 50 ~ 100mm。

（3）方格取样法。该方法用于取样面积较大的情况下。其做法是在取样表面上划成菱形的、方形的、长方形的格网，在格网的交点处取样。若有用矿物嵌布粒度及含量比较均匀，则取样点可以少一些，交点的距离可大于 2m；若嵌布粒度及含量不均匀，则取样点的数目要相应增多，交点间的距离则随着缩小。

（4）爆破取样法。一般是在勘探坑道内穿脉的两壁、顶板上，按照预定的规格打眼放炮爆破。然后将爆破下的矿石全部或缩出一部分作为样品。此法用于要求试样量大及矿石品位分布不均匀的情况，并且仅用于工业试验样品。

（5）岩芯劈取法。当以钻探为主要勘探手段时，试验试样可以从钻探岩芯中劈取。

劈取时是沿岩芯中心线垂直劈取 1/2 或 1/4 作为样品。所取岩芯长度均应穿过矿床之厚度，并包括必须采取之围岩及夹石。

504. 试样加工步骤有哪些？

试样加工操作包括四道工序，即筛分、破碎、混匀、缩分。为了保证试样的代表性，必须严格而准确地进行每一项操作。

（1）破碎。破碎的目的在于减小粒度，增加不均质的分散程度，为减少量做准备。破碎分为粗碎、中碎和细碎。目前我国适用于选矿厂的粗碎机有：颚式、锤式破碎机两种；中碎机有光面对辊破碎机；细碎机有振动磨样机（也称密封式粉碎机）、球磨机、棒磨机、圆盘式粉碎机等几种。

（2）筛分。筛分的主要目的是使细粒部分不需破碎直接通过筛孔，而仅破碎粗粒部分。随着加工缩分的进行，逐步进行筛分。筛上物要全部通过筛孔。粗粒筛可用手筛，细粒筛分则常用机械振动筛。一般应备有筛孔尺寸为 150mm、100mm、70mm、50mm、35mm、25mm、18mm、12mm、6mm、3mm、2mm、1mm 的一整套筛子，供试验选用。

（3）混匀。混匀是试样缩分前必不可少的重要作业，为了获得均匀的样品，缩分前需要仔细混匀，混得越均匀，缩分后试样的代表性越强。常用的混匀方法有四种：环锥法、移锥法、滚移法、机械法。

（4）缩分。试样的缩分，必须在充分混匀后再进行，常用的有下列四种方法：堆锥四分法、二分器法、方格法、割环法。

505. 矿样混匀常用的方法有哪几种？

常用的混匀方法有环锥法、移锥法、滚移法、机械法等。

（1）环锥法。主要应用于质量为 250～2000kg 的粒度小于 50～100mm 试样的混匀。其操作过程是用铁铲将试样从四周铲向中心，堆成圆锥形，然后将圆锥中的矿样扒向四周，堆成大环，接着再将试样顺次堆成圆锥及圆环，如此反复几次，即可将试样混匀。

（2）移锥法。将矿样向中心点徐徐倒下，形成圆锥形矿堆，再将此矿堆沿同一方向从锥底两相对位置将矿样依次铲取放在附近另一中心点，又堆成新的圆锥形矿堆，一般混合 3～4 次为宜即可将矿样混匀。

（3）滚移法。细粒、量又较少的矿样适用于此法混匀。先将矿样堆置在橡胶布的中心，然后提起布的一角，使矿样在橡胶布上滚动。当滚过对角线一定距离后，再提起对应的另一角，使矿样做同样滚移。四个角都轮流提过后，重复数次即可。也可以用两手同时提起橡胶布对应的两角做滚动，再提起另外对应的两角做滚动，重复数次即可。

（4）机械法。可以在图 10-1 所示的混样机内将试样混匀。实验室也可以利

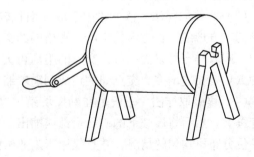

图 10-1　混样机

用筒形球磨机来混样。将球磨机内的球取出，把试样装入转动 5~15min 即可。

506. 矿样怎样进行缩分?

矿样混匀后，要进行缩分，以达到要求的样品质量。常用的方法有：

(1) 堆锥四分法。此法是先将混匀的矿样堆成锥形，然后用薄板插至矿堆到一定深度后，旋转薄板将矿堆展平成圆盘状，再通过中心点划十字线，将其分成 4 个扇形部分，取其对角部分合并成一份矿样。如果矿量过大，可照此法再进行缩分，直到符合所需要的质量为止。

(2) 二分器法。二分器是薄铁皮制成，如图 10-2 所示。此法一般用于矿粒尺寸在 10mm 以下、质量又不大的物料的缩分。为了使物料顺利通过小槽，小槽宽度应大于物料中最大矿粒尺寸的 3~4 倍。使用时，两边先用盒接好，再将矿样沿二分器上端沿整个长度徐徐倒入，从而使矿样分成两份，取其中一份作为需要矿样。如果矿样量还大，再进行缩分，直到缩分到所需的矿量为止。

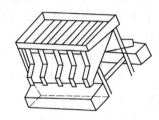

图 10-2 二分器

(3) 方格法。将试样混匀以后摊平为一薄层，划分为许多小方格，然后用平铲逐格取样。为了保证取样的准确性，必须做到以下几点：一是方格要划匀，二是每格取样量要大致相等，三是每铲都要铲到底。此法一般用于粒度在 5mm 以下的细粒矿样，可同时连续分出多个小份试样，因而常用于取化学分析试样和浮选试样。

(4) 割环法。将用移锥或环锥法混匀的试样，耙成一圆环，然后沿圆环依次割取小份试样。割取时应注意以下两点：一是每一个单份试样均应取自环周上相对的两处；二是铲样时每铲均应从上到下、从外到里铲到底，而不能是只铲顶层而不铲底层，或只铲外缘而不铲内缘。

507. 怎样对静置料堆进行取样?

静置料堆的取样包括块状料堆和细磨料堆的取样。

(1) 块状料堆取样有舀取法、探井法。1) 舀取法是在料堆面表布置一定数量的采样点，各点挖坑取样。将从这些点中采出的各部分矿样合并、混匀成为平均试样待用。当物料堆是沿长度方向逐渐堆积时，通过合理地布置取样点即可保证矿样的代表性。当物料是沿厚度方向逐渐堆积，以致物料组成沿厚度方向变化很大时，表层舀取法的代表性将很差。这时只能增加取样坑的深度，然后将挖出的物料缩分出一部分作为试样。2) 探井法，即在料堆上所布置的采样点挖浅井，从挖出的物料中缩分出一部分作为试样。由于在挖井时对井壁要进行支护，所以取样费用比较大。

(2) 细粒粉状料堆的取样。1) 精矿取样，通常用探管取样。在精矿所占的面积内布点要均匀，布点数目越多，精确性越高。但过多的取样点，工作量增加，耗费过多的人力、物力，所以取样点的数目要根据具体情况而定。探管应有足够的长度，每一取样点采取的数量基本相等，表层、底层都能取到。2) 尾矿取样，通常是在尾矿池（库）取样，最常用的方法是钻孔取样。可以是机械钻，也可以是手钻，或者用普通的钢管钻孔取样。

取样的精度主要决定于取样网的密度，取样点之间的距离通常为 500～1000mm。一般可沿整个尾矿池（库）表面均匀布置，然后沿全钻孔取样。由于尾矿池（库）面积大，取样点多，取样数量大，对取出的样品，根据其用途不同，均需混匀缩分，得出适当的质量作为试样。

508. 怎样对流动物料进行取样？

流动物料是指运输过程中的物料，包括用矿车运输的原矿、皮带运输机及其他各种运输设备上的干矿，给矿机和溜槽中的料流，以及流动中的矿浆。最常用的采取流动物料的方法是横向截流法，即每隔一定时间，垂直于料流运动方向截取少量物料作为试样。取样的精度主要取决于料流组成的变化程度和截取频率。

（1）在运输皮带上取样。选矿厂的固体松散物料（主要是原矿石），最常用的就是在给矿机的给矿运输皮带上取样。取样方法一般是人工取样，即按一定长度，每隔一定时间（一般为 15～30min），垂直于料流运动方向，沿料层全宽和全厚均匀地刮取一份物料，将各次刮取的试样合并混匀作为试样。取样总时间由取样用途和质量而定，可以是几小时、一个班或几个班。

（2）矿浆取样。选矿试验和生产过程中流动的矿浆，一般按断流截取法采取，所用设备有人工取样勺和机械取样机。为了保证沿料流的全宽和全厚截取试样，取样点应选择在矿浆的转运处（如分级机的溢流堰口、管道口、溜槽口），严禁直接在管道、溜槽或储存器中取样。

（3）在原矿运输中，可以每隔一定车数留取一车矿石作为试样，然后将每班所取的矿石混合拌匀，用四分法取出平均试样。该方法的缺点是原始试样的质量较大。

509. 用取样勺采取矿浆样时应注意什么？

常用的人工取样勺如图 10-3 所示。

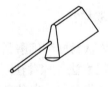

图 10-3　人工矿浆取样勺

当用取样勺采取矿浆样时，为了保证采样的精确性，应注意以下几点：

（1）取样勺开口的宽度，至少应为试样中最大矿粒的 4～5 倍。

（2）取样勺应有光滑的内壁，且容易倾倒。

（3）取样时应使取样勺口垂直于矿浆流，对矿浆流全宽全厚横向等速截取。

（4）取样时需经过一定的、相等的时间间隔。

（5）取样勺倾倒之后，用清水冲洗，并将冲洗水倒入试样之中。

（6）每一取样点应有专用的取样勺。

（7）取样勺容积应大于一次截取的矿浆量所需的容积。

510. 怎样用皮带刮取法测定原矿量？

在没有摆式给矿机，又没有安装胶带秤的选矿厂，给入球磨机的原矿量通常用皮带刮取法来进行计量。具体做法是：预先准备好一块刮板（木的、金属的均可），长度固定（一般为 400~600mm），间隔一定时间（如 20min 或 30min），在皮带上用刮板刮取一次，将刮下的矿量用容器装好（严防泼洒），称重、记录。在刮取时，必须注意在皮带的横断面上，在刮板长度范围内的所有物料（包括泥和水）全部刮取下来。对于速度慢的窄皮带（宽度在 650mm 以下），在保证刮取质量和安全的条件下，可以不停机进行刮取；对于速度快的宽皮带，为了保证刮取质量和人身安全，则需停机刮取。为了确保计量近乎准确，在条件许可时，可以在不同点一次分别刮取 2~3 段，进行称重取算术平均值。给矿量按如下公式进行计算：

$$Q = \frac{3.6qvf}{L}$$

式中　Q——每小时的给矿量，t/h；

q——刮板平均刮取一次的矿量，kg；

L——刮板的长度，m；

v——胶带运输机速度，m/s；

f——原矿含水系数（一般取 0.98，如含水较多时，需实测）。

511. 如何分析和处理皮带运输机跑偏的问题？

皮带运输机运行时皮带跑偏是最常见的故障。解决这类故障重点要注意安装的尺寸精度与日常的维护保养。跑偏的原因有多种，需根据不同的原因区别处理。

（1）调整承载托辊组。皮带机的皮带在整个皮带运输机的中部跑偏时可调整托辊组的位置来调整跑偏；在制造时托辊组的两侧安装孔都加工成长孔，以便进行调整。具体方法是皮带偏向哪一侧，托辊组的哪一侧朝皮带前进方向前移，或另外一侧后移。皮带向上方向跑偏，则托辊组的下位处应当向左移动，托辊组的上位处向右移动。

（2）安装调心托辊组。调心托辊组有多种类型，如中间转轴式、四连杆式、立辊式等，其原理是采用阻挡或托辊在水平面内方向转动阻挡或产生横向推力，使皮带自动向心，达到调整皮带跑偏的目的。一般在皮带运输机总长度较短时或皮带运输机双向运行时采用此方法比较合理，原因是较短皮带运输机更容易跑偏，而且不容易调整。长皮带运输机最好不采用此方法，因为调心托辊组的使用会对皮带的使用寿命产生一定的影响。

第二节　试样工艺性质的测定

512. 为什么要经常测定矿浆浓度？

在选矿工艺过程中，矿浆浓度是主要控制因素之一。矿浆浓度的高低，不但决定磨矿细度，而且还影响选别效果，影响过滤效果，影响过滤生产量和滤饼水分。经常检查和测量矿浆浓度，就能够起到监督生产的作用，使整个选矿过程中矿浆浓度始终保持在规定的范围之内，便于生产工人操作时心中有数，指导生产顺利进行。

513. 如何测定矿浆浓度？

测定矿浆浓度的方法较多，选厂目前仍然使用的是浓度壶，今后要逐渐采用自动检测仪或采用自动控制浓度的装置。

利用浓度壶测定浓度的原理是先测出矿浆的密度，利用下式计算矿浆浓度

$$S = \frac{\rho_{矿石}\,(\rho_{矿浆}-1)}{\rho_{矿浆}\,(\rho_{矿石}-1)} \times 100\%$$

式中　　S——矿浆浓度（质量分数），%；

$\rho_{矿石}$——矿石的密度，g / m^3；

$\rho_{矿浆}$——矿浆的密度，g / m^3。

一般在试验和生产中矿石的密度 $\rho_{矿石}$ 是已知的，浓度壶的空重及容积也可预先测得。当浓度壶装满矿浆后称出其质量就可以计算出矿浆的密度。代入上式即可以求得矿浆的浓度。

在现场通常预先制成一个表格，对一个特定的浓度壶只要称出它装满矿浆后的质量，就可从表中查出浓度值。若浓度壶的容积为 1000mL，称出矿浆质量后，从表 10-2 中查出浓度值。如处理矿石密度为3.8g / m^3，称出实际矿浆质量为1284g，从表中查出浓度为30%，矿浆固液比为 1∶2.33。

表 10-2　矿浆浓度[①]

浓度/%	固液比	矿浆的密度/$g \cdot m^{-3}$				
		2.6	3.0	3.4	3.8	4.2
		矿浆的质量/g				
29	1∶2.45	1217	1240	1257	1272	1284
30	1∶2.33	1226	1250	1269	1284	1296
31	1∶2.33	1236	1261	1280	1296	1309
32	1∶2.15	1245	1271	1292	1309	1322
33	1∶2.03	1255	1282	1304	1321	1336

① 浓度壶矿浆容积为 1000mL。

514. 如何测定矿浆的酸碱度？

矿浆的酸碱度是影响各种浮选药剂作用和各种矿物的可浮性的主要因素。因此，控制矿浆的酸碱度，是控制浮选指标重要措施之一。酸碱度测定方法可以分为指示剂法、电位测定法、滴定法。

（1）指示剂法。指示剂法是指用 pH 试纸和比色法测溶液的 pH 值。用矿浆浸湿试纸，对照 pH 比色纸的颜色变化估计大致的 pH 值。此法简单，速度快，但欠准确。比色法，是取出一定矿浆试样，澄清或离心，把一定量的澄清液置于试管，加入定量的指示剂，指示剂在溶液中将显示颜色，将该试管与已知 pH 值的标准比色管相对比，从而确定pH 值。

（2）电位测定法。电位法是把两个电极插入待测液体中，根据液体中的氢离子浓度产生相应的电位差来确定溶液的 pH 值。它的参比电极通常用甘汞电极，另一电极为玻璃电极。电位法测定 pH 值的精度较高，而且可以连续进行测量，可以把远距离测得的结果自动记录，不需要过滤矿浆，只要把电极插入矿浆即可。

（3）滴定法。在浮选多金属硫化矿时，为了抑制黄铁矿，需加入大量石灰，致使矿浆 pH 值很高，此时用比色法测 pH 值不准确，应采用酸减中和滴定法。其原理就是将石灰形成的高碱度矿浆试样，用已知标准的酸去中和，然后从所耗的酸量，计算出碱量。

515. 如何测定磨矿产品的细度？

磨矿过程中，为了使矿石中的有用矿物达到充分的单体分离，以便为选别作业创造有利条件，经过试验研究后，确定磨矿细度，并以 −200 目含量的百分比来表示。检查细度的方法较多。现场一般都是在分级机溢流取样筛析。这里介绍一种快速筛析法：用一定容积的矿浆瓶（常为 1L），装满矿浆试样称重。得到矿浆加瓶的质量（q_1），把矿浆倒入浸在水盆中的筛子（用 200 目或 100 目的标准筛）进行湿式筛分，用细水流喷洗，直到洗出的水清净为止，然后将筛上产物移回至瓶中，加水至原来称矿浆的同一标线处。重新称量，得到筛上产物加瓶及水的质量（q），已知瓶的质量（a），瓶的容积（b），筛上产物（ +200 目或 +100 目）的粒级产率为

$$x = (q - a - b)/(q_1 - a - b) \times 100\%$$

这一检测方法是假定筛上产物和筛下产物的密度相等，如果它们的密度相差很大时，这一检查方法的结果为近似值。有的选厂每班取一综合细度样，在加工室烘干后缩分出 100g，再经湿式筛分测出细度。

516. 如何测定产品的水分？

原矿和精矿都要测定水分，以便计算原矿和精矿的实际质量。测定方法如下：

在试验室内，一般取 25g（水分少的可取 50g）粉碎至 1mm 的湿样，放在一容积约为 100mL 的玻璃碗中，上面覆盖一块磨砂玻璃盖称重（G_1），精确至 0.01g。将玻璃碗置于烘箱内，让盖子斜开着，在 105 ~ 110℃ 的温度下干燥，然后移放至干燥器内冷却，冷却后迅速盖上盖子，从干燥器内取出称重（G_2）。最后按下式计算水分

$$W = \frac{G_1 - G_2}{G_1} \times 100$$

式中　W——水分含量，% ；

　　　G_1——湿样重，g ；

　　　G_2——干样重（指烘干样），g 。

517. 如何测定物料粒度？

控制入选的物料粒度和产品的粒度是保证生产技术指标的重要环节。生产中对粒度大于 6mm 的物料，经常采用钢板冲孔或钢丝网编成的筛子进行测定；6 ~ 0.045 mm 的物料则用试验室标准套筛进行测定；0.2 ~ 0.05mm 的物料，采用试验室水力分级或水中倾析法（又称沉降分析法，简称水析法）测定；更细的物料常用显微镜法分析和离心分析法。

用标准筛进行干法筛分时，是先将标准筛按顺序套好，把样品倒入最上层筛面上，盖好上盖，放到振筛机上筛分 15～20min，每次筛分物料不得超过 100g。当样品含泥较多，物料互相黏结时，应采用干湿联合筛析法，即先将浸泡的物料倒入细孔筛（如 300 目筛子）中，在水盆中进行筛分，将筛上物料干燥和称重，并根据称出质量和原样品质量之差，推算筛出的细泥质量。然后再将干燥后的筛上物料干法筛析。筛析结束后，将各粒级物料用工业天平（精确度 0.01g）称量，各粒级总质量与原样品质量之差不得超过原样品质量的 1%，否则应重做。根据筛析结果计算各粒级的产率。

518. 选矿生产过程中为什么要及时进行化学分析？

选矿产品只有通过化学分析才能正确地分析生产效果，同时有些产品（如浮选精矿和磁选精矿）需要在短时间内了解精矿品位，以便改进操作，调整生产环节。一般每个生产班中 2h 化验一次，8h 要化验四次，这就是精矿品位快速化学分析。有的选矿厂为了取得生产各环节的生产情况，对中间产品也进行取样化验。产品的化学分析不但要及时，而且要准确，这样才能得出产品生产结果和指导生产操作。

519. 如何进行给药量的检查？

选矿厂的浮选药剂在配药室配制好后，送到药剂室的各个油药箱内，沿导管进入各个给药机。为了避免药剂的添加量发生变化，必须经常检查药剂的用量，最少每隔 30min 检查一次。药剂用量可用计算每分钟流出药剂溶液体积的方法来测定。

520. 什么是金属平衡表？

入厂原矿中金属含量和出厂精矿与尾矿中的金属含量之间有一个平衡关系，若以表格形式列出即称之为金属平衡表。

金属平衡表是选矿生产报表，它是根据选矿生产的数量和质量指标按班、日、旬、月、季、年编制的，这些指标包括：原矿处理量、原矿品位、出厂精矿量、精矿品位、金属含量、回收率、尾矿量和尾矿品位等。

因此，根据金属平衡表可以评价选矿厂的生产情况，可以看出选厂在某一期间内完成生产指标的情况。金属平衡表是选矿生产的基本资料，由于它是按班次计算指标的，也是现场生产班组进行生产评比的基本资料。

521. 理论金属平衡表与实际金属平衡表有什么不同？

金属平衡表分为理论金属平衡表和实际金属平衡表两种。

理论金属平衡（也称工艺金属平衡）表是根据在平衡表期间内的原矿石和最终选矿产品（精矿与尾矿）所化验得到的品位算出的精矿产率和金属回收率，因未考虑生产过程中的损失，所以此回收率称为理论回收率，此金属平衡表称为理论金属平衡表。它可以反映出选矿过程技术指标的高低，一般按班、日、旬、月、季和年来编制，可作为选矿工艺过程的业务评价与分析资料，并能够根据在平衡表期间内的工作指标，对个别车间、工段和班的工作情况进行比较。

实际金属平衡（也称商品金属平衡）表是根据在平衡表期间内所处理矿石的实际数

量、精矿的实际数量（如出厂数量及留在矿仓、浓密机和各种设备中的数量）以及化验品位算出的精矿产率和金属回收率，所以此回收率称为实际金属回收率，此金属平衡表称为实际金属平衡表。它反映了选矿厂实际工作的效果。实际金属平衡表一般按月、季、半年或一年编制。

选矿过程中金属流失集中反映在实际回收率与理论回收率的差值上。由于理论平衡表的金属回收率一般都高于实际平衡表的金属回收率，但有时也会出现反常现象，实际回收率高于理论回收率，这主要是由取样的误差，原矿与选矿产品的化学分析及水分含量的测定的误差，以及原矿与选矿产品计量的误差等造成的。一般要求理论金属平衡表的回收率和实际金属平衡表的回收率之间的差值，对于浮选厂正差不能大于 2%，不应出现负差；重选厂正负差不能超过 1.5%。

理论和实际金属平衡差别越小越好，差别越小，则说明工艺过程中机械损失小。两者差别的大小是衡量该企业组织管理工作是否先进、技术操作是否完善的重要标准。因此，编制金属平衡表是极重要的，必须定期进行，以便有效地指导生产。

522. 选矿厂为什么要进行生产技术检测？

选矿工艺过程是一个连续的生产过程，除了原矿和最终产品（精矿和尾矿），中间产品很多，影响选矿过程的因素也很多。原矿和中间产品的质量发生变化或选矿过程的因素发生波动，都要影响选矿的结果和最终指标。

为了按班、日、旬、月、季、年衡量选矿厂的生产效果，做好金属平衡工作，掌握选矿过程中的数量、质量界限；为了检查和了解各个生产环节的技术操作是否符合工艺要求；为了给选矿厂的管理人员、技术人员提供生产中存在的薄弱环节，以便及时发现问题、解决问题，促使生产正常进行，生产技术检测工作起着举足轻重的作用。它是搞好生产技术管理、做好金属平衡、提高管理水平的一个重要手段。因此，每个选矿厂都必须进行一系列的生产技术检测工作，并视具体情况设立相应的组织机构，如质量管理科、技术检验科、技术监督站、检测组等。

523. 选矿厂生产技术检测主要包括哪些内容？

选矿过程需要检查的内容很多，随着选别方法的不同，其范围略有差异。大致的内容有：进厂原材料（如矿石、药剂及其他消耗材料）及出厂产品数量和质量标准的按期检查；计量设备（包括各种皮带秤、磅秤、天平、仪表、地中衡等）定期校核；主要设备性能及工作状况的检查；药剂用量的检查与控制；工艺操作条件的检查，包括：（1）粒度分析，如矿山来的矿石块度、碎矿最终产品粒度、磨矿细度、分级机或旋流器溢流细度、入选矿石及产品的粒度等；（2）矿浆浓度测定，主要是磨矿浓度、分级机或旋流器溢流浓度、入选矿浆浓度等；（3）水分测定，包括原矿和精矿；（4）品位分析，包括原、精、尾矿班样品位及快速样品位；（5）浮选矿浆酸碱度的测定。

524. 如何测定块状物料的密度？

大块的密度可以通过最简单的称量法进行，即先将矿块在空气中称量，再浸入介质中称量，然后算出密度。介质一般采用水，也可用其他介质。称量可在精确度为 0.01 ～

0.02g 的普通天平上进行，也可在专测密度用的密度天平上进行。

（1）普通天平法。为了测定大块不规则形状的物体的密度，首先要测物体的干重，然后用细金属丝做一个圈套，将物体挂在灵敏的工业天平或分析天平横梁的一端，再将一盛水的容器放在一个桥形的小台上，小台应不会碰到秤盘，并使物体完全浸入水中而不致碰到容器，试验装置如图 10-4 所示。由于金属丝很难将物块套稳，所以最好用金属丝做一个小笼子，将待测物块放在笼内，笼子用一根尽可能细的金属丝做成的钩子挂在天平梁上，首先测笼子在水中的质量，然后测笼子同物体在水中的质量。这里没有考虑连接物体和天平梁的那根金属丝，由于金属丝很细，浸入水中部分的长度变化引起浮力发生变化很小，误差也很小，故可忽略。

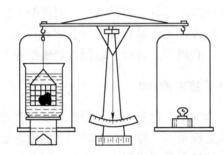

图 10-4　块状试样密度测定示意图

由于矿块结构的不均一，测一块是不行的，必须测很多块，取多次测定的平均值。

矿石密度计算公式如下

$$\rho_{矿} = \frac{G_3 - G_1}{(G_3 - G_1) - (G_4 - G_2)} \rho_{介}$$

式中　$\rho_{矿}$——矿块密度；

G_1——笼子在空气中的质量；

G_2——笼子在介质中的质量；

G_3——矿块和笼子在空气中的质量；

G_4——矿块和笼子在介质中的质量；

$\rho_{介}$——介质密度。

（2）密度天平法。密度天平法和普通天平法原理相同，只是可以直接读出密度数值。国产的岩石密度计的测量范围为 $1 \sim 7.5 g/cm^3$。测量方法是：用细线将样品挂在左臂的挂钩上，在右边的秤盘内加砝码和片码，直到指针刚好指在刻度盘中央为止。然后把样品浸入盛水的容器中，使其全部浸入水中，但又不得碰到容器的底和壁，此时指针偏转角度的读数即所测得的密度值。

525. 怎样测定粉状物料的密度？

粉状物料的密度常采用密度瓶法测定。这种方法常包括煮沸法、抽真空法以及抽真空同煮沸法相结合的方法，三者的差别仅仅是除去气泡的方法不同，其他操作程序都是一样的。

主要仪器设备包括：烘箱、干燥器；分析天平（感量 0.001g）；密度瓶 50 ~ 100mL；真空抽气装置。

试验步骤如下：

（1）称烘干试样 15g，借漏斗细心倾入洗净的密度瓶内，并将附在漏斗上的试样扫入瓶内，切勿使试样飞扬或抛失。

（2）注蒸馏水入密度瓶至丰满，摇动密度瓶使试样分散。将瓶和用于试验的蒸馏水同时置于真空抽气缸中进行抽气，其缸内残余压强不得超过 2cm 的水银柱（2.66kPa），抽气时间不得少于 1h，关闭马达，由三通开关通入空气。

（3）将经抽气的蒸馏水注入密度瓶至近满，放密度瓶于恒温水槽内，待瓶内浸液温度稳定。

（4）将密度瓶的瓶塞塞好，使多余的水自瓶塞毛细管中溢出，擦干瓶外的水分后，称瓶、水、样合重得 G_2。

（5）将样品倒出，洗净密度瓶，注入经抽气的蒸馏水至密度瓶近满，塞好瓶塞，擦干瓶外水分，称重得 G_1。然后按下式计算试样密度

$$\rho_{试样} = \frac{G\rho_介}{G_1 + G - G_2}$$

式中　G——试样干重，kg；

　　　G_1——瓶、水合重，kg；

　　　G_2——瓶、水、样合重，kg；

　　　$\rho_介$——介质密度；

　$\rho_{试样}$——试样密度。

密度测定需平行做两次，求其算术平均值，取两位小数，其平行差值不得大于 0.02。

测定中需注意以下两点：（1）密度瓶必须事先用热洗液洗去油污，然后用自来水冲洗，最后用蒸馏水洗净。（2）为了完全除去密度瓶中水中的气泡，也可在抽真空的同时将密度瓶置于 60 ~ 70℃ 的热水中，使水沸腾，然后再冷却到室温下称量。

526. 如何测定物料的堆密度？

堆密度是指松散物料在自然状态下堆积时单位体积（包括孔隙）的质量，常用的单位是 t/m^3。测定堆密度的主要目的是为设计矿仓等储矿设施和一些运输设备提供依据。原矿以及粗碎和中碎产品，因其粒度大，其堆密度一般应在现场就地测定；细碎和选矿产品的堆密度，因其粒度小，可在试验室内测定。

堆密度的测定方法是：可以取任一经过校准的容器，其容积为 V，质量为 P_0。将容器中盛满物料至边沿，并刮平，切记不要摇动和振动，然后称出质量 P_1，则堆密度 ρ 可用下式求出

$$\rho = \frac{P_1 - P_0}{V}$$

测定容器不应过小，容器边缘的长度最小也应比最大矿粒大 5 倍，否则准确性差。为减小测定误差，应重复进行多次，取其平均值作为最终数据。若要求测定压实状态下的碎

散物料的堆密度，则在物料装入容器后，可利用震动的方法使其自然压实，然后进行测定。

527. 怎样测定浮选设备的充气量？

充气量通常用每平方米、每分钟充入的空气体积表示。选矿厂经常用的测定浮选设备的充气量的方法有以下几种：

（1）量筒法。这种方法适用于粗略地测定矿浆中空气的充入量。具体做法是：取一个带刻度的 1000mL 的量筒，将量筒充满水。然后将一张白纸将量筒口盖住，用手掌托所盖的白纸。将量筒翻倒过来放入矿浆中，手掌和白纸同时离开量筒的下端，用秒表开始记录时间。此时量筒中的水逐渐被进入的气体所排走，待量筒中的水全部被气体所排净时，停掉秒表，然后用下式计算充气量

$$Q = \frac{60V}{St}$$

式中　Q——浮选机（柱）中的充气量，$m^3 /$（$m^2 \cdot min$）；

　　　V——量筒充满水的容积，m^3；

　　　S——量筒截面积，m^2；

　　　t——气体充满量筒所需的时间，s。

按照以上方法重复测量 3～4 次，每次应在浮选机不同的位置，然后取平均值。这样测出的充气量才能较准确地反映出实际的充气量。

（2）日光灯管法。这种测定方法的测定原理及计算方法与量筒法相同，所不同的是，量筒法有两点不足之处：一是量筒的长度比较短，当测量泡沫层比较厚的浮选槽时，给测量带来不便；二是量筒的口径较大，用手托住倒过来的量筒放入矿浆时，水容易从量筒中漏出来，影响测量的精度。而采用日光灯管则可以克服以上缺点。通常所用的是 40W 的日光灯管，将其一端密封盖去掉变为敞口，另一端保证严实不漏水。将日光灯管充满水测定其容积。然后采用与量筒法相同的方法进行测定，测定时插入矿浆深约 25～30cm。计算方法与量筒法相同。

第三节　选矿厂流程考查

528. 选矿厂流程考查的目的和分类如何？

流程考查的主要目的如下：

（1）了解选矿工艺流程中各作业、各工序、各机组的生产现状和存在问题，并对工艺生产流程在质和量方面进行全面性分析和评价。

（2）为制定和修改技术操作规程提供依据。

（3）为总结各工序的设计和生产技术工作的经验提供资料。

（4）查明生产中出现异常情况的原因，提出改进的措施和解决的办法。

（5）某些选矿厂的流程考查资料可为设计提供依据。

流程考查大体分类如下：

（1）单元考查，对选矿工艺的某个作业进行测定，如破碎筛分流程考查、磨浮流程考查等。

（2）机组考查，对两个以上互相联系的作业进行测定，如筛分和跳汰机组测定、水力分级和摇床机组测定等。

（3）数质量流程考查，这种测定规模比较大，取样点多。根据工作量的大小不同，又可分为全厂流程考查和局部（主要段别）流程考查。由于重选厂流程比较复杂，所以进行全厂流程考查较少，而进行局部流程考查较多。

529. 选矿厂流程考查包括哪些内容？

流程考查的内容根据考查的目的要求而不同。但是，进行全厂性的流程考查，一般要提供如下资料：

（1）原矿性质，包括化学组成、矿物组成、含泥率、水分、原矿石的真假密度（包括有用矿物、脉石和围岩）、原矿中有用矿物的嵌布特性。

（2）数质量流程图，即根据考查测定的数据，计算出流程的数质量指标。数量指标包括产量、产率、回收率，质量指标包括富集比、品位。将这些指标列入流程图中，便获得了数质量流程图。

（3）各主要设备的分选效率和操作情况。

（4）各主要辅助设备的效率和操作情况。

（5）各设备规格及技术操作条件。

（6）全厂总回收率、分段回收率、最终产品各粒级的金属回收率及出厂产品质量情况等。

（7）矿浆流程图，根据考查测定数据，计算出矿浆浓度及耗水数量，并将这些数据列入流程图中即为矿浆流程图。

（8）金属流失情况及其原因。

（9）其他各项选矿技术经济指标。

530. 流程考查的步骤是什么？

流程考查可按如下步骤进行：

（1）绘制详细的流程图。到现场了解情况，根据了解的情况绘制出所要考查的详细流程图。

（2）绘制流程考查取样计划图。根据详细流程图、流程考查的要求、流程计算的需要以及结合现场各作业点取样方便、安全可靠等情况绘制流程考查取样计划图。

（3）绘制流程考查人员分工表和所需工具计划表。根据取样流程图，结合现场情况和取样的难易情况分工。对人员的分工和所需要的工具要作出周密的计划，应考虑取样人员的活动范围不能太大，作业及矿石性质相似。总之，应该取样方便，使所取的矿样准确。

（4）确定取样时间和取样次数。取样时间一般 4~8h，每隔 10~20min 取一次，如果试样质量要求大，可以每隔 5min 取样一次，矿浆浓度小的取样次数也可以适当增加。

（5）确定测定方法和分析方法，例如，矿浆浓度的测定采用干法还是湿法，筛析需要分成多少级，哪些级需要进行化学分析，分析哪些元素等。

（6）按流程考查计划进行取样、测定、计算、分析和研究。

531. 如何确定选别流程原始指标数目？

在确定取样点时，应按计算流程所必需的充分的原始指标数目而定。必需的原始数据数目可按下式求出：

$$N = (n - a) C$$

式中　N——计算流程所必需的原始指标数目（不包括已知的原矿指标）；

n——计算流程时所涉及的全部选别产品数目；

a——计算流程时所涉及的全部选别作业数目；

C——每一作业可列出的平衡方程式数目（单金属 $C = 2$，双金属 $C = 3$，三金属 $C = 4$）。

在确定取样点时，应注意以下几点：

（1）选定的取样点应该是生产中最稳定的和影响最大的而且易于测定的产物。例如浮选这种得出两个产物的选别作业，应该选取精矿和尾矿的化验样。对于能够产出三种产物的重选作业，除了取精矿、中矿、尾矿的化验样外，还应该取精矿的质量样。

（2）在某些情况下，还可以多增加几个辅助取样点，以防某一取样点有问题时作为补充取样点。

（3）另外应根据生产特点和可能遇到的技术问题来确定取样点。

532. 流程考查中应注意哪些事项？

流程考查中应注意如下事项：

（1）注意设备的操作条件是否正常，测定应在设备正常运转时进行，考查过程中应详细记录设备运转及其他条件的变化情况。

（2）取样时应注意：1）切勿使矿浆溢出取样盒或取样勺；2）各样品不能随便倒出澄清的水；3）取样工具不能混用；4）所取试样应妥善保管，不得混入杂物。

（3）取样前认真核对取样点号码与标签是否相符。

（4）各项原始记录必须誊写清楚。

（5）筛析和水析样烘到含水 5% 左右就要缩分，不得过分干燥，以免碎裂，改变粒度组成。

533. 流程计算的程序是什么？

取得必需的原始指标后，要进行流程的计算，计算的程序如下：

（1）对于全流程而言，应该由外向里算，即先算出整个流程的最终产物的全部未知数，然后再算流程内部的各个工序。

（2）对于工序（或循环）而言，应一个工序一个工序地计算。

（3）对产物而言，应先算出精矿的指标，然后再根据原矿计算出作业尾矿指标。

（4）对指标而言，应先算出产率，然后依次算出回收率和未知的品位。

（5）计算方法就是根据各个作业进、出产品的质量（或产率）平衡和金属量平衡关系计算未知的产率、回收率和品位值。

（6）计算结果都要校核平衡，先校核产率，再校核回收率和金属含量。

（7）计算结果用作图或列表的方法来表示。

534. 如何分析选别流程？

流程计算完之后，应进行如下分析判断工作：

（1）根据历史资料和现场生产情况判断流程的合理性。

（2）根据设备性能和矿石特性，研究矿量在各设备上的负荷分配。

（3）根据矿石性质、筛分和化验结果，研究各主要选别设备的效率。

（4）研究主要辅助设备的效率及其对选别过程的影响。

（5）研究最终精矿质量情况和各粒级的特点，以提高产品质量。

（6）研究各作业的回收率和金属流失的主要原因。

（7）研究伴生有用矿物在选别过程中的综合回收问题。

（8）对流程、作业或设备等存在的问题提出可行的改进措施。

第十一章　选煤基础知识

第一节　煤的性质和分类

535. 煤是如何形成的?

煤是由植物在湖泊、沼泽地带埋没在水底、泥沙中，经过漫长的地质年代和地壳运动，在隔绝空气的情况下，在细菌、高温、高压的作用下，经过生物、物理、化学作用，逐步演变而成的。分为如下两个阶段。

距现在约2.5亿年以前，植物死后，遗骸堆积在充满水的沼泽中。由于地壳变动，沉积地带下降，泥沙不断冲积，植物遗骸一层一层地埋在地层中，在缺氧的条件下，受厌氧细菌的作用，发生复杂的生物化学、物理化学变化，逐渐变成腐泥和泥炭。这是成煤过程的第一阶段——泥炭化阶段。

成煤过程的第二阶段是变质阶段，又称为煤化阶段，也就是从腐泥、泥炭转化成煤。由于地壳下沉和变动及其他原因，泥炭逐渐失去氧、氮和氢，相对地增加了碳含量和硬度，变成了最年轻的煤——褐煤。随着地壳的继续下沉，温度和压强继续升高，煤层的煤质继续发生变化，煤化过程进一步加深，褐煤逐步变成烟煤，最后变成无烟煤。

536. 煤的性质有哪些?

煤是不均质的混合物，由有机物质和无机物质两部分组成，主要是有机物质。有机物质可以燃烧，所以也称为可燃体。无机物质主要是各种矿物杂质，通常不能燃烧。煤的性质分为物理性质、化学组成、工艺性能等。

（1）煤的物理性质。煤的物理性质包括煤岩组成、颜色、光泽、密度、硬度、导电性、导热性、耐热性、磁性、粒度组成、泥化程度等。分析和研究煤的物理性质既有理论意义又有实践价值，它将为煤炭加工技术的发展提供许多重要的信息。

（2）煤的化学组成。煤的化学组成包括煤的工业分析和元素分析。

煤的工业分析包括测定煤中的水分、灰分、挥发分和固定炭四项。根据煤的水分和灰分，可以大致了解煤中有机物质或可燃物的含量，如煤的水分和灰分高，则有机质含量就低，因而发热量低、经济价值小；从煤的挥发分可以大致了解到煤中有机物质的性质、煤化程度的高低、黏结性的强弱和发热量的高低。从煤的固定炭含量可以大致判断其煤化程度，评价其经济价值。

煤的元素分析是指对有机部分的碳、氢、氧、氮、硫、磷等元素的组成进行分析。

537. 煤岩组成分为哪几类?

煤岩组成可分为镜煤、亮煤、暗煤和丝炭四种。它们在外观上有很大差别。镜煤和亮煤都有光泽，但镜煤的断口呈贝壳状，质地较致密。暗煤和丝炭都没有光泽，暗煤的质地坚硬而无层理，丝炭很像碎木屑。煤岩组成对煤的性质和用途有重要影响。

538. 煤中水分存在有哪几种类型？

煤的水分是指单位质量的煤中水的含量。煤的水分有内在水分和外在水分两种，吸附在煤颗粒内部的毛细孔中的水称为内在水分；附着在煤颗粒表面上的水称为外在水分。外在水分可以借助于机械方法脱除，内在水分只有火力干燥才能脱除。

539. 煤的水分含量对其应用有何影响？

煤的水分是评价煤炭经济价值的基本指标。煤的内在水分与煤的煤化程度和内部表面积有关，一般来说变质程度越低，煤的内部表面积越大，水分含量越高，经济价值越低。煤的水分对其储存、运输、加工和利用均有影响。在储存时，水分能加速煤的风化、碎裂、自燃；在运输中，会增加运输量，加大运费，并会增加装车、卸车的困难。在西北、东北、华北等寒冷地区，水分大的煤在长途运输中会冻结，给卸车造成极大困难。煤的水分在燃烧时要消耗一定的热量，在炼焦时要延长结焦时间，而且影响焦炉的寿命。

540. 什么是煤的灰分？

煤的灰分是指煤完全燃烧后残留物的产率。煤中的灰分一般表明了煤中矿物质的含量。煤的灰分分为内在灰分和外在灰分。内在灰分是指煤在成煤过程中混入的矿物杂质，外在灰分是指煤在开采、运输、储存过程中混入的矿物杂质，即矸石，它可以通过洗选方法除去。

541. 灰分对煤的应用有何影响？

煤的灰分是衡量煤炭质量的一个重要指标，它不仅影响煤的热量，而且影响其加工利用。在选煤过程中要尽量除去外来的矿物杂质，降低灰分。

煤的灰分对煤的加工利用有不利影响。外在灰分越高，在洗选时排除的矸石量越大。内在灰分越高，煤就越难选。煤的灰分高，会增加运输量和运费。燃烧时，灰分越高，热效率越低，而且会增加烟尘排放量和炉渣量，加剧燃煤对大气的污染。炼焦时，精煤灰分越高，焦炭的灰分就越高，炼铁的焦比就增加，高炉利用系数就降低，产铁量减少。

542. 什么是煤的挥发分？

煤的挥发分是指煤在与空气隔绝的容器中在一定高温下加热一定时间后，从煤中分解出来的液体（蒸气状态）和气体减去其水分后的产物。它是评价煤炭质量的重要指标和进行煤的分类的重要依据。煤的挥发分越高，煤的煤化程度越低，在燃烧中越容易点燃。

在测定煤的挥发分产率时，要严格遵守试验方法所规定的条件，否则其化验结果就没什么意义。

543. 什么是煤的固定炭？

煤的固定炭是指煤在隔绝空气的条件下有机物质高温分解后剩下的残余物质减去其灰分后的产物，主要成分是碳元素。根据固定炭含量可以判断煤的煤化程度，进行煤的分类。固定炭含量越高，挥发分越低，煤化程度越高。固定炭含量越高，煤的发热量也越高。

544. 煤的元素分析包括哪些项目?

煤的元素分析就是测定煤中的碳、氢、氧、氮和硫等重要元素的含量。

（1）碳和氢。碳和氢是煤中的主要成分，在燃烧时能放出大量的热量。一般来说，煤中有机物质的元素随着煤化程度而有规律的变化。煤化程度越高，碳的含量越高，而氢和氧的含量越低。

（2）氧。煤中的氧是助燃元素，含量随煤化程度的加深而降低。

（3）氮。煤中的氮含量不高，一般都在 2% 以下。煤中氮在燃烧时形成氮的氧化物等有害气体，污染大气。

（4）硫。煤中的硫是有害杂质，含量一般在 0.5% ~ 3%。煤中的硫分为有机硫和无机硫。有机硫是在成煤过程中与有机物一起进入煤中的。无机硫又分为硫化铁（黄铁矿）硫和硫酸盐硫。煤中的硫在燃烧时形成 SO_2，污染大气。SO_2 在光和热的作用下形成酸雨，腐蚀金属、设备，危害植物生长。硫分在炼焦过程中转移到焦炭中，焦炭中的硫在炼铁中又转移到铁中，使铁变脆。因此，硫分是评价煤质的重要指标。硫化铁硫可在煤炭洗选中除去一部分，硫酸盐硫和有机硫只有在燃烧过程中或在净化烟道气中才能脱除。

545. 煤的工艺性能包括哪些?

煤的工艺性能包括煤的黏结性、发热量、化学活性、抗热震稳定性等。

（1）煤的黏结性。煤的黏结性是指煤粒在隔绝空气的条件下加热到一定温度后，能够熔融、黏结成焦块的性能。一般以罗加指数、胶质层指数来表示。

罗加指数是以烟煤在加热过程中产生胶质体黏结其他惰性物质能力的大小，作为黏结性指数高低的基础，用于鉴定煤的黏结性和确定煤的牌号。

胶质层指数是指煤粒在隔绝空气条件下加热到一定温度后，有机质受热分解，软化成胶体物质层的厚度，通常以其最大厚度值来表示。

罗加指数越高，煤的黏结性越好。胶质层指数越高，煤的结焦性越好。煤的黏结性能受煤的煤化程度、煤岩组成、氧化程度、灰分等多种因素影响。煤化程度最高和最低的煤一般都没有黏结性。

（2）煤的发热量。煤的发热量也是煤质的一个重要指标。它是指每单位质量的煤在完全燃烧时所产生的热量，单位为 MJ/kg。发热量与煤化程度呈规律性的变化，一般煤化程度越高，煤的发热量越高。

（3）煤的化学活性。煤的化学活性是指煤在一定温度下与水蒸气、氧气等相互作用的反应能力，是评价气化用煤和动力用煤的一项重要指标。

（4）煤的抗热震性。煤的抗热震性是指块煤在高温条件下保持原来块状的能力。它也是评价气化用煤和动力用煤的一项重要指标。

546. 煤的密度有哪些表示方法?

煤的密度的三种表示方法为：

（1）真密度。单位体积（不包括煤的所有空隙）煤的质量，用比重瓶法或其他置换方法测定。

（2）视密度。单位体积（不包括煤粒间的空隙，但包括煤粒内的空隙）煤的质量，用水中称量法（涂蜡法、涂凡士林法和水银法）测定。

（3）堆密度。单位体积（包括煤粒间的空隙，也包括煤粒内的空隙）煤的质量。堆密度的测定，可在一定容积的容器中用自由堆积方法装满煤，然后称出煤的质量，再换算成单位体积的质量。

547. 什么是煤的孔隙率？

煤的孔隙体积与煤的总体积之比称为孔隙率（或气孔率），也可用单位质量的煤所包含的孔隙体积来表示。

$$孔隙率 = （真密度 - 视密度）/真密度 \times 100\%$$

548. 什么是煤的脆度？

煤的脆度是表征煤炭机械坚固性的一个指标，即煤被破碎的难易程度。煤炭脆度的试验方法有抗压强度法和抗碎强度法等。最高煤化度和低煤化度煤的脆性都较小，而中等煤化度的肥煤与焦煤脆性最大。并且挥发分小于 10% 的无烟煤脆性比高挥发分的褐煤低。

煤的脆度除了与煤化度呈抛物线的变化趋势外还与岩相组成有关。根据煤脆度的降低和韧性的增长，可以把煤岩组分按下列次序排列：丝炭最脆，镜煤、亮煤居中，暗煤最韧。由于丝炭易碎，故通常煤粉中丝炭较多。可见，不同煤化程度和不同岩相类型煤的脆度能为煤岩选择破碎提供理论和实验依据。

549. 什么是煤的可磨性？

煤的可磨性是指煤被磨碎成煤粉的难易程度。通常把某矿区易磨碎烟煤作为标准煤，将其可磨性定为 100。实测的煤可磨性指数越大则容易粉碎，反之则较难粉碎。测定煤的可磨性在某些工业部门中具有重要的意义。例如：使用粉煤的火力发电厂和水泥厂，在设计与改进制粉系统并估算磨煤机的产量和功率时，常需测定煤的可磨性；在应用非炼焦煤为主的型焦工业中，为了知道所用煤料的粉碎性，以便确定粉碎系统的级数及粉碎设备的类型等，也要预先测定煤的可磨性。此外，煤的可磨性指数也是煤质研究的重要数据。煤的可磨性与煤化度、煤岩组成、煤中水分含量和矿物质的种类、数量及分布情况等有关。

在实验室中测定煤可磨性有不同的方法，国家标准（GB2565）和国际标准（ISO 5074）规定用哈德格罗夫法测定。哈氏可磨性用符号 HGI 表示，理论依据是磨碎定律：在研磨煤粉时所消耗的功（能量）与煤磨碎后的总表面积成正比。在实际测定时是用被测定煤样与标准煤样相比较而得出的相对指标表示。

哈德格罗夫法的要点是：称取 0.63 ~ 1.25mm 的煤样 50g，放在内装 8 个钢球的哈氏可磨性试验仪中，研磨环以（20 ± 1）r/min 转 3min 后，过 0.074mm（200 目）筛子。筛上煤样量用下式计算可磨性指数：

$$HGI = 13 + 6.93 （m - m_1）$$

式中　　m——煤样质量，g；

　　　　m_1——研磨后 0.074mm 筛上煤样的质量，g。

哈德格罗夫可磨性指数与煤化度的关系：随煤化度的增加，HGI 呈抛物线变化，在 C_{daf} 为 90% 处出现最大值，此时煤最容易磨碎。

煤的可磨性和脆度都表征了煤被粉碎的难易程度，但从实验方法可知：煤的可磨性将煤磨成细粉，该指标对非炼焦煤的制粉工艺较合适；而应用抗碎强度法所测定的煤的脆度，其力度范围与炼焦煤较为接近，因而煤的脆度用于衡量炼焦煤较为合适。

550. 什么是煤的润湿性？

煤的润湿性是煤吸附液体的一种能力。当煤与液体接触时，如果固体煤的分子对液体分子的作用力大于液体分子之间的作用力，则固体煤可以被润湿，煤的表面黏附该液体。相反，若液体分子之间的作用力大于固体煤的分子对液体分子的作用力，则固体煤不能被润湿。对于同一种固体，不同液体的润湿性不同；对于不同的固体，同一种液体的润湿性也不同。煤的润湿性可应用于选煤：因为煤易被油类润湿而不易被水润湿，但矸石则相反。故在粉煤浮选时加入矿物油用空气鼓泡，此时精煤被油膜包围而上浮，而矸石被水包围而下沉，从而达到分选的目的。

通常，可利用液体表面张力 σ 和固体表面所成的接触角 θ 的大小来判定该液体对固体的润湿程度。若液滴能润湿固体，接触角为锐角；若液滴不能润湿固体，接触角为钝角。通过测定接触角可确定液体对煤润湿性的大小。

551. 煤的含矸率如何计算？

含矸率为粒度大于 50mm 的矸石量占全体原煤量的百分比，原煤采样筛分后，在大于 50mm 的粒级中人工拣选出矸石（包括硫铁矿），进行称量计算。

552. 煤和矸石的泥化如何测定？

煤和矸石遇水泥化的性质不同，是影响湿法选煤的重要问题之一。将粒度为 13~100mm 的煤样和水（25kg 煤样加 100kg 水），在容积为 200L，高 1m，转速为 20r/min 的转筒中，分别翻转 5、15、25 和 30min 后，测定粒度组成（大于 13，13~0.5，0.5~0.045，小于 0.045mm），确定其粉碎程度和微细颗粒的特性。

553. 为什么要对煤进行分类？

煤是国民经济发展的重要能源，为了合理地利用煤炭资源，必须将煤进行分类，制订合理地工业分类方案，其重要作用表现在：

（1）了解每一个储煤和产煤区煤的工艺性质和经济价值，指导焦化工业的炼焦配煤。

（2）有计划地对煤炭资源进行评价、开采、洗选和综合利用。

（3）根据运输条件和工业需求，制订煤的地区平衡与开采的最佳经济方案。

（4）制定煤炭工业的近期和长远规划。

（5）消除贸易中的混乱，便于在煤炭利用和研究方面进行技术和科技信息的交流。

总之，应按照不同工业用途提出的各种要求对煤进行分类，使其更好地为人类服务。

554. 我国煤的分类指标是什么？

我国煤炭按煤的煤化程度及工艺性能进行分类，对无烟煤、烟煤和褐煤采用煤化程度参数进行区分。

（1）无烟煤的分类。无烟煤以干燥无灰基挥发分和干燥无灰基氢含量作煤化程度的指标把无烟煤分为无烟煤一号、无烟煤二号和无烟煤三号，见表11-1。

表 11-1　无烟煤的分类

类　别	符　号	数　码	分　类　指　标	
			$V_{daf}/\%$	$H_{daf}/\%$
无烟煤一号	WY_1	01	0 ~ 3.5	0 ~ 2.0
无烟煤二号	WY_2	02	>3.5 ~ 6.5	>2.0 ~ 3.0
无烟煤三号	WY_3	03	>6.5 ~ 10.5	>3.0

（2）烟煤的分类。烟煤煤化程度的参数采用干燥无灰基挥发分作指标，烟煤黏结性的参数选用黏结指数和胶质层最大厚度（或奥亚膨胀度）作指标来区分类别，即贫煤、贫瘦煤、瘦煤、焦煤、肥煤、1/3 焦煤、气肥煤、气煤、1/2 中黏煤、弱黏煤、不黏煤、长焰煤共 12 类，见表11-2。

表 11-2　烟煤的分类

类　别	符　号	数码	分　类　指　标			
			挥发分 $V_{daf}/\%$	罗加指数 G_{RI}	胶质层最大厚度 Y/mm	奥亚膨胀度/%
贫　煤	PM	11	>10.0 ~ 20.0	≤5		
贫瘦煤	PS	12	>10.0 ~ 20.0	>5 ~ 20		
瘦　煤	SM	13	>10.0 ~ 20.0	>20 ~ 50		
		14	>10.0 ~ 20.0	>50 ~ 65		
焦　煤	JM	15	>10.0 ~ 20.0	>65	≤25.0	（≤150）
		24	>20.0 ~ 28.0	>50 ~ 65		
		25	>20.0 ~ 28.0	>65	≤25.0	（≤150）
肥　煤	FM	16	>10.0 ~ 20.0	（>85）	>25.0	（>150）
		26	>20.0 ~ 28.0	（>85）	>25.0	（>150）
		36	>28.0 ~ 37.0	（>85）	>25.0	（>220）
$\frac{1}{3}$焦煤	$\frac{1}{3}$JM	35	>28.0 ~ 37.0	（>85）	≤25.0	（≤220）
气肥煤	QF	46	>37.0	（>85）	>25.0	（>220）
气　煤	QM	34	>28.0 ~ 37.0	>50 ~ 60		
		43	>37.0	>35 ~ 50		
		44	>37.0	>50 ~ 65	≤25.0	（≤220）
		45	>37.0	>65		
$\frac{1}{2}$中黏煤	$\frac{1}{2}$ZN	23	>20.0 ~ 28.0	>30 ~ 50		
		33	>28.0 ~ 37.0	>30 ~ 50		
弱黏煤	RN	22	>20.0 ~ 28.0	>5 ~ 30		
		32	>28.0 ~ 37.0	>5 ~ 30		
不黏煤	BN	21	>20.0 ~ 28.0	≤6		
		31	>28.0 ~ 37.0	≤5		
长焰煤	CY	41	>37.0	≤5		
		42	>37.0	>5 ~ 35		

（3）褐煤的分类。褐煤采用透光率为煤化程度指标，以区分褐煤和烟煤，并把褐煤划分为褐煤一号和褐煤二号，见表 11-3。同时还采用恒湿无灰基高位发热量 $Q_{gr,V}^{-A,GM^*}$ 辅助区分烟煤和褐煤。

表 11-3　褐煤的分类

类　别	符　号	数　码	分 类 指 标	
			$P_M/\%$	$Q_{gr,V}^{-A,GM^*}/MJ \cdot kg^{-1}$
褐煤一号	HM$_1$	51	0 ~ 30	≤24
褐煤二号	HM$_2$	52	>30 ~ 50	

555. 煤炭如何按粒度分类？

煤炭的粒度，一般分为 6 个粒度级别，见表 11-4。

表 11-4　煤炭的粒度级别

粒度/mm	+100	100 ~ 50	50 ~ 25	25 ~ 13	13 ~ 6	6 ~ 0	50 ~ 0
命　名	特大块	大块	中块	小块	粒煤	粉煤	混煤

如果有两个以上的粒级在生产时掺混在一起，就冠以"混"字，如大于 13mm 或大于 25mm 称为混块，13 ~ 50mm 称为混中块，25 ~ 0mm 称为混末煤。

556. 设计中原煤的质量等级如何分类？

在设计中原煤质量常用灰分（见表 11-5）、硫分（见表 11-6）、含矸率（见表 11-7）作为标准划分等级。

表 11-5　原煤按灰分分等级

灰分/%	< 15	15 ~ 25	>25
等　级	低灰分	中等灰分	高灰分

表 11-6　原煤按硫分分等级

硫分/%	< 1.0	1.0 ~ 2.5	>2.5
等　级	低硫分	中等硫分	高硫分

表 11-7　原煤按含矸率分等级

含矸率/%	< 1.0	1.0 ~ 3.0	>3.0
等　级	低含矸	中等含矸	高含矸

557. 煤的用途有哪些？

根据煤的性质和各行业对煤炭燃烧和工艺性质的要求，煤的主要用途如下：

（1）无烟煤：硬度高，机械强度高，固定炭含量高，发热量高，挥发分很低，无黏结性，燃点高，有良好的导电性，在工业上块煤用于生产合成氨的制气、电石、碳化硅、电极，粉煤用于高炉炼铁喷吹，可以节省焦炭。无烟块煤是民用的主要燃料，粉煤成型可以生产煤球、蜂窝煤。

（2）贫煤：挥发分低、不结焦，可作动力用煤和民用燃料。

（3）瘦煤：挥发分低，结焦性差，主要用作炼焦配煤。

（4）肥煤：黏结性能最强，是炼焦配煤的主要煤种。

（5）长焰煤：主要作动力和民用燃料。

（6）不黏煤：作动力和民用燃料。

（7）褐煤：主要作发电用煤，也可作气化、液化和热解加工原料。

第二节　选煤厂的基本情况

558. 选煤厂的分类有哪些？

选煤厂是对煤进行分选，生产不同质量、规格产品的加工厂。

（1）按精煤使用的目的不同，选煤厂可分为：炼焦煤选煤厂和动力煤选煤厂。炼焦煤选煤厂的工艺过程比较复杂，生产的精煤灰分低、质量高，主要供给焦化厂生产焦炭。动力煤选煤厂的工艺过程一般比较简单，生产的精煤主要作为动力燃煤，大部分动力煤选煤厂只选块煤，末煤和粉煤不入选。

（2）按厂址及其与煤矿的关系，选煤厂可分为五种。

1）矿井选煤厂。厂址位于矿井的工业广场内，入选本矿原煤，一般选煤厂能力与矿井生产能力相当。矿井选煤厂要保证矿井正常生产和选煤厂不开、停频繁，在原煤选前准备之后，进入选煤准备作业，有缓冲容量。

2）群矿选煤厂。这类选煤厂入选几个矿井的原煤，厂址设在其中服务年限最长、生产能力最大的矿井工业广场内。群矿选煤厂除了本矿井来煤外，还能分选其他矿井的原煤，因此应有外来煤的受煤设施。

3）矿区选煤厂。厂址不设在任何一个矿井的工业广场内，应设在矿区内交通方便，距水电源较近，工程地质较好。矿区选煤厂分选若干矿井的原煤，一般用铁路运输原煤，有自备车头、车皮等。

4）中心选煤厂。厂址设在矿区以外，入选外类煤的选煤厂。

5）用户选煤厂。用户选煤厂设在用户企业，分选供给原煤矿井的煤。

（3）按选煤厂能力可分为大型、中型及小型选煤厂，见表11-8。

表11-8　选煤厂按生产能力分类

厂　型	设计生产能力/Mt·a^{-1}
大型	1.2；1.5；1.8；2.4；3.0；4.0；5.0；6.0 及以上
中型	0.45；0.6；0.9
小型	0.3 及以下

559. 选煤厂的组成部分包括哪些？

选煤工艺是由原煤性质和用户要求决定的，各厂不尽相同，有的差异较大。但是，选煤厂都是由原煤受煤、原煤的选前准备、选煤、煤泥的分选、回收，选煤产品的脱水，干燥，产品的装车外运等部分组成。大部分选煤厂有受煤、选前准备、选煤、装车等厂房，各厂房之间用胶带输送机连接。

560. 什么是原煤受煤作业？

原煤受煤，就是原煤的进厂方式，原煤一般由矿井直接运送到选煤厂，也可用胶带输送机、箕斗、矿车运输原煤。入选外来原煤的选煤厂，用火车运输原煤，故需要设置受煤坑，由螺旋卸料机或翻车机将原煤卸入受煤坑内，或由底开门车和人工卸煤。为了防止特大块进入厂内，受煤坑上有 200 ~ 300mm 筛孔的铁算子。

561. 什么是原煤的选前准备作业？

原煤的选前准备，主要是使原煤在粒度和级别上适合选煤的要求，并对选煤车间处理不了的大块和木块、铁器等杂物进行处理。对动力煤要将原煤中需要进行分选的粒级筛出来，运到选煤车间。在准备车间之后一般设置缓冲作用的原煤仓，有的选煤厂其原煤仓设在准备作业之前。

562. 什么是选煤作业，选煤的主要目的是什么？

原煤在选煤厂分选为精煤、中煤、矸石。一般选煤厂的选煤作业（0.5mm 以上和 0.5mm 以下）和产品的脱水，筛分分级都在这个厂房进行。有的选煤厂的浮选（0.5mm 以下）和浮选精煤的脱水有单独厂房，往往这些厂的浮选是后增加的。产品的干燥也有别的厂房，或厂房的一区段。煤泥的处理分散在选煤厂的各个地方，大部分选煤厂的尾煤压滤车间在煤泥沉淀池附近，有单独的厂房。

选煤是利用煤炭与其他矿物质的不同物理、物理－化学性质，在选煤厂内用机械方法除去原煤中的杂质，把它分成不同质量、规格的产品，以适应不同用户的要求。

选煤的主要目的是：

（1）除去原煤中的杂质，降低灰分和硫分，提高煤炭质量，适应用户的需要。

（2）把煤炭分成不同质量、规格的产品，适应用户需要，以便有效合理地利用煤炭，节约用煤。

（3）煤炭经过洗选，矸石可以就地废弃，可以减少无效运输，同时为综合利用煤矸石创造条件。

（4）煤炭洗选可以除去大部分的灰分和50% ~ 70%的黄铁矿硫，减少燃煤对大气的污染。它是洁净煤技术的前提。

563. 什么是选煤产品装车？

除用户选煤厂外，一般选煤产品都装火车外运，为此有一定容量的煤仓分别装运精煤、中煤或其他等级产品。绝大部分选煤厂的矸石产品由矿车、汽车等运至附近的矸石山废弃。

564. 选煤方法的种类有哪些？

选煤方法种类很多，可概括分为两类：湿法和干法选煤。选煤过程在水、重液或悬浮液中进行的，称为湿法选煤。选煤过程在空气中进行的，称为干法选煤。

选煤方法还可以分为以下几种：

重力选煤是根据煤和矸石的密度差别（煤的相对密度在 1.2~1.5 之间，而矸石的相对密度在 1.8 以上），实现煤和矸石分选的方法。重力选煤又可以分为跳汰选、重介质选、溜槽选和摇床选等。

浮游选煤，主要是根据煤和矸石表面润湿性的差别，分选细粒（ - 0.5mm）煤的方法。

特殊选煤主要是利用煤和矸石的电导率、磁性、摩擦系数、射线穿透能力等的不同，把煤和矸石分开，它包括静电选、磁选、摩擦选、放射性同位选等。

此外，还有手选，即人工拣矸。它是根据块煤和矸石在颜色、光泽及外形上的差别由人工拣除。

565. 选煤厂的主要产品和副产品是什么？

选煤厂的主要产品是精煤，按照用户对精煤质量指标的要求，提供精煤产品，供焦化、气化和液化工业使用。

选煤厂的副产品有中煤、煤泥和煤尘。中煤是介于精煤和矸石之间的一种产物，这是由夹矸石、净煤和矸石组成的混合产品，中煤可以作动力煤和生活用煤。煤泥和煤尘都是指粒度在 1mm 以下的细粒煤炭，其区别是：煤尘是干的，而煤泥含有较高水分。这种副产品可作动力或民用燃料。

第三节　选煤方法

566. 跳汰选煤的工作原理是什么？

原煤在上、下交变的脉动水流中，按密度大小分选的过程称为跳汰选煤。

原煤经过若干次水流上、下脉动的作用，密度小的精煤逐渐浮到上层，被水流带走；而密度大的矸石沉到下层，通过排渣机构排出。因此，跳汰选煤，主要有两个作用：一是分层，要求尽量按密度分层；另一个是排渣，力求精确地切割床层，将已分好层的物料分开。

567. 重介质旋流器分为哪几类？

重介质旋流器是一种利用离心力场强化细粒级矿粒在重介质中分选的设备。

根据其机体结构和形状可以分为：圆锥形和圆筒形两产品重介质旋流器；双圆筒串联形、圆筒形与圆锥形串联的三产品重介质旋流器。

根据给料方式可以分为有压给料式和无压给料式两种。

属于有压给料式的有荷兰的 D.S.M 重介质旋流器及其仿制品、美国的麦克纳利、英国的沃西尔、日本的倒立旋流器等。

属于无压给料式的有美国的 D.W.P 旋流器等。

568. 重介质旋流器的给料方式有几种？

重介质旋流器的给料方式有三种：第一种是将物料与悬浮液混合后用泵打入旋流器，

入料压强可达 0.1MPa 以上。由于用泵给料，物料粉碎现象严重，增加设备磨损，虽然可降低厂房高度，仍比较少用。第二种是利用定压箱给料，物料和悬浮液在定压箱中混合后靠自重进入旋流器。定压箱液面高于旋流器入料口（视旋流器直径大小而定），一般 500mm 直径的旋流器不低于 5m 的高度，以保证入料口压力不低于 0.04MPa，否则，压力过低离心力过小，影响分选效果，降低处理能力。这种给料方式称为低压给料旋流器。生产上广泛采用这种方式。由于旋流器的结构改变，又产生第三种给料方式，即悬浮液用泵以切线方向给入圆筒旋流器下部，而物料靠自重从圆筒顶部给入，称为无压旋流器。旋流器的入料口形状多种多样，如圆形、正方形、长方形等。入料管一般是直倾斜的，也有采用抛物线形和摆线形的，总的要求应该考虑使矿浆按切线方向进入旋流器，阻力要小，易于制造。

569. 重介质选煤的特点是什么？

（1）分选效率高。图 11-1 所示为各种选煤设备的可能偏差值。从图中不难看出，重介质分选机和重介质旋流器的分选效率在各种重力选煤方法中是最高的，我国各厂重介选的平均值为 0.038。

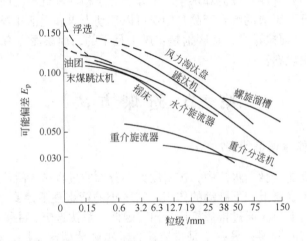

图 11-1　各种选煤设备的可能偏差值

（2）分选密度调节范围宽。重介选的分选密度一般为 $1300 \sim 2200 kg/m^3$，而且易于调节，其误差可保持在 ±0.5% 范围之内。

（3）适应性强，分选粒度范围宽。重介质选煤在入选原煤的粒度、数量和质量上允许有较大的波动。例如，块煤分选机的入料粒上限为 1000mm 下限为 6mm，末煤重介质旋流器为 50～0.15mm。

（4）生产过程易于实现自动化。重介质选煤所用悬浮液的密度、液位、黏度、磁性物含量等工艺参数能实现自动控制。

（5）重介质选煤的缺点是增加了加重质的净化回收工序，设备磨损比较严重。

570. 重介质选煤的适用范围是什么？

（1）用重介质分选机排矸。

（2）用于分选难选煤和极难选煤。实践证明易选煤可用跳汰选，难选或极难选煤采用重介选。

（3）适合低密度分选以脱除黄铁矿。原煤中黄铁矿含量随煤的密度增高而增加。在分选黄铁矿含量高的煤时，降低分选密度就可降低精煤硫分。

（4）用重介质旋流器再选跳汰机的中煤或精煤。跳汰机排出的中煤中，往往含有占本样15%～25%的精煤（难选煤还要多），用重介旋流器去再选这部分中煤比用跳汰机再选的效率高，提高了全样的数量效率。另外，用跳汰机粗选可降低基建投资和生产费用，用重介质旋流器再选粗精煤可提高精煤质量。

571. 重介质选煤对加重质的粒度有什么要求？

在大多数选煤厂都使用磁铁矿粉作为加重质，各种粒度的原料煤及不同的重介质选煤设备对磁铁矿粉都有一定的要求，《选煤厂设计手册》中建议磁铁矿粉中磁性物含量应在95%以上，选块煤时粒度小于0.074mm的含量不低于80%，选末煤时粒度小于0.4mm的含量不低于80%。一些选煤厂的磁铁矿粉的质量能满足块煤分选机的要求，但两产品旋流器使用的磁铁矿粉粒度要求较细。若磁铁矿粉粒度过粗不符合要求，在用前需磨细，可用球磨机磨细，磨后再进入旋流器分级，其溢流为粒度合格的加重质，底流回球磨机再磨。

572. 如何脱除加重质？

重介质选出的精煤、中煤和矸石都带有磁铁矿粉，一般情况是重悬浮液密度高的带走得多，煤的粒度细的带得多。重悬浮液先经固定筛或弧形筛脱除，然后进入直线双轴振动筛，第一段约占筛长的1/3作为脱除悬浮液用，第二段其余2/3作为冲洗加重质。为了减少污染降低精煤灰分，矸石和中煤一般先用循环水冲洗，再用清水冲洗。

固定筛或弧形筛的筛下以及第一段脱介筛的筛下作为合格介质，可以直接复用；第二段因被冲洗水稀释，筛下为稀介质，这部分重悬浮液经过磁选脱除煤泥和黏土才能称为合格介质。

573. 如何控制重介质选煤中悬浮液的密度？

重介质选煤过程中，悬浮液的密度是根据对精煤灰分指标的要求确定的，它直接影响实际分选密度。为了提高分选过程的工艺效果，实际分选密度的波动尽可能小。一般要求进入分选机中的悬浮液的密度波动需小于 $\pm 0.1 \mathrm{g/cm}^3$。但由于分选机中流体运动的影响，悬浮液密度与实际分选密度是有差别的，对于上升介质流的块煤重介质分选机，悬浮液密度比实际分选密度一般要低 $0.03 \sim 0.1 \mathrm{g/cm}^3$；对于重介质旋流器，悬浮液密度比实际分选密度要低 $0.2 \sim 0.4 \mathrm{g/cm}^3$。

在日常生产中，检查悬浮液密度的方法有两种：一是人工检查，即用浓度壶测定；另一种方法是用仪器自动检测，由这些装置将所获得的一次信号，通过电子仪器转换成电讯号，传输给执行机构，用补加水或补充加重质的方法，使悬浮液的密度维持稳定状态。

图11-2所示为常用的密度自动控制系统。

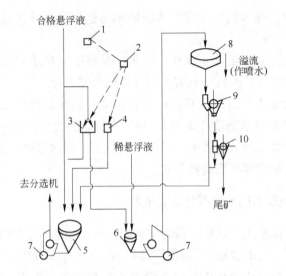

图 11-2　常用的密度自动控制系统

1—密度计；2—自动控制箱；3—变流箱；4—水阀；5—合格介质桶；6—稀介质桶；
7—介质泵；8—浓缩机；9—第一段磁选；10—第二段磁选

574. 常用的煤泥水流程有几种？

煤泥水流程目前主要有三种形式，即浓缩浮选、直接浮选和部分直接浮选。

浓缩浮选流程是指煤泥水进入浮选之前先经浓缩机，浓缩后的底流进入浮选，溢流作为循环水，这是目前一般选煤厂所采用的流程。

直接浮选流程是指原煤中带来的细煤泥，经过选煤设备，不经浓缩，全部进入浮选，可以实现"清水选煤"，不产生细煤泥在洗水中的循环、积聚。直接浮选的原料是精煤斗子捞坑溢流或是精煤角锥池的溢流，由于煤泥在水中浸泡时间短，煤粒的表面新鲜，浮选时选择性好。

部分直接浮选是直接浮选和浓缩浮选演变过来的。主要有两个流程，一是一部分煤泥水不经浓缩机直接进入浮选，另一部分煤泥水经浓缩后浮选；二是一部分煤泥水直接作循环水，另一部分去直接浮选。由于部分煤泥水直接浮选，故可以解决细煤泥积聚问题。

575. 洗水闭路循环需做到哪几点？

洗水闭路循环需做到以下几点：

（1）解决细泥的循环积聚问题。

（2）采用厂内回收细粒尾煤的机械设备。

（3）做好洗水平衡工作。

（4）浮选尾煤。

576. 选煤厂典型的脱水系统有哪些？

选煤厂典型的脱水系统主要有：

（1）块精煤：脱水筛——>脱水仓。

（2）末精煤：脱水筛——→离心脱水机——→干燥机（高寒地区或特殊要求）。

（3）中煤和矸石：脱水斗式提升机——→脱水仓（如果需要，末中煤也用脱水筛及离心脱水机）。

（4）粗煤泥：（沉淀池——→）脱水筛——→离心脱水机——→干燥机（高寒地区或特殊要求）。

（5）浮选精煤：（浓缩机——→）过滤机、沉降过滤式离心脱水机——→干燥机（高寒地区或特殊需要）。

（6）煤泥或尾煤：（浓缩机——→）过滤机、压滤机、沉降（或沉降过滤）式离心脱水机或煤泥沉淀池。

577. 选煤生产主要的检查和试验有哪些？

（1）快速浮沉。为了及时掌握原煤可选性和选煤厂生产检查煤样的密度组成，指导洗煤操作，应采用快速浮沉试验。

（2）煤泥水浓度。

（3）湿式小筛分。一般粒度微细的煤泥灰分高，与粗粒煤泥灰分相差悬殊时，特别是浮选尾煤，干式小筛分与湿式小筛分的结果就相差很大。因此，对小筛分不论是煤泥产品，还是 0.5mm 以下的筛分粒级，都应进行湿式小筛分。

（4）月综合煤样试验。在进行日常生产检查时，对原煤及产品所采取的试样要缩分出一份作为月累积样在月末进行试验分析，以评定一个月的生产情况。月综合试验报表内容一般应包括下列几个方面：1）选煤厂本月主要技术指标完成情况；2）选煤产品平衡表；3）月综合煤样试验项目（入选原煤、销售精煤、销售中煤或混煤、销售煤泥、洗矸等试验）；4）根据月综合资料，作出的本月生产情况分析及建议。

（5）单机检查。单机检查常常是在月综合煤样做完以后，技术检查工作转向单机检查，可以有计划地一台一台进行，也可以对有问题的设计进行检查。

第四节　煤炭的可选性

578. 怎样进行浮沉试验？

浮沉试验可以确定煤中各级相对密度物的含量和灰分，据此可以查明原煤的可选性，可以了解选后产品的分选效果。浮沉试验进行的程序是：

（1）配好重液，并用相对密度计检查，准确调节到规定的数值。

（2）干燥试样。

（3）将干燥试样放在盘子中用清水洗除 0.5mm 以下的煤泥。

（4）脱泥后的煤样放入用筛网作底的漏桶中，然后将该桶浸入装有重液的外桶中，相对密度小于重液相对密度的煤将漂浮起来，相对密度高的煤则沉至下部。

（5）分层后用网勺捞起浮物，并将沉入底部的煤移入较高相对密度的重液中继续分离，这样反复进行，直到通过最后一级重液为止。

579. 评价煤炭可选性的主要依据是什么？

煤的洗选效果取决于煤的粒度组成和浮沉组成，即取决于煤的可选性。通过对原煤可选性的研究，可以了解该种煤是易选还是难选，并可估计各种产品的灰分和产率。易洗的原煤可以得到灰分低、产率高的精煤，难选的原煤不仅精煤灰分高、产率低，而且损失大。

由于矸石和精煤的相对密度相差较大，所以含矸石量多、灰分高的原煤，不一定是难选煤，在重力分选过程中是容易除去的。难以分离的是夹矸煤，它是相对密度介于精煤和矸石之间的中煤，灰分又较高。

我国煤炭可选性评定标准是于 1996 年公布，1997 年 1 月 1 日开始执行的，见表 11-9。

表 11-9　我国煤炭可选性评定标准

δ±0.1 含量/%	≤10.0	10.1~20.0	20.1~30.0	30.1~40.0	>40.1
可选性等级	易选	中等可选	较难选	难选	极难选

580. 如何根据浮沉试验数据绘制原煤可选性曲线？

原煤可选性曲线包括灰分特性曲线（λ 曲线）、浮物曲线（β 曲线），沉物曲线（θ 曲线）、密度曲线（δ 曲线）和密度 ±0.1 曲线（ε 曲线）等 5 条曲线。

表 11-10　某厂原煤煤样浮沉试验结果

密度级 /g·cm⁻³	浮沉物 占本级	浮沉物 灰分/%	浮物累计 产率/%	浮物累计 灰分/%	沉物累计 产率/%	沉物累计 灰分/%	δ±0.1 含量/% 密度	δ±0.1 含量/% 产率/%
1	2	3	4	5	6	7	8	9
<1.3	15.27	3.64	15.27	3.64	100.00	27.98	1.3	75.14
1.3~1.4	41.18	6.97	56.45	6.07	84.73	32.36	1.4	68.51
1.4~1.5	10.29	14.22	66.74	7.32	43.55	56.38	1.5	19.98
1.5~1.6	4.72	23.15	71.45	8.37	33.26	69.42	1.6	7.93
1.6~1.7	1.24	31.82	72.70	8.77	28.55	77.07	1.7	3.29
1.7~1.8	1.23	43.73	73.92	9.35	27.30	79.12	1.8	2.44
1.8~2.0	1.21	52.54	75.13	10.04	26.08	80.79	1.9	1.61
>2.0	24.87	82.16	100.00	27.98	24.87	82.16		
合　计	100.00	27.98						

根据浮沉试验数据（见表 11-10），绘制可选性曲线的步骤如下：

（1）浮物曲线。由表中的第 4、5 列对应数据各点做平滑曲线而成，反映了浮物的累计浓度与平均灰分之间的关系。

（2）沉物曲线。由表中的第 6、7 列对应数据各点做平滑曲线而成。

（3）密度曲线。各个相对密度与第 4 列中的各对应数字所表示的各点做平滑曲线而成。

（4）密度 ±0.1 曲线。由表中的第 8、9 列对应数据各点做平滑曲线而成。

（5）灰分特性曲线。由第 3、4 列两项第一个对应数据得一点，由此点向左引水平线到纵坐标为止和向上引垂线到顶部为止，得到第 1 个方块，此方块的面积代表相对密度小于 1.3 这部分煤所含的灰分重。第 2 个对应数据得 2 点，由此点向左引水平线到纵坐标为止和向上引垂线到顶部为止，得到第 2 个方块，此方块的面积代表相对密度为 1.3 ~ 1.4 这部分煤所含的灰分重。按同样的方法，得到第 3、4、5、6 个方块，其面积分别代表 1.4 ~ 1.5、1.5 ~ 1.6、1.6 ~ 1.7、1.7 ~ 1.8、1.8 ~ 2.0 这几个部分的煤所含的灰分重。各方块的面积总和代表原煤所含灰分重。取各方块右边高度的中点，划成平滑曲线，即为原煤灰分分布曲线，表示浮物或沉物产率与分界灰分的关系。

581. 煤炭可选性曲线有什么用途？

（1）确定理论分选密度。假定要求精煤灰分为 9.0%，那么在灰分坐标上标出灰分为 9.0%（a），从 a 点向上引垂线分别交 β 曲线于 1 点。由 1 点引水平线分别交 δ 曲线于 1′点。再由 1′点向上引垂线分别交密度坐标于 a′点，交 ε 曲线于 c 点。a′点代表的密度值即为精煤灰分分别为 9.0% 时的理论分选密度，即 1.58g/cm^3，如图 11-3 所示。

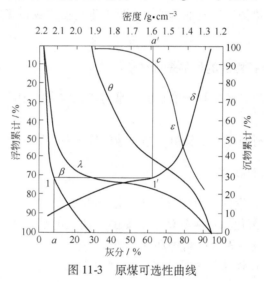

图 11-3　原煤可选性曲线

（2）确定煤炭可选性。横线与 θ 曲线交点处向上引垂线，并与 ε 曲线相交，其交点在 AB 纵坐标轴上的读数为 12% 左右，分选密度 ± 0.1 邻近物的产率。此原煤可选性等级属于中等可选。

第十二章 选矿厂环境保护与治理

第一节 选矿厂废水处理

582. 选矿厂的污染源有哪些？

选矿厂的污染源有废水、废气、废渣，其中以废水污染物尤为突出。选矿药剂、蓄积性毒性物质（如汞、铬、镉及重金属等），使总的环境质量形势趋于恶化。氰化物外排废水将成为水体的主要污染源，废气的排放对人群、生物群构成直接危害，废渣的堆弃造成生态环境的恶化等。

583. 对选矿厂的产物进行检测的目的是什么？

对选矿厂的产物进行试验室检测的目的，是为了确定废物中的哪些组分对环境会造成有害影响。

检测程序包括酸性外排矿水的检测、金属溶解检测及生物检测。

584. 除去氰化物的方法有哪些？

（1）天然分解法：挥发法、生物分解法、光分解法。

（2）氧化法：碱性氯化法：氯气法、次氯酸盐法、电解再生法；SO_2-空气法；臭氧化法；过氧化氢法；酸化–挥发–再中和（AVR）法；

（3）吸附法：硫化亚铁法、离子交换及酸性再生法、离子浮选法、电解法、转型–沉淀法。

585. 碱性氯化法除氰有哪些特点？

碱性氯化法除氰的优点是：

（1）应用非常广泛，有经验可以借鉴。

（2）要处理的物料是碱性的。

（3）反应完全，且速度适当。

（4）毒性金属能除去。

（5）氯容易以不同形式得到。

（6）既容易实现连续操作，又适合间歇操作。

（7）基建投资较低。

（8）相对来说有较好的工作可靠性控制。

（9）在氰酸盐允许排放的条件下，第一段氧化反应容易被控制。

缺点主要是试剂费用高、氰化物等不能回收，通常不能除去铁和亚铁氰化物。

586. 次氯酸钠除氰原理是什么？

在碱性条件下，NaClO 氧化废水中的氰化物可分成两个阶段，第一阶段是不完全氧化，即把氰化物氧化成氰酸盐，第二阶段是完全氧化，即把 CN^- 进一步氧化成二氧化碳、氨和氮气。

根据这种分段反应的性质，在处理含氰废水时，把氧化反应控制到完成第一阶段、然后让 CNO^- 水解成 CO_2 和 NH_3；而后投入足量的 NaClO，使 CN^- 彻底氧化成 CO_2 和 N_2。

587. 过氧化氢法净化含氰废水的原理是什么？

过氧化氢首先是把氰根氧化为氰酸根，然后氰酸根再水解成碳酸根，其反应式为

$$CN^- + H_2O_2 \longrightarrow CNO^- + H_2O$$

$$CNO^- + 2H_2O \longrightarrow NH_4^+ + CO_3^{2-}$$

该反应十分迅速。H_2O_2 与氰反应后不产生任何有害有毒产物。

588. 酸化 – 挥发 – 再中和法处理含氰废水反应过程是怎样的？

HCN 是极易挥发的（沸点 26℃），从而容易用空气分离法从溶液中分离出来，尤其在低 pH 值下。为了促使金属氰络合物按适当速度解离成 HCN，降低 pH 值是必要的。

该法由酸法、挥发、中和（$A \cdot V \cdot R = AVR$）三步组成：

（1）酸化，解离金属氰络合物中的 CN^-，并转化成 HCN；

（2）用强烈的空气鼓泡挥发 HCN，同时用石灰液反复循环回收放出的 HCN；

（3）充气后的酸性贫液再中和除去金属离子，然后，金属沉淀回收，溶液排放。这一方法化学过程如下

酸化　$Ca(CN)_2 + H_2SO_4 \longrightarrow CaSO_4 + 2HCN$

吸收　$2HCN + Ca(OH)_2 \longrightarrow Ca(CN)_2 + 2H_2O$

589. 离子交换法净化回收含氰化物废水的特点是什么？

离子交换法的优点：（1）能使氰化物和重金属降到很低水平；（2）能回收氰化物和金属；（3）可以除去硫酸氢盐。

其缺点是：（1）解吸的硫酸用量大；（2）HCN 气体是危险的，必须小心密封；（3）树脂床有可能被金属沉淀物堵塞；（4）投资费用相对较高。

590. 处理含氰废水还有哪些其他方法？

（1）活性炭吸附催化氧化法处理含氰废水，是近年来研究的新方法。处理废水的成本低，在处理废水中氰化物的同时，可以综合回收金等有价金属，效益显著，为从纯消耗转变为盈利性污水处理开辟了一条新途径。处理后的废水中 Cu、Pb、Zn、Cl 等杂质含量较少，尾矿坝外排水完全可以循环使用，达到"零排放"的良好效果。既可以节省用新鲜水的费用，又可以免缴污水排放费，解决了用水紧张的问题。

（2）管道曝气法是酸化法处理含氰废水二次处理的好方法之一。还可以增加 NaCN 的回收率，并可以使废水排放达标。

（3）自然净化法是将废水不经人工处理而直接排到尾矿坝的一种常规方法，经自然净化后，废水完全返回循环使用。此方法使用需慎重，废水返回不能产生恶性循环，要求尾矿坝不能渗漏、污染地下水和地表水，距离水源养殖区和自然保护区要远。该方法虽然省钱、简单，但危险性大，一旦渗漏和跑水，后果非常严重。若没有安全和防护措施，不宜采用。

（4）酸化法、氯化法和自然净化法联合流程。第一步用酸化法回收氰，降低废水处理成本。第二步用氯化法处理废水中剩余的氰；最后经尾矿坝自然净化，可以达到高含氰低排放的良好效果，对于要求废水排放指标很严的地方适合采用此方法。但该流程比较复杂，投资比较高。

591. 氰化物是怎样使人中毒的？

氰及其化合物的毒性主要来自氰根，它通过呼吸道、消化道及皮肤等进入人体，产生氰化氢，抑制细胞色素氧化酶，使之不能吸收血液中的溶解氧，造成神经机能麻痹，最后导致人体内部组织急速缺氧而窒息死亡。

氰化物属剧毒。口服 0.1g 氰化钠或 0.12g 氰化钾或 0.05g 氰氢酸，瞬间可致人死亡。若吸入 0.02~0.5mg/L 的氰化氢气体时，呼吸道被麻痹；若吸入 0.3mg/L 的氰化氢气体，在 2~3min 内即可致人死亡。

592. 氰化物中毒有哪些症状？

人被氰化物中毒后的症状大体分三个阶段。

（1）轻微症状阶段：此时患者出现恶心、呕吐、便溺等现象，口感有杏仁苦味，呼吸稍快、头部充血、有头昏感。

（2）呼吸困难阶段：此时患者出现耳鸣、震颤、全身乏力、呼吸困难、眼球突出、痉挛、麻痹、角弓反张等现象。

（3）麻痹阶段：此时患者大小便失禁，条件反射消失，肚肠泻空、高度角弓反张以致死亡。

593. 氰化物中毒后应采取哪些措施？

发现氰化物中毒，应马上采取以下急救措施：让所有人员在 2.5min 之内撤离现场，到空气新鲜的地方；对中毒较重者，要及时吸入亚硝酸戊醋，然后注射 1% 的亚甲蓝加 25%~50% 的葡萄糖 25~30mL，注射 30% 的硫代硫酸钠 30~40mL，注射强心剂、兴奋剂，进行人工呼吸；经 30~40min 后，再进行一次药物处理，其用药量按上述药量的 1/2 即可；对恢复知觉的患者，要及时口服 1:5000 高锰酸钾溶液或过氧化氢溶液，或 2% 小苏打溶液、或 2% 硫代硫酸钠溶液 500mL 洗胃，直至患者呕吐。

594. 处理含汞废水的方法有哪些？

处理含汞废水的方法包括还原法（如硼酸钠还原法、金属还原法）、硫化法、静态吸附法、溶剂萃取法、凝聚沉淀法。

595. 处理含砷废水的方法有哪些？

处理含砷废水的方法包括石灰法、石灰 – 铁盐法、硫化法、软锰矿法、综合回收法、磷酸盐法、活性炭吸附法、活性铝吸附法、反渗透法、离子交换法。

596. 处理含浮选药剂废水的化学方法有哪些?

化学法处理含浮选药剂废水的方法有五种。

(1) 氧化分解。采用氧化剂（如液氯、漂白粉、次氯酸钠等）进行氧化分解。其作用是："活性氯"破坏废水中的黄药，使之被氧化成无毒的硫酸盐，处理时 pH 值以 7~8.5 为宜。处理效果好坏，主要取决于试剂用量的掌握是否适当。投药量太少，处理不完全；投药量过多，净化液中有"活性氯"存在。

(2) 臭氧化法。处理黄药效果较好，而且无"活性氯"存在。但电耗大，至今未能广泛用于生产。

(3) 电解法。用白金作电极，直流电压为 0.5V，电流为 40mA 进行电解（分解黄药）。

(4) 置换回收法。向含有黄药、并有重金属生成氢氧化物沉淀的废水中，在控制 pH 值条件下，加入硫化钠，可将黄药置换出来，回收利用。

(5) 酸化或碱化法。在尾矿库入口废水中投加硫酸（按 100~200mg/L），可破坏选矿废水中黄药，使其出水水质达到国家排放要求《地面水三级排放标准》。也可在尾矿库中投加石灰，随金属氢氧化物沉淀而吸附浮选药剂一起带入库底淤泥中。

597. 处理含浮选药剂废水的物理方法有哪些?

(1) 曝气法。含浮选药剂废水于尾矿库储存停留一段时间，经过曝气处理，可使浮选药剂含量大大降低。

(2) 紫外线照射法。利用 250~550nm 紫外线照射，可破坏废水中浮选药剂达到净化的要求。

598. 处理含浮选药剂废水的物理化学方法有哪些?

(1) 吸附法。吸附剂采用活性炭、炉渣、高岭土等。如高岭土 20g/L 时，丁基黄药去除率达 89%，松节油去除率达 80%。

(2) 凝聚法。向含有浮选药剂的废水中投加凝聚剂，废水中的金属和浮选药剂则能凝聚沉淀。

(3) 离子交换法。对含黄药的废水经沉淀、过滤、中和后通过 AB-17 型树脂（或阳离子树脂），可除去废水中的黄药。

599. 含重金属酸性废水的处理方法有哪些?

(1) 中和法。

(2) 亚铁盐法。利用亚铁盐除去废水中的金属，废水与铁化合物混合，然后加入碱进行中和，用空气氧化以完成反应。结果产生出铁盐沉淀物、氢氧化物沉淀物的络合盐和重金属，经过滤并用磁力使沉淀物从溶液中分离出来。

(3) 反渗透法。最近国外有成功地用反渗透法用于处理矿山含重金属酸性废水。重金属：Cu、Pb、Zn、Ni、Cd 等去除率达 98% 以上，pH 值在 7 左右。

（4）其他方法，包括离子交换法、充电隔膜超滤法、电渗析法、电解沉积法、活性炭合成的聚合吸附剂法（特别适用于除去络合重金属）、氢硼化钠还原法和淀粉黄酸盐药剂法。

600. 处理含重金属酸性废水的石灰中和法有哪几种？

（1）一次中和法。这种方法目前国内采用得较多，优点是设备较少，操作方便；缺点是加药量难以控制，处理效果较差。最好用 pH 值自控加药量。

（2）二次中和法。这种方法一般适用于 pH 值很低，含二价铁盐较多的酸性废水。二次中和法的优点是石灰乳分两次加入，pH 值容易控制，一次中和槽控制 pH 值为 $4 \sim 5$，二次中和槽 pH 值控制至 $6.5 \sim 8.5$；废水中二价铁盐与石灰乳反应后，生成 $Fe(OH)_2$。再经曝气，氧化生成 $Fe(OH)_3$，易于沉淀析出，出水水质可达到排放标准。缺点是设备较多，基建投资大。

（3）三次中和法。这种方法多用于 pH 值较低，变化较大，含有多种金属离子的酸性废水。为了使废水中的金属离子能沉淀出来，在一次中和槽将 pH 值调节至 $7 \sim 9$，在二次中和槽中 pH 值调节至 $9.5 \sim 11$。经沉淀分离后，再在三次中和槽中 pH 值调节至 $6.5 \sim 8.5$，达到排放标准后外排。

第二节　选矿厂废气处理

601. 选矿厂的废气污染源主要有哪些？

选矿厂排入大气中的污染源主要来自选矿厂对矿石的破碎加工、干筛、干选及矿石的输送过程中产生的粉尘，浮选车间的浮选药剂的臭味，焙烧车间的二氧化硫、三氧化二砷、烟尘，混汞作业、氰化法处理金矿石及炼金产生的汞蒸气、H_2、HCN、H_2S、CO_2 及 NO_2 等有害气体，以及坑口废矿石和尾矿尘土飞扬等。

602. 汞蒸气是怎样对环境造成污染的？

在用混汞法生产黄金过程中，混汞、洗干、挤汞、涂汞、蒸汞、冶炼等作业的周围，由于汞本身的挥发性强，汞暴露于空气中几率多，所进行操作场地四周环境都不同程度存在着汞蒸气污染。汞的物理、化学性质决定汞蒸气和水中汞的污染程度是不同的。空气中汞蒸气有高度扩散性和较高的脂溶性，人吸入后可被肺泡完全吸收，并通过血液循环运载全身，因此长期工作在汞蒸气环境中会引起汞中毒。

603. 汞蒸气的处理和回收方法有哪些？

汞蒸气的处理和回收方法包括碘络合法、硫酸洗涤法、充氯活性炭净化法、二氧化锰吸收法、高锰酸钾吸收法回收汞气、吹风置换法处理和回收汞气。

604. 怎样防护汞蒸气？

矿石混汞和汞金蒸馏的作业场所，是容易发生汞中毒的地方。按照一般要求，生产厂房中空气含汞的极限浓度小于 $10\mu g\,/m^3$，才能保障人身健康，实现安全生产。为此，生产厂房应加通风，抽出的空气经净化后方能排放。要保证蒸汞作业的设备密封达到完善地步。对于汞板集气方式首先保证集气效率高，使含汞蒸气气体不外漏，并且当工人在进行汞板操作时，含汞蒸气的气体不经过工人的呼吸带，使工人免受汞的危害。集气方式有两种：

（1）用于汞板两侧出入。这种集气方式是使清洁空气由上部两侧进入集气罩内，从罩中间下部进入排气管外排形成气流，罩内中下部设有涡流区，含汞蒸气在罩内中下部滞留不住，操作工人呼吸带始终处于清洁空气中。

（2）用于汞板只有一侧出入。这种集气方式使清洁空气由上部和一侧进入集气罩内，从另一侧下部经排气管排出，设有涡流区，操作工人不会吸入含汞蒸气的空气。上面这两种集气方式都需加风机连续运行。

605. 怎样对二氧化硫烟气进行净化与回收？

（1）高浓度二氧化硫气体的回收。烟气中含 SO_2 浓度（体积分数：$V_{SO_2}/\,V_{空气}$）在 3.5% 以上称为高浓度 SO_2 烟气。采用接触法生产硫酸，免于外排大气中造成污染，同时回收烟气变成产品，既有经济效益，又净化了空气。

（2）低浓度二氧化硫气体的处理。低浓度 SO_2 烟气，采用高空排放的措施（通常采用 50m 左右的高烟囱）。但在阴雨、气压低的天气情况下，SO_2 气体将会危害地面的庄稼和果树、蔬菜，特别是蔬菜和豆类。因此必须进行处理，石灰净化废气以除去 SO_2 是最传统最有效的方法。在某些情况下，当要去除的 SO_2 浓度很低时，使用氢氧化钠或碳酸钠也是很有效的。

606. 怎样用钠碱吸收法处理回收含二氧化硫烟气？

钠碱吸收法采用 Na_2CO_3 或 NaOH 来吸收烟气中的 SO_2 并可获得较高浓度 SO_2 气体和 Na_2SO_4。

亚硫酸钠循环法是利用 NaOH 或者 Na_2CO_3 溶液作初始吸收剂，在低温下吸收烟气中的 SO_2 并生成 Na_2SO_3，Na_2SO_3 再继续吸收 SO_2 生成 $NaHSO_3$，将含 Na_2CO_3-$NaHSO_3$ 的吸收液加热再生，释放出纯 SO_2 气体，可送去制成液态 SO_2 或硫酸和硫，加热再生过程中得到 Na_2CO_3 结晶，经固液分离，并用水溶解后返回吸收系统。

碱性吸收剂具有更多优点：吸收剂在洗涤过程中不挥发；具有较高的溶解度；不存在吸收系统中结垢、堵塞问题；吸收能力高。根据再生方法不同有亚硫酸钠循环法、钠盐 - 酸分解法、亚硫酸钠法。其中，亚硫酸钠循环 - 热再生法发展较快。

第三节　选矿厂废渣处理

607. 堆浸后废堆含氰的处理方法有哪些？

（1）自然降解。自然降解可以多种方式发生，如光分解、氧化、挥发、吸附以及生物降解。在堆浸中氰化物的自然降解是连续发生的，这种破坏可使废堆达到环保要求。

（2）化学破坏。氰化物的破坏最快的方法就是化学氧化法。许多化学试剂均能氧化氰化物。最常用的化学试剂含有氧和氯。氧化反应既可以在堆外反应后返回堆中，也可以将氧化剂加入堆中。

608. 自然降解包括哪些内容？

堆中氰化物的破坏或损失存在着多种机理，这些机理包括：细菌（即微生物）作用；空气的作用；阳光的作用。

（1）微生物作用。氰化物中含有两种基本的生命元素——碳和氮。氰化物中这些元素以高能态——碳—氮键结合，所以氰化物是微生物理想的食品。当氰化物和氧、苏打灰以及微量的磷结合，微生物就可旺盛生长，由微生物所进行的氰化物破坏也就完全了。氰化物氧化生成 CO_2 或碳氢化合物，而氮转化为氮气或蛋白。微生物处理的过程同样也能除去硫氰酸、自由的和金属络合的氰化物、金属以及氨。生物降解的产物包括硫、氮和碳。

（2）空气作用。空气中的氧是氰化物的一种有效的氧化剂，这个氧化反应过程必须有催化剂，许多化合物均是有效的催化剂，近年来应用氧化硫或亚硫酸根离子作为催化剂。在堆浸液或堆材料中可能存在一些活性的材料，如活性炭、氧化铁、氧化锰、黏土（白土）、沸石以及活性硅，也能起到催化剂的作用。氰化物和空气反应为

$$4NaCN + 5O_2 + 2H_2O \longrightarrow 2N_2 + 4CO_2 + 4NaOH$$

（3）阳光作用。阳光也能起到催化氧和氰化物反应的作用，紫外线更为有效。堆表面的氰化物或喷射到空气中的氰化物，在暴露于紫外线辐射的条件下就可和氧进行氧化反应。

609. 化学破坏包括哪些内容？

（1）氯化作用。氯对氰化物是一种非常有效的氧化剂。常用氯的试剂主要有氯气、次氯酸钠以及次氯酸钙。碱性液氯化法是破坏溶液中氰化物最常用的方法。从堆中排出的液体可以氯化后返回到堆中用于破坏堆中残留的氰化物，其他浸出液也可类似处理。只有铁络合的氰化物抗氯化氧化。

浸出结束后，就用含有 0.5g/L 的工业级次氯酸钙溶液处理浸渣，每吨残留渣需消耗 272.4g 次氯酸钙，这个方法快速而有效。

（2）空气－二氧化硫。最近 INCO 公司用空气－二氧化硫或空气－亚硫酸盐将氰化物破坏到相当低的水平。在控制 pH 值的、有少量铜作为催化剂存在的条件下，用废水和 SO_2 空气混合处理，可快速选择性地氧化氰化物和金属氰化物络合物，同时也能除去用碱性氯化法不能除去的铁氰络合物。这个处理过程在室温下仅用石灰水、SO_2 和空气就能进行，当 pH 值为 9~10 时残留的总氰化物含量在 0.05~1mg/L。这是目前最经济、最有效的方法。

（3）过氧化氢作用。氰化物也可用 H_2O_2 破坏，但费用太高。

610. 什么是土地复垦？

矿山采矿不可避免地要占用和破坏部分耕地、农田、草原或森林，影响环境及生态平

衡。但是，可以通过工程措施，使占用的土地得到恢复，重新用于农、林、牧、副、渔业、旅游业、工业及民用场地，这就是矿山的土地恢复与利用，简称土地复垦。

611. 尾矿处理方法有哪些?

根据选矿方法的不同，更主要的是尾矿性质的差异。对尾矿处理也就有着不同的方法。国内外目前对尾矿资源的综合利用可以概括为下列几种途径:

（1）首先要尽量做好尾矿资源有用组分的综合回收利用，采用先进技术和合理工艺对尾矿进行再选，最大限度地回收尾矿中的有用组分，这样可以进一步减少尾矿数量。有的选矿厂向无尾矿方向发展。

（2）尾矿用作矿山地下开采采空区的充填料，即水砂充填料或胶结充填的材料。尾矿作为采空区的充填料使用，最理想的充填工艺是全尾矿充填工艺，但目前仍处于试验研究阶段。在生产上采用的都是利用尾矿中的粗粒部分作为采空区的充填料。选矿厂的尾矿排出后送尾矿制备工段进行分级，把粗砂部分送井下采空区，而细粒部分进入尾矿库堆存。这种尾矿处理方法在国内外均已得到应用。

（3）用尾矿作为建筑材料的原料：制作水泥、硅酸盐尾砂砖、瓦、加气混凝土、铸石、耐火材料、玻璃、陶粒、混凝土材料、微晶玻璃、溶渣花砖、泡沫玻璃和泡沫材料等。

（4）用尾砂修筑公路、路面材料、防滑材料、海岸造田等。

（5）在尾矿堆积场上覆土造田，种植农作物或植树造林。

（6）把尾矿堆存在专门修筑的尾矿库内，这是多数选矿厂目前最广泛采用的尾矿处理方法。

612. 选矿厂尾矿处理的意义是什么?

原矿进入选矿厂经过破碎、磨矿和选别作业之后，矿石中的有用矿物分选为一种或多种精矿产品。尾矿则以矿浆状态排出。精矿产率较小，有色金属选矿厂精矿产率一般只有10%～20%；尾矿数量很大，产率一般为80%～90%，甚至还要大些。如一座日处理量为100t的小型选矿厂，每天排放的尾矿量可达80～90t以上。原矿品位高，精矿产率大，尾矿量则少。大量的尾矿若不妥善处理，危害甚大。选矿厂排出的尾矿水中常含有大量的药剂及有害物质。其来源为选矿过程中加入的浮选药剂以及矿石中的金属元素，常见的有氰化物、黄药、黑药、松油、铜离子、铅离子、锌离子，个别情况下还可能有砷、酚汞等。尾矿水中这些有害物质达不到排放标准时，对人体、牲畜、鱼类及农田均有害。因此选矿厂尾矿不能任意排放，否则就会造成江河水系、附近土壤甚至地下水资源的污染，从而带来一系列的严重问题，并影响企业的发展。

尾矿的概念是相对的，尾矿中含有大量的有用成分。在目前的技术水平下，有些贵重金属、稀有金属不能回收，但随着科学技术的进步，尾矿中的有用成分可以重新得到开发利用。尾矿资源综合利用在国内外已有许多实例。如湖北省铜录山选矿厂尾矿中含有丰富的金、银、铜、铁等有用成分，近年来随着选矿技术的发展，1985 年该矿采用弱磁－强磁选技术对尾矿再选，每年从尾矿中回收了数万吨的铁精矿，价值数千万元，现正在进一步将尾矿再磨再选，使尾矿中的金、银、铜、铁等有用矿物得到充分回收利用，从而矿山经济效益大为提高。

参 考 文 献

1　马鸿文. 工业矿物与岩石. 北京：化学工业出版社，2005

2　王淀佐，邱冠周，胡岳华. 资源加工学. 北京：科学出版社，2005

3　谢广元. 选矿学. 徐州：中国矿业大学出版社，2001

4　胡岳华，冯其明. 矿物资源加工技术与设备. 北京：科学出版社，2006

5　杨顺梁，林任英. 选矿知识问答（第2版）. 北京：冶金工业出版社，2005

6　苏成德，李永聪. 选矿操作技术解疑. 石家庄：河北科学技术出版社，1998

7　选矿手册编辑委员会. 选矿手册. 北京：冶金工业出版社，2005

8　张强. 选矿概论（第2版）. 北京：冶金工业出版社，2005

9　中国选矿设备编委会. 中国选矿设备手册. 北京：科学出版社，2006

10　王常任. 磁电选矿. 北京：冶金工业出版社，1992

11　孙玉波. 重力选矿. 北京：冶金工业出版社，1993

12　胡为柏. 浮选. 北京：冶金工业出版社，1989

13　李启衡. 碎矿与磨矿. 北京：冶金工业出版社，1980

14　黄礼煌. 化学选矿. 北京：冶金工业出版社，1990

15　张锦瑞，王伟之，等. 金属矿山尾矿综合利用与资源化. 北京：冶金工业出版社，2002

16　张锦瑞，郭春丽. 环境保护与治理. 北京：中国环境科学出版社，2002

17　孙仲元. 选矿设备工艺设计原理. 长沙：中南工业大学出版社，2001

18　凯利　E G，斯波蒂斯伍德　D J. 选矿导论. 北京：冶金工业出版社，1991

19　张宗华. 磁电选矿. 北京：冶金工业出版社，1981

20　龚光明. 浮游选矿. 北京：冶金工业出版社，1983

21　许时. 矿石可选性研究. 北京：冶金工业出版社，1989

22　段希祥. 碎矿与磨矿. 北京：冶金工业出版社，2006

23　中国选矿设备手册编委会. 中国选矿设备手册. 北京：科学出版社，2006

24　徐志明. 碎矿与磨矿. 北京：冶金工业出版社，1980

25　矿产资源综合利用手册编委会. 矿产资源综合利用手册. 北京：科学出版社，2000

26　中国冶金百科全书选矿卷编辑委员会. 中国冶金百科全书·选矿. 北京：冶金工业出版社. 2000

27　黄金生产工艺指南编委会. 黄金生产工艺指南. 北京：地质出版社，2000

28　郭熙. 选矿厂辅助设备. 北京：冶金工业出版社，1990

29　薛玉兰，郭昌槐. 矿冶环境保护与资源综合回收. 长沙：中南工业大学出版社，1991

30　冯其明，陈荩. 硫化矿物浮选电化学. 长沙：中南工业大学出版社，1992

冶金工业出版社部分图书推荐

书　　名	定价（元）
选矿手册（第1卷至第8卷共14分册）	637.50
选矿设计手册	140.00
矿山地质手册（上、下）	160.00
采矿手册（第1卷至第7卷）	695.00
中国冶金百科全书·采矿	180.00
中国冶金百科全书·选矿	140.00
中国冶金百科全书·安全环保	120.00
非金属矿加工技术与应用	119.00
常用有色金属资源开发与加工	88.00
矿山工程设备技术	79.00
选矿厂设计	36.00
采矿知识问答	35.00
选矿知识问答（第2版）	22.00
球团矿生产技术	36.00
球团矿生产知识问答	19.00
金属矿山尾矿综合利用与资源化	16.00
现代矿山企业安全控制创新理论与支撑体系	75.00
矿石学基础（第3版）	43.00
工艺矿物学	39.00
矿浆电解原理	22.00
碎矿与磨矿技术	35.00
浮游选矿技术	36.00
碎矿与磨矿	28.00
超细粉碎设备及其应用	45.00
振动粉碎理论及设备	25.00
矿山废料胶结充填	42.00
中国典型爆破工程与技术	260.00
中国爆破新技术	200.00
工程爆破新进展（英文版）	190.00
拆除爆破	16.00
特种爆破技术	35.00
露天矿山台阶中深孔爆破开采技术	25.00
充填采矿技术与应用	55.00